煤炭分选加工技术丛书

重力选煤技术

杨小平　编著

北　京

冶金工业出版社

2012

内 容 简 介

本书概述了重力选煤的基本概念和发展状况,煤和分选介质的基本性质,颗粒在介质中的运动规律和各种选煤方法,着重介绍了跳汰选煤、重介质选煤、斜面流选煤、流态化选煤和干法选煤的基本原理、分选设备结构、工艺操作和过程控制,尤其详细介绍了粗煤泥分选方法和设备动筛跳汰机、浅槽分选机、螺旋分选机和 TBS 干扰床等设备的结构、工作原理和生产实践,对重力选煤分选效果的评定方法也作了阐述。

本书可作为矿物加工工程专业的教学用书,也可供非选矿专业的研究生和本科生以及从事选矿工作的工程技术人员阅读和参考。

图书在版编目(CIP)数据

重力选煤技术 / 杨小平编著 . —北京:冶金工业出版社,2012. 3

(煤炭分选加工技术丛书)

ISBN 978-7-5024-5799-0

Ⅰ.①重… Ⅱ.①杨… Ⅲ.①重力选煤—高等学校—教材 Ⅳ.①TD942. 2

中国版本图书馆 CIP 数据核字(2012)第 006128 号

出 版 人 曹胜利
地　　址 北京北河沿大街嵩祝院北巷 39 号,邮编 100009
电　　话 (010)64027926 电子信箱 yjcbs@ cnmip. com. cn
责任编辑 李 雪 于昕蕾 李 臻 美术编辑 彭子赫
版式设计 孙跃红 责任校对 卿文春 责任印制 张祺鑫
ISBN 978-7-5024-5799-0
三河市双峰印刷装订有限公司印刷;冶金工业出版社出版发行;各地新华书店经销
2012 年 3 月第 1 版,2012 年 3 月第 1 次印刷
787mm×1092mm 1/16;14.5 印张;348 千字;216 页
39. 00 元

冶金工业出版社投稿电话: (010)64027932 投稿信箱: tougao@cnmip. com. cn
冶金工业出版社发行部 电话: (010)64044283 传真: (010)64027893
冶金书店 地址: 北京东四西大街 46 号(100010) 电话: (010)65289081(兼传真)
(本书如有印装质量问题,本社发行部负责退换)

《煤炭分选加工技术丛书》序

　　煤炭是我国的主体能源，在今后相当长时期内不会发生根本性的改变，洁净高效利用煤炭是保证我国国民经济快速发展的重要保障。煤炭分选加工是煤炭洁净利用的基础，这样不仅可以为社会提供高质量的煤炭产品，而且可以有效地减少燃煤造成的大气污染，减少铁路运输，实现节能减排。

　　进入 21 世纪以来，我国煤炭分选加工在理论与技术诸方面取得了很大进展。选煤技术装备水平显著提高，以重介选煤技术为代表的一批拥有自主知识产权的选煤关键技术和装备得到广泛应用。选煤基础研究不断加强，设计和建设也已发生巨大变化。近年来，我国煤炭资源开发战略性西移态势明显，生产和消费两个中心的偏移使得运输矛盾突出，加大原煤入选率，减少无效运输是提高我国煤炭供应保障能力的重要途径。

　　《煤炭分选加工技术丛书》系统地介绍了选煤基础理论、工艺与装备，特别将近年来我国在煤炭分选加工方面的最新科研成果纳入丛书。理论与实践结合紧密，实用性强，相信这套丛书的出版能够对我国煤炭分选加工业的技术发展起到积极的推动作用！

　　是为序！

中国工程院院士

中国矿业大学教授

2011 年 11 月

《煤炭分选加工技术丛书》前言

煤炭是我国的主要能源，占全国能源生产总量70%以上，并且在相当长一段时间内不会发生根本性的变化。

随着国民经济的快速发展，我国能源生产呈快速发展的态势。作为重要的基础产业，煤炭工业为我国国民经济和现代化建设做出了重要的贡献，但也带来了严重的环境问题。保持国民经济和社会持续、稳定、健康的发展，需要兼顾资源和环境因素，高效洁净地利用煤炭资源是必然选择。煤炭分选加工是煤炭洁净利用的源头，更是经济有效的清洁煤炭生产过程，可以脱除煤中60%以上的灰分和50%~70%的黄铁矿硫。因此，提高原煤入选率，控制原煤直接燃烧，是促进节能减排的有效措施。发展煤炭洗选加工，是转变煤炭经济发展方式的重要基础，是调整煤炭产品结构的有效途径，也是提高煤炭质量和经济效益的重要手段。

"十一五"期间，我国煤炭分选加工迅猛发展，全国选煤厂数量达到1800多座，出现了千万吨级的大型炼焦煤选煤厂，动力煤选煤厂年生产能力甚至达到3000万吨，原煤入选率从31.9%增长到50.9%。同时随着煤炭能源的开发，褐煤资源的利用提到议事日程，由于褐煤含水高，易风化，难以直接使用，因此，褐煤的提质加工利用技术成为褐煤洁净高效利用的关键。

"十二五"是我国煤炭工业充满机遇与挑战的五年，期间煤炭产业结构调整加快，煤炭的洁净利用将更加受到重视，煤炭的分选加工面临更大的发展机遇。正是在这种背景下，受冶金工业出版社委托，组织编写了《煤炭分选加工技术丛书》。丛书包括：《重力选煤技术》、《煤泥浮选技术》、《选煤厂固液分离技术》、《选煤机械》、《选煤厂测试与控制》、《煤化学与煤质分析》、《选煤厂生产技术管理》、《选煤厂工艺设计与建设》、《计算机在煤炭分选加工中的应用》、《矿物加工过程Matlab仿真与模拟》、《煤炭开采与洁净利用》、《褐煤提

质加工利用》、《煤基浆体燃料的制备与应用》，基本包含了煤炭分选加工过程
涉及的基础理论、工艺设备、管理及产品检验等方面内容。

本套丛书由中国矿业大学（北京）化学与环境工程学院组织编写，徐志强
负责丛书的整体工作，包括确定丛书名称、分册内容及落实作者。丛书的编写
人员为中国矿业大学（北京）长期从事煤炭分选加工方面教学、科研的老师，
书中理论与现场实践相结合，突出该领域的新工艺、新设备、新理念。

本丛书可以作为高等院校矿物加工工程专业或相近专业的教学用书或参考
用书，也可作为选煤厂管理人员、技术人员培训用书。希望本丛书的出版能为
我国煤炭洁净加工利用技术的发展和人才培养做出积极的贡献。

本套丛书内容丰富、系统，同时编写时间也很仓促，书中疏漏之处，欢迎
读者批评指正，以便再版时修改补充。

中国矿业大学（北京）教授　徐志强

2011 年 11 月

前　言

　　我国是世界主要产煤国之一，煤炭是我国当前和今后相当长时间内的主要能源，煤炭在我国一次性能源结构中占70%以上。近几年煤炭年产量逐年增加，2010年的煤炭产量约32.5亿吨，2011年1~4月份，全国煤炭产量累计完成11.2亿吨，同比增加1.12亿吨。

　　由于采煤设备大型化、自动化的大力发展，导致开采的原煤质量不断下降，加之用户对煤质要求的提高，更增加了煤炭洗选加工的难度；同时又使选煤工艺也发生了细微变化，长期以来以筛下空气室跳汰选煤为主的分选工艺逐渐转为重介质旋流器分选。在此形势下，跳汰法的雏形、适于分选块煤的动筛跳汰法也被重新启用。动筛跳汰法是许多动力煤选煤厂的首选方法，也可用于毛煤井下预排矸，这种重力选煤方法具有广阔的前景。浅槽分选机和大直径旋流器也是适应当前形势下10Mt/a以上选煤厂的根本保障。而且选煤厂已经不再区分动力煤选煤厂和炼焦煤选煤厂，许多炼焦煤选煤厂也可以洗选动力煤。本书正是基于这一背景编写完成的。

　　编著本书的指导思想是既要系统全面地介绍重力选煤的专业知识和最新技术发展，又要简明扼要，突出重点。对共性的基础理论知识、当前热门的分选方法和设备做详细介绍，而对不常用的重选方法进行简单说明。书中内容按最新颁布实施的国家标准、部门标准和行业标准编写而成。

　　本书在内容上力求兼具理论性和实践性。在综述重力选煤的基本概念和发展概况的基础上，详细介绍了原煤和介质的工艺性质、颗粒在分选介质中的沉降规律，并分别对跳汰选煤、重介质选煤、斜面流选煤、流态化选煤和干法选煤的原理、设备、工艺流程和应用等进行了系统的介绍，尤其详细地介绍了TBS等粗煤粒回收方法和设备，动筛跳汰机、浅槽分选机和螺旋分选机等设备的结构、工作原理和生产实践，全书共9章。

编者要特别感谢冶金工业出版社，正是他们的鼓励，促使该书得以正式出版。

最后还要说明的是，作者在该书的编写过程中，由于新技术、新设备在不断完善，加之作者水平有限，不足之处在所难免，欢迎同行专家和读者批评指正。

编 者

2011 年 7 月

目　录

1 绪论 ……………………………………………………………………… 1

1.1 重力选煤基本概念 …………………………………………………… 1

1.1.1 重力选煤的原则 ……………………………………………… 1

1.1.2 重力选煤方法 ………………………………………………… 2

1.1.3 重力选煤的基本特点 ………………………………………… 2

1.2 重力选煤发展概况 …………………………………………………… 2

1.2.1 重力选煤发展简史 …………………………………………… 2

1.2.2 重力选煤发展趋势 …………………………………………… 3

2 原煤的工艺性质 ………………………………………………………… 5

2.1 煤的基本物理性质 …………………………………………………… 5

2.1.1 煤的组成 ……………………………………………………… 5

2.1.2 煤的颜色和光泽 ……………………………………………… 5

2.1.3 煤的硬度和脆度 ……………………………………………… 6

2.2 煤的粒度与粒度组成 ………………………………………………… 6

2.2.1 粒度 …………………………………………………………… 6

2.2.2 粒度组成测定 ………………………………………………… 7

2.2.3 筛分试验结果整理 …………………………………………… 8

2.2.4 粒度组成分析 ………………………………………………… 9

2.2.5 粒度组成表示方法 …………………………………………… 11

2.3 煤的密度与密度组成 ………………………………………………… 12

2.3.1 煤的密度及测量 ……………………………………………… 12

2.3.2 煤炭的浮沉试验 ……………………………………………… 14

2.3.3 浮沉试验资料的整理 ………………………………………… 16

2.3.4 原煤可选性曲线 ……………………………………………… 23

2.3.5 煤炭可选性评定标准 ………………………………………… 27

2.3.6 可选性曲线应用 ……………………………………………… 28

2.3.7 影响原煤可选性的因素 ……………………………………… 30

2.3.8 快速浮沉试验 ………………………………………………… 31

2.4 煤粒的形状 …………………………………………………………… 32

3 颗粒在介质中的沉降规律 ……………………………………………… 33

3.1 颗粒的运动阻力 ………………………………………………… 33
3.1.1 介质阻力 ……………………………………………… 33
3.1.2 阻力公式 ……………………………………………… 34
3.1.3 阻力通式与李莱曲线 ………………………………… 35
3.2 单个颗粒的自由沉降 …………………………………………… 37
3.2.1 球体的自由沉降末速 ………………………………… 37
3.2.2 球体自由沉降的时间和距离 ………………………… 39
3.2.3 非球体的自由沉降末速 ……………………………… 40
3.2.4 矿粒沉降末速计算方法 ……………………………… 43
3.2.5 非球体在运动介质中的运动规律 …………………… 45
3.3 自由沉降的等沉比 ……………………………………………… 45
3.3.1 等沉比的定义 ………………………………………… 45
3.3.2 等沉比通式 …………………………………………… 46
3.3.3 等沉比计算方法 ……………………………………… 47
3.3.4 等沉比的意义 ………………………………………… 47
3.4 均匀粒群的干扰沉降 …………………………………………… 48
3.4.1 干扰沉降的概念 ……………………………………… 48
3.4.2 干扰沉降试验 ………………………………………… 49
3.4.3 干扰沉降速度 ………………………………………… 52
3.4.4 干扰沉降的等沉比 …………………………………… 53
3.5 非均匀粒群的干扰沉降 ………………………………………… 53
3.5.1 非均匀粒群的悬浮分层 ……………………………… 53
3.5.2 粒群的悬浮分层学说 ………………………………… 55

4 跳汰选煤 ……………………………………………………………… 58
4.1 跳汰选煤概述 …………………………………………………… 58
4.1.1 跳汰选煤的发展 ……………………………………… 58
4.1.2 跳汰选煤的应用范围 ………………………………… 58
4.2 物料在跳汰机中的运动规律 …………………………………… 59
4.2.1 跳汰选煤的定义 ……………………………………… 59
4.2.2 水流的运动特性 ……………………………………… 60
4.2.3 跳汰床层的分层过程 ………………………………… 62
4.2.4 跳汰周期特性曲线 …………………………………… 64
4.2.5 影响床层松散度的因素 ……………………………… 65
4.3 跳汰机类型 ……………………………………………………… 66
4.3.1 跳汰机分类 …………………………………………… 66
4.3.2 常用的跳汰机 ………………………………………… 66
4.4 筛下空气室跳汰机 ……………………………………………… 67
4.4.1 筛下空气室跳汰机结构 ……………………………… 67

4.4.2　跳汰机的工艺控制 ………………………………………… 78
4.4.3　跳汰基本工艺流程 ………………………………………… 80
4.4.4　跳汰系统配套设备 ………………………………………… 82
4.4.5　跳汰机的生产与操作 ……………………………………… 84
4.4.6　影响跳汰选煤的因素 ……………………………………… 85
4.4.7　跳汰机操作经验 …………………………………………… 87
4.5　动筛跳汰机 …………………………………………………… 89
4.5.1　动筛跳汰机概述 …………………………………………… 89
4.5.2　动筛跳汰机的工作原理 …………………………………… 90
4.5.3　动筛跳汰分选理论探讨 …………………………………… 91
4.5.4　动筛跳汰机的应用范围 …………………………………… 92
4.5.5　动筛跳汰发展前景 ………………………………………… 94
4.5.6　液压动筛跳汰机 …………………………………………… 95
4.5.7　机械动筛跳汰机 ………………………………………… 101
4.5.8　动筛跳汰机的应用效果 ………………………………… 105
4.5.9　跳汰机的比较 …………………………………………… 106
4.6　动筛跳汰机生产实践 ………………………………………… 108
4.6.1　动筛跳汰基本工艺流程 ………………………………… 108
4.6.2　动筛跳汰机的工艺因素 ………………………………… 109
4.6.3　动筛跳汰机常见故障与对策 …………………………… 110
4.6.4　动筛跳汰系统设计要点 ………………………………… 115
4.6.5　动筛跳汰机自动排矸 …………………………………… 118

5　重介质选煤 …………………………………………………… 120
5.1　重介质选煤概述 ……………………………………………… 120
5.1.1　重介质选煤的发展 ……………………………………… 120
5.1.2　重介质选煤的优点 ……………………………………… 122
5.2　重悬浮液的性质 ……………………………………………… 124
5.2.1　加重质的粒度 …………………………………………… 124
5.2.2　悬浮液的密度 …………………………………………… 124
5.2.3　悬浮液的流变黏度 ……………………………………… 126
5.2.4　悬浮液的稳定性 ………………………………………… 127
5.3　重介质选煤基本原理 ………………………………………… 129
5.3.1　重力场中的分选原理 …………………………………… 129
5.3.2　离心力场中的分选原理 ………………………………… 130
5.4　重介质分选机 ………………………………………………… 130
5.4.1　斜轮重介质分选机 ……………………………………… 131
5.4.2　立轮重介质分选机 ……………………………………… 133
5.4.3　浅槽分选机 ……………………………………………… 135

5.5　重介质旋流器 ·· 139
　　5.5.1　重介质旋流器选煤概述 ··· 139
　　5.5.2　重介质旋流器分类 ··· 140
　　5.5.3　重介质旋流器结构 ··· 140
　　5.5.4　重介质旋流器内部流态 ·· 141
　　5.5.5　重介质旋流器的安装 ·· 142
　　5.5.6　重介质旋流器的给料方式 ··· 142
5.6　重介质悬浮液的回收和净化流程 ·· 144
　　5.6.1　悬浮液回收净化系统 ·· 144
　　5.6.2　悬浮液中煤泥量的动平衡 ··· 145
　　5.6.3　悬浮液回收与净化的主要设备 ·· 145
　　5.6.4　降低加重质损失的措施 ··· 147
5.7　重介质选煤基本工艺流程 ··· 148
　　5.7.1　重介质分选机选煤工艺 ·· 148
　　5.7.2　重介质旋流器选煤工艺 ·· 149
5.8　重介质选煤操作要点 ··· 151
　　5.8.1　原料煤性质 ··· 151
　　5.8.2　处理量 ·· 151
　　5.8.3　给料方式 ··· 151
　　5.8.4　悬浮液循环量 ·· 152
　　5.8.5　悬浮液密度 ··· 152
　　5.8.6　旋流器的正常工作状态 ·· 153
　　5.8.7　重介质分选机的维护保养 ·· 153
5.9　重介质选煤自动控制 ··· 153
　　5.9.1　悬浮液密度测控方法 ··· 154
　　5.9.2　介质桶液位测控方法 ··· 155
　　5.9.3　旋流器入料口压力测控方法 ·· 155
　　5.9.4　循环悬浮液流变特性测控方法 ··· 155
　　5.9.5　精煤灰分测控方法 ··· 156
　　5.9.6　悬浮液密度自动控制系统 ·· 157

6　斜面流选煤 ·· 158
6.1　颗粒在斜面流中的运动规律 ·· 158
　　6.1.1　水流沿斜面的流动 ··· 158
　　6.1.2　颗粒在斜面水流中的运动 ··· 159
6.2　斜面溜槽 ·· 161
　　6.2.1　选煤溜槽 ··· 161
　　6.2.2　斜槽分选机 ··· 163
6.3　螺旋溜槽 ·· 164

6.3.1 水平式螺旋分选机 …………………………………………… 164

6.3.2 垂直式螺旋分选机 …………………………………………… 164

6.3.3 螺旋滚筒选煤机 ……………………………………………… 167

6.4 选煤摇床 …………………………………………………………… 169

6.4.1 摇床的结构 …………………………………………………… 169

6.4.2 摇床的工作过程 ……………………………………………… 170

6.4.3 摇床的分选原理 ……………………………………………… 170

6.4.4 摇床的操作因素 ……………………………………………… 173

7 流态化选煤 ………………………………………………………………… 175

7.1 概 述 ……………………………………………………………… 175

7.1.1 流态化技术 …………………………………………………… 175

7.1.2 流态化选煤 …………………………………………………… 176

7.2 颗粒的流态化基础 ………………………………………………… 176

7.2.1 流态化现象 …………………………………………………… 176

7.2.2 流态化基本条件和特征 ……………………………………… 178

7.2.3 流态化分类 …………………………………………………… 179

7.2.4 临界流化速度 ………………………………………………… 179

7.2.5 流化床基本结构 ……………………………………………… 181

7.3 液固流态化选煤 …………………………………………………… 181

7.3.1 液固流化床分选机概述 ……………………………………… 181

7.3.2 液固流化床分选基本原理 …………………………………… 185

7.3.3 流化床内的流体状态 ………………………………………… 186

7.3.4 流化床内颗粒的沉降规律 …………………………………… 187

7.3.5 流化床分选区床层密度分布 ………………………………… 189

7.3.6 TBS 干扰床分选粗煤泥实践 ………………………………… 189

7.3.7 粗煤泥分选方法 ……………………………………………… 192

7.4 气固流态化选煤 …………………………………………………… 194

7.4.1 概述 …………………………………………………………… 194

7.4.2 分选设备 ……………………………………………………… 195

7.4.3 应用效果 ……………………………………………………… 196

8 干法选煤 …………………………………………………………………… 198

8.1 干法选煤概述 ……………………………………………………… 198

8.2 风力摇床干法选煤 ………………………………………………… 199

8.2.1 风力摇床干法机结构 ………………………………………… 199

8.2.2 风力摇床干法机工作原理 …………………………………… 199

8.2.3 风力摇床干选机适用范围 …………………………………… 200

8.2.4 风力摇床干选机影响因素调节 ……………………………… 200

8.3　复合式干法选煤 ·· 200
　　8.3.1　复合式干法选煤概述 ···································· 200
　　8.3.2　复合式干法选煤设备 ···································· 202
　　8.3.3　与流化床干法分选机的比较 ····························· 203
　　8.3.4　常见问题的分析与处理 ································· 204

9　重力选煤工艺效果评定 ·· 207
9.1　分配曲线 ··· 207
　　9.1.1　分配曲线的概念 ·· 207
　　9.1.2　分配曲线的计算 ·· 207
　　9.1.3　分配曲线的绘制 ·· 208
9.2　重选工艺效果的评定 ··· 209
　　9.2.1　评价指标 ·· 210
　　9.2.2　应用实例 ·· 211

参考文献 ·· 213

1 ‖ 绪 论

1.1 重力选煤基本概念

选煤是根据煤和矸石之间的物理性质和表面性质的差异，从原煤中去除不需要成分的过程。通过选煤，使有用的成分相对富集而成为精煤，不需要的成分或无用的成分相对富集而成为矸石，中间产物由于矿物的性质差异较小或者不同矿物相互嵌布没有解离而无法分开成为中煤。根据煤中各成分的密度不同进行分离的方法称为重力选煤。

选煤的目的主要有两个方面，一是提高煤炭的市场价值，以充分利用煤炭资源；二是降低运输费用。从原煤中去除矸石量越多，煤炭的市场价值越高，并且运费也越低。比如内蒙古某煤矿通过综采的原煤含矸为 40%，如果不经过选煤，将原煤通过铁路运到上海，里程超过 2100km，使得 50 节的货运列车中有相当于 20 节拉的是矸石，可想而知，火车拉着 20 节车皮的矸石在铁路上跑，既浪费了铁路电力和运力，同时又增加了运费；并且煤炭的质量达不到用户的要求，如果到达目的地比如上海再洗选，矸石的堆积又造成环境污染。所以国家强制规定，煤炭开采后必须经过选煤。

1.1.1 重力选煤的原则

煤和其他杂质矿物的密度差是重力选煤的主要依据，密度差越大，分选越容易，分选的设备和工艺相对简单，加工成本也相对较低。相反，密度差越小，分选也越困难。矿物的固有属性中，除了密度外，还有矿物的粒度和形状，它们也在一定程度上影响煤和杂质矿物的分选效果。因此，在分选过程中，应该想方设法创造条件，降低矿粒的粒度和形状对分选结果的影响，以便使矿粒的密度差别在分选过程中能起主导作用。

矿物的密度等性质的差异是重力选煤的内在因素，是能否实现重力选煤的前提。但重力选煤过程需要在一定环境中进行，或者在某种介质中实现，使用的介质有：空气、水、重液和重悬浮液，其中最常用的是水。在缺水的干旱地区或处理某些特殊的原料煤时，也可用空气作介质。重液是密度大于水的液体如 CCl_4 或高密度盐类的水溶液如 $ZnCl_2$ 溶液，矿物在重液中能够完全按照重液的密度分开，但是由于重液价格昂贵，所以只限于实验室使用。重悬浮液是由高密度的固体微粒与水组成的混合物，其综合密度在水的密度和固体微粒的密度之间，通过改变固体微粒的质量分数进行调整，因此可以根据原料煤所需的分选密度任意配制悬浮液的综合密度，所以用悬浮液作介质可起到同重液一样的作用。

原煤在运动的介质中借助重力、浮力、流体动力和阻力的共同作用，不同密度和粒度的颗粒产生不同的运动速度和运动轨迹，从而实现按密度分层和分离。因此，在重力选煤过程中，介质起到传递能量、松散粒群和运输产物的作用。

1.1.2 重力选煤方法

重力选煤过程是在运动的介质中完成的，主要的运动形式有垂直流动、回转流动和斜面流动，不同介质有不同的运动形式，相同介质在不同的运动形式下，对原煤的分选效果也略有差别。

重力选煤按照分选介质运动形式和作用目的不同可以分为以下几种方法：利用空气作分选介质的风力选煤，利用水作为分选介质的跳汰选煤、溜槽选煤和摇床选煤，利用重液或重悬浮液作为分选介质的重介质选煤。

不同的重力选煤方法对应不同的工艺流程，分选效果和配套设备也不一样。选煤工艺流程的选择应以原料煤性质、用户对产品的要求、最大产率和最高经济效益等因素为依据，科学确定简单、高效、合理可行并且能够满足技术经济要求的工艺流程，选择具有先进技术和生产可靠的分选方法；根据用户的要求能分选出不同质量规格的产品；在满足产品质量要求的前提下获得最大精煤产率，同时力求最高的经济效益和社会效益。

选煤方法是制定选煤工艺流程的核心问题。选煤方法的确定主要取决于煤的可选性和产品质量要求，也要考虑煤的种类、粒度、地区水资源条件、能够获取的设备技术水平以及技术经济上的合理性等其他因素。跳汰选煤方法在大多数国家煤炭分选比例中占有主导地位，但是近年来我国在重介质选煤规模和技术水平方面有了较大的发展和提高，尤其是三产品重介质旋流器选煤的应用更是有了长足进展。

新的国家标准《煤炭洗选工程设计规范》（GB50359—2005）规定：选煤方法应根据原煤性质（如粒度组成、密度组成、可选性、可浮性、硫分构成及其赋存特性、矸石岩性）、产品要求、分选效率、销售收入、生产成本、基建投资等相关因素，经过技术经济综合比较后确定。

1.1.3 重力选煤的基本特点

与浮选等其他选煤方法相比，重力选煤法具有设备结构简单、作业成本低的优点，所以在条件适宜时均可采用。重力选煤法几乎是所有选煤厂都不可缺少的作业。除了用于按密度差异进行原煤的分选外，重力选煤法还可以实现按粒度分选，如分级、脱泥等。

各种重力选煤过程的基本特点是：矿粒间必须存在密度的差异；分选过程在运动介质中进行；在重力、流体动力及其他机械力的综合作用下，矿粒群松散并按密度分层；分层好的物料，在运动介质的运搬下达到分离，并获得不同的最终产品。

1.2 重力选煤发展概况

1.2.1 重力选煤发展简史

1.2.1.1 国外重力选煤的发展

国外各工业发达国家早在 20 世纪 30 年代就开始发展选煤工业，到 60 年代已达到相当规模，需要洗选的高灰、高硫原煤早已全部入选。在 20 世纪 90 年代，世界原煤平均入选比例达到 50% 左右，一些国家则明显超过这一比例。

1.2.1.2　我国重力选煤的发展

1917 年我国建立了第一座使用跳汰机的机械化选煤厂，1923 年开始建立槽选厂。1945 年以前，我国共建炼焦煤选煤厂 11 座和动力煤选煤厂 5 座。但是，这些选煤厂受到帝国主义者和国民党反动派的严重破坏，基本上没有一座选煤厂能进行生产。解放后，我国选煤厂的生产、建设和其他工业部门一样，得到了迅速恢复和发展，只用了短短的几年时间，就对原有选煤厂进行恢复改建。1952 年炼焦精煤的产量达到 1949 年的 3.5 倍多。

自 1956 年我国成立了选煤专业设计院——平顶山选煤设计研究院以后，我国的选煤厂设计从选煤方法、工艺流程到选煤技术都在不断地发展和完善，到 1957 年，我国的炼焦精煤产量达到了 1952 年的 3.5 倍左右。1959 年 12 月 26 日，建成投产了我国第一座自己设计、自己施工的大型选煤厂——邯郸选煤厂，结束了我国不能自己设计选煤厂的历史。该厂设计能力为 150 万吨/年，采用跳汰、浮选工艺。1970 年 10 月投产的田庄选煤厂是我国第一座大型全重介质选煤厂，设计能力 3.5Mt/a。选煤工艺采用分级入选，分级粒度 13mm，+13mm 块煤采用 2.6m 重介斜轮分选，13～0.5mm 末煤采用 ϕ500mm 重介质旋流器分选，-0.5mm 煤泥采用 4m³ 浮选机分选。在选煤厂的设计、装备上有了一定的突破。

1978 年我国只有 99 座选煤厂，原煤入选能力 10322 万吨/年。1990 年全国选煤厂总数达到 198 座，原煤入选能力达到 25467 万吨/年，为 1978 年的 2.5 倍。其中绝大部分选煤厂是自行设计和用国产设备装备的，并采用了先进的跳汰、重介和浮选工艺。到 2000 年全国选煤厂有 1584 座，入选能力 52199 万吨/年，其中国有重点煤矿选煤厂 237 座，入选能力 36478 万吨/年，占 69.9%，地方和乡镇煤矿选煤厂 1347 座，入选能力 15721 万吨/a，占 30.1%。2001 年开始，我国建设了 31 座 500 万吨/年以上大型动力煤选煤厂，这样的发展速度在世界上是独一无二的。

近几年，我国选煤的发展有一些突出的特点。重介质选煤方法在各种选煤方法中所占比例大大提高，先进的重介质选煤方法在各种选煤方法中所占比例由 1978 年的 16%，上升到 2007 年的 35%。建设了一大批技术先进、设备优良的现代化选煤厂，最大的炼焦煤选煤厂原煤入选能力为 1250 万吨/年，最大的动力选煤厂原煤入选能力为 3100 万吨/年。对关键技术进行创新，如大直径有压和无压给料三产品重介质旋流器，复合式干法选煤成套装置，大处理能力，具有选煤工艺简单、选煤效率高、适应不同性质的原煤等特点。淘汰了一批生产规模小、技术落后的选煤厂，提升了选煤厂整体技术水平。2007 年选煤厂有 1300 座，原煤入选能力达到 12.50 亿吨/年以上，稳居世界第一。培养出大批的选煤专业工程技术人才，具备了一支技术力量雄厚的教学、科研、设计队伍，建立了一套完整选煤设备制造体系。我国 80% 的选煤设备能够自给，并不断出口到国外。

1.2.2　重力选煤发展趋势

煤炭洗选是利用煤和杂质（矸石）的物理、化学性质的差异，通过物理、化学或微生物分选的方法使煤和杂质有效分离，并加工成质量均匀、用途不同的煤炭产品的一种加工技术。

重力选煤是煤炭洗选的主要方法，国内外采用的重力选煤方法主要有重介选煤、跳汰选煤和干法选煤，还有部分采用摇床选煤、溜槽选煤和螺旋选煤。

从国外对选煤技术的应用来看，美国等发达国家选煤工艺在 20 世纪 70 年代前以跳汰选为主，之后重介质选煤技术逐渐占据主导地位。如美国在 20 世纪 80 年代，重介选占31%，跳汰选占49%，到 1996 年，重介选升到45%，跳汰选下降到35%。近年来美国的重介质选比例已上升为66%，加拿大56%、澳大利亚90%、俄罗斯42%。在德国，由于煤易选和巴达克跳汰机技术成熟，跳汰选一直是主要选煤方法。澳大利亚跳汰选使用量很少，甚至不用。

我国选煤工业起步较晚，所采用的重力选煤方法构成结构也在不断变化。从表 1-1 可以看出，重介质选煤在逐年增加，而跳汰选煤呈现下降趋势，其他选煤方法中的干法选煤开始受到人们的重视。

表 1-1　我国选煤方法所占的比例　　　　　　　　　　　　　　（%）

选煤方法	1985 年	2002 年	2005 年	2006 年
跳汰选煤	59	38.7	45	40
重介质选煤	23	36.3	39.5	44
浮选	14	11.6	9.5	9.5
其他选煤	4	13.4	6	6.5

随着重力选煤方法的调整，重力选煤设备也在向大型化、自动化方向发展。我国选煤厂的规模正在不断加大，促使重力选煤设备大型化。2000 年以前，由于矿井采煤能力的限制，选煤厂的处理能力都在 400 万吨/年以下，而 2000 年以后新建和投产的选煤厂发生了变化，5.0Mt/a 以上的选煤厂超过 31 座，其中 1500 万吨/年以上的特大型选煤厂有 4 座，2007 年 8 月投产的神东布尔台选煤厂年处理能力达到了 31.0Mt。选煤厂规模大型化的前提主要取决于选煤装备的大型化。

随着我国经济实力的不断增强，对煤炭的使用质量又提出了新的要求，但我国煤炭的洗选却比较困难。重力选煤方法的大致走向是：重介选煤将占主要地位，跳汰选煤仍是易选煤的首选，风力选煤等其他重力选煤技术可以在特定的时候使用。

我国正处在一个选煤厂技术改革的新阶段和新时期，今后要建设的新型选煤厂主要是动力煤选煤厂，以缓解现在的用煤紧张和选煤的质量问题。随着市场要求和人们观念的变化，动力煤和炼焦煤选煤技术已经渐渐地融为一体，设计中再区分炼焦煤或动力煤已不再是必需的。装配式选煤厂主要实现了"减少建设时间、降低建设投资、降低生产成本、提高生产效率、提高经济效益"。经过技术人员的不断改进，装配式选煤厂将是我国未来选煤厂发展的目标。

设备的大型化要求实现选煤过程自动控制和全厂自动化，加强机电一体化技术在大型跳汰机、大型重介质旋流器、大型风力干选机和重力选煤配套设备上的应用，实现设备的智能化和以产品质量为目标的回控系统，不断提高自动化的水平。

2 ‖ 原煤的工艺性质

原煤的工艺性质是指与重力选煤生产和操作有关的原煤的物理性质，它是煤的一定化学组成和分子结构的外部表现。原煤的物理性质是由成煤的原始物质及其聚积条件、转化过程、煤化程度和风、氧化程度等因素所决定，具体包括原煤的颜色、光泽、粉色、密度和容重、硬度、脆度、粒度、断口及导电性等。其中，除了密度和导电性需要在实验室测定外，其他根据肉眼观察就可以确定。原煤的物理性质可以作为初步评价煤质、确定选煤方法、制定工艺流程和设备选型的依据。介质是重力选煤的工作环境，原煤的分选是在一定的介质中进行的，介质的工艺性质直接影响原煤的分选效果。

2.1 煤的基本物理性质

2.1.1 煤的组成

煤是一种可燃有机岩，由一定地质年代生长的繁茂植物，在适当的地质环境中，逐渐堆积成厚层，并埋没在水底或泥沙中，经过漫长的、天然的、复杂的生物化学、地球化学、物理化学等作用转化而成。

在自然界中，从植物转变成泥炭—褐煤—烟煤—无烟煤的过程是一个从低级逐渐过渡到高级的发展过程，也是一个逐渐由量变到质变的过程，煤化程度逐渐增高，各种不同的煤种仅仅是成煤过程中某一阶段的产物，彼此之间并没有绝对的界限。

各种煤尽管种类不同，但都是由有机质、无机矿物质和水分三部分组成。

（1）有机质。有机质是煤的主体，构成有机高分子的主要是碳、氢、氧、氮等元素。

（2）无机矿物质。煤中的矿物质组分非常复杂，含量的变化也很大，主要是由铁、铝、钙、镁等以碳酸盐、硅酸盐、硫酸盐和硫化物等形式存在。煤中矿物质的含量和成分与煤的形成过程有关。煤在燃烧过程中，矿物质发生一系列的变化，煤燃烧后的残留物叫做灰分。一般来说，灰分的含量可以反映出煤中矿物质的大致含量，因此，有时也笼统地将矿物质叫做灰分。灰分是影响煤质的重要指标，重力选煤的目的也主要是降低原煤中的灰分。

（3）水分。煤中的水分有内在水分和外在水分的区别。煤中的内在水分指在煤风干后，将煤加热到 $102 \sim 105$℃时逸出的水分，这部分水分是依靠吸附力而保持在煤粒气孔中的水分。外在水分是保持在煤粒表面和煤颗粒之间的水滴，这部分水在风干时即可除去。内在水和外在水之和就是煤的总水分。

2.1.2 煤的颜色和光泽

了解煤的颜色和光泽，有利于帮助我们判断重力选煤设备的分选情况，指导操作和调整工艺参数。

（1）煤的颜色。煤的颜色是指新鲜（未被氧化）的煤块表面的天然色彩，它是煤对不同波长的可见光吸收的结果。煤在普通的白光照射下，其表面的反射光所显的颜色称为表色。通常由褐煤到烟煤、无烟煤，其颜色由棕褐色、黑褐色变为深黑色，最后变为灰黑色而带有钢灰色甚至古铜色。即使在烟煤阶段，颜色也随挥发分的变化而变化，如高挥发分的长焰煤，外观呈浅黑色甚至褐黑色，而到低挥发分、高变质的贫煤就多呈深黑色。

煤中的水分常能使煤的颜色加深，但矿物杂质却能使煤的颜色变浅，所以同一矿井的煤，如其颜色越浅，则表明它的灰分也越高。所以在重力选煤分选过程中，通过观察精煤的颜色可以大致了解其含矸量，颜色浅的越少，说明含矸量少。同样，通过观察矸石的颜色可以大致了解其带煤量，因为灰分低的煤的颜色比矸石要黑。

（2）煤的光泽。煤的光泽是指煤的新鲜断面对正常可见光的反射能力，是肉眼鉴定煤的标志之一。煤的光泽与煤化程度有关，而且煤中矿物成分和矿物质的含量以及煤岩组分、煤的表面性质、断口和裂隙等也都会影响煤的光泽。此外，风化或氧化以后，对煤的光泽影响也很大，通常使之变为暗淡无光泽。煤中的矿物组分含量越高，光泽就越暗淡。在重力选煤过程中，岗位司机以此鉴别设备的分选情况并及时作出调整。

2.1.3　煤的硬度和脆度

（1）煤的硬度。煤的硬度是指煤能抵抗外来机械作用的能力，根据煤的硬度值大小可了解机械和截齿的磨损情况及破碎、成型加工的难易程度。

煤的硬度主要取决于它的煤化程度，通常，中等煤化度的焦煤类的硬度最低，由焦煤向瘦煤、贫煤和无烟煤过渡时，硬度逐渐增高，到年老无烟煤向半石墨、石墨过渡时，硬度又急剧下降；由焦煤向肥煤、1/3 焦煤、气煤、长焰煤过渡时，煤的硬度又逐渐有所增高，但到年轻长焰煤至褐煤阶段，煤的硬度又显著降低。

煤中的矿物质对硬度有影响，因为黄铁矿的硬度远比煤高得多。当煤遭受风化或氧化时，硬度就会不断降低。

（2）煤的脆度。煤的脆度又称为煤的抗碎强度，它表征了煤在重力选煤过程中受外力作用而被粉碎的难易程度。成煤的原始物质、煤岩成分、煤化程度、矿物质含量、风化和氧化等都对煤的脆度有影响。

2.2　煤的粒度与粒度组成

煤的粒度是指单个煤颗粒的大小，而粒度组成是各个粒度级别的质量百分比。入选的原煤是由大量的不同粒度的煤颗粒以及颗粒间的空隙所构成的集合体。煤粒度的大小影响重力分选，比如细粒煤在跳汰机中不易溶解，如果不预先润湿易造成打团；粒度范围越小，组成越均匀，在分选过程中，操作相对更加容易。

2.2.1　粒度

粒度是颗粒在空间范围所占据的线性尺寸大小，颗粒的粒度越小，重量越轻，在介质中的沉降速度慢，因此煤的粒度也是影响重力分选数质量的一个方面。

粒度的测量和表示方法很多，对于球形颗粒，其直径即为粒度或粒径。对于不规则的颗粒，其粒度可用球体、立方体或长方体相关的尺寸来表示。其中，用球体的直径表示不规则颗粒的粒度，此时颗粒的粒度称为当量直径或球当量径。用长方体的外形尺寸来表示的颗粒粒度称为几何学粒径。用颗粒的投影来表示的颗粒粒度则称为投影粒径。从矿井开采的原煤，其颗粒是非球形或不规则的。在重力选煤的理论研究中，常常将颗粒视为球形来研究它在介质中的运动规律，在此基础上，对所得结论进行修正，作为不规则颗粒的运动规律。

2.2.2 粒度组成测定

粒度反映的是单个颗粒的尺寸大小，实际生产过程中的物料是由无数不同粒度颗粒组成的颗粒群，粒度跨度范围很大，很难遇到粒度均一的物料。如果将粒度范围宽的颗粒群分成若干个粒度范围窄的级别，这些窄级别称为粒级。各个粒级在整个粒群中的组成情况就是粒度组成。通过分析煤的粒度组成，可以了解各粒级原煤的数量和质量分布情况，为矿井设计、选煤厂的设计、生产，选煤工艺过程的分选效果和经济效益，年度质量计划的制定以及选煤的实际生产提供基础数据和技术依据，以便获得最佳技术经济效果。

煤的粒度组成是通过筛分分析法或者筛分试验来确定的。煤的筛分试验是指按规定的采样方法采取一定数量的煤样，并按规定的操作方法，对煤样进行筛分、测定和分析，以了解煤的粒度组成和各粒级产物的特征。

筛分试验一般分为大筛分试验和小筛分试验，大筛分试验适用于大于 0.5mm 的原煤的粒度组成测定，使用的设备是国标规定的筛孔序列的筛子。而小筛分是用来测定小于 0.5mm 的粉煤的粒度组成，使用的是标准套筛。在实际的选煤生产中，常用的是大筛分试验，这里主要介绍大筛分试验，如果没有明确说明，下面提到的筛分试验指的是大筛分试验。

在筛分试验中，原料煤通过规定的各种大小不同筛孔的筛子，被分成各种不同粒度的级别，再分别测定各粒级的质量，根据试验目的，还需要测定和化验的指标包括灰分、水分、挥发分、硫分和发热量等。

为了保证筛分试验具有充分的代表性，试验煤样应按 MT/T1034—2006《生产煤样采取方法》或其他取样检查的规定采取。筛分试验各粒级所需试样质量见表 2-1。

表 2-1 筛分试验各粒级所需试样质量

最大粒度/mm	>100	100	50	25	13	6	3	0.5
最小质量/kg	150	100	30	15	7.5	4	2	1

筛分试验根据国家标准 GB/T 477—2008《煤炭筛分试验方法》的规定进行。煤样可按下列尺寸筛分成不同粒级：100mm、50mm、25mm、13mm、6mm、3mm 和 0.5mm。根据煤炭加工利用的需要可增加（或减少）某一或某些级别，或以生产中实际的筛分级代替其中相近的筛分级。由以上 7 个级别筛孔的筛子将试样分成：>100mm、100～50mm、50～25mm、25～13mm、13～6mm、6～3mm、3～0.5mm 和 <0.5mm 粒度级，其中大于50mm各粒级应手选出煤、矸石、中间煤（或称夹矸煤）和硫铁矿 4 种产品。筛分后对各粒级和各手选产品分别测定产率和质量，将试验结果填入如表 2-2 所示的筛分试验报告表中。

表 2-2 筛分试验报告表

生产煤样编号： 试验日期： 年 月 日

筛分试验编号：

　　　　矿务局　　　矿　　　层　　　工作面　　　采样说明：

筛分总样化验结果：

化验项目 \ 指标	M_{ad} /%	A_d /%	V_{daf} /%	$S_{t, ad}$ /%	$Q_{gr, ad}$ /MJ·kg^{-1}	胶质层		黏结性 指数
						X/mm	Y/mm	
毛煤	5.56	19.50	37.73	0.64	25.686	71		
浮选（<1.4）	5.48	10.73	37.28	0.62				

粒级 /mm	产物名称		产率			质量			$Q_{gr, ad}$ /MJ·kg^{-1}
			质量/kg	占全样/%	筛上累计/%	M_{ad}/%	A_d/%	$S_{t, ad}$/%	
>100	手选	煤	2616.5	13.48		3.57	11.41	1.10	28.680
		夹矸煤	102.6	0.53		2.86	31.21	1.43	20.871
		矸石	162.9	0.84		0.85	80.93	0.11	
		硫铁矿							
		小计	2882.0	14.85	14.85	3.39	16.04	1.06	
100~50	手选	煤	2870.4	14.79		4.08	13.72	0.78	28.119
		夹矸煤	80.6	0.41		3.09	34.47	0.95	19.674
		矸石	348.7	1.80		0.92	80.81	0.13	
		硫铁矿							
		小计	3299.7	17.00	31.85	3.72	21.32	0.72	
>50 合计			6181.7	31.85	31.85	3.57	18.86	0.88	
50~25	煤		2467.1	12.71	44.56	3.73	24.08	0.54	23.781
25~13	煤		3556.7	18.32	62.88	2.56	22.42	0.61	24.133
13~6	煤		2624.2	13.52	76.40	2.40	23.85	0.55	23.484
6~3	煤		2399.4	12.36	88.76	4.04	19.51	0.74	24.803
3~0.5	煤		1320.5	6.80	95.56	2.94	16.74	0.74	26.289
0.5~0	煤		862.6	4.44	100.00	2.98	17.82	0.89	25.477
50~0 合计			13230.5	68.15		3.08	21.62	0.64	13230.5
毛煤总质量			19412.2	100.00		3.24	20.74	0.72	19412.2
原煤总计（除去大于 50mm 级矸石和硫铁矿）			18900.6	97.36		3.30	19.11	0.74	18900.6

注：筛分前煤样总质量：19459.5kg；最大粒度：730mm×380mm×220mm。

2.2.3　筛分试验结果整理

　　在整理资料的过程中，要检查试验结果是否超过规程中所规定的允许差。如果超过了允许差，则试验结果不准确，应予以报废，重新做试验。

　　（1）质量校核。筛分试验前煤样总质量（以空气干燥状态为基准，下同）与筛分试验后各粒级产物质量（13mm 以下各粒级换算成缩分前的质量，下同）之和的差值，不得超过筛分试验前煤样质量的 1%，否则该次试验无效。即：

$$\left| \frac{Q - \overline{Q}}{Q} \right| \leqslant 1\% \tag{2-1}$$

式中，Q 为筛分试验前煤样总质量，kg；$\overline{Q}$ 为筛分试验后各粒级煤样质量之和，kg。

（2）灰分校核。筛分配制总样灰分 A_d 与各粒级产物灰分的加权平均值 $\overline{A}_d$ 的差值，应符合下列规定，否则该次试验无效。

1）煤样灰分 < 20% 时，相对差值不得超过 10%，即：

$$\left| \frac{A_d - \overline{A}_d}{A_d} \right| \times 100\% \leqslant 10\% \tag{2-2}$$

2）煤样灰分 ≥20% 时，绝对差值不得超过 2%，即：

$$\left| A_d - \overline{A}_d \right| \leqslant 2\% \tag{2-3}$$

（3）筛分试验资料计算。首先将筛分试验所得的各粒级质量填入表中相应的栏中并相加，得出筛分试验后各级煤样的质量及（毛煤）总质量 19412.2kg，和筛分试验前煤样总质量 19459.5kg 相比，差值为 47.3kg，在规定的误差范围 2% 以内才符合要求。表中的质量误差为 0.24%，没有超过规定的允许误差范围，再对资料进行计算整理，从而得出表 2-2 中规定和要求的各项指标。

1）产率的计算。占全样产率是指各粒级物料的质量百分数占筛分（原）煤样总质量的百分数（比）。计算方法是由试验后表中各粒级产物的质量 m_i 除以各粒级产物质量之和 M（原煤样的总质量 19412.2kg），即得相对应各粒级产物"占全样"的产率 γ_i。如：

$$\gamma_i = \frac{m_i}{M} \times 100\% \tag{2-4}$$

2）筛上累计产率的计算。"占全样"产率 γ_i 从上至下逐级数值相加的结果即为筛上累计产率 γ_s。

$$\gamma_s = \sum \gamma_i \tag{2-5}$$

3）平均灰分的计算。煤样的平均灰分是根据加权平均灰分的计算方法，将各粒级的占全样产率与其灰分的乘积之和除以各级产率之和。

$$\overline{A}_d = \frac{\sum (\gamma_i \cdot A_{di})}{\sum \gamma_i} \tag{2-6}$$

4）累计灰分的计算。累计灰分是用加权平均的方法对各粒级累计的结果，如果按自上而下逐级累计得到筛上累计灰分，从下往上逐级累计得到筛下累计灰分，计算公式与式（2-6）相同。

2.2.4 粒度组成分析

2.2.4.1 资料分析

分析原煤筛分资料对了解原煤的物理性质，制定选煤工艺流程和选煤操作制度（方法）有重要意义。一般从下列几个方法进行分析：

（1）根据各粒级的产率变化分析和了解原煤的硬度和脆性。如果原煤中含粗粒级的量较多，且灰分较低，说明煤质较硬；否则，认为煤质较脆。在筛分试验资料中反映出的某粒级的产率最高或最低，对实际生产过程中的操作及分选方法的确定有着很重要的意义。

在采煤方法相同的情况下，根据大于 50mm 的粗粒级的含量不同，可把原煤粗略地分为 4 种硬度等级（不适于露天开采的煤），如表 2-3 所示。

表 2-3　煤的硬度等级

>50mm 的产率/%	>50	45～50	30～45	<30
硬度等级	特硬煤	硬煤	较硬煤	软煤

（2）根据各粒级的灰分变化分析原煤的煤质变化规律。如果各粒级的灰分与原煤总灰分相近，说明煤质较均匀；如果细粒级的灰分较低，说明细粒级中含纯煤较多，并且煤质较脆，这种原煤在洗选加工时应尽量避免过粉碎现象；如果粗粒级的灰分较低，说明粗粒级中含纯煤较多，且煤质较硬，如果粉煤（<0.5mm）的物料灰分比原煤总灰分或邻近粗粒级的灰分都高，说明矸石有泥化现象，若粉煤灰分比总灰分低，可以认为该煤泥化现象不严重。

（3）根据手选资料分析煤质特性。主要分析煤、中间煤、黄铁矿和矸石的含量及灰分、硫分等。如手选资料反映出煤的含量高，灰分低，这不仅说明煤质硬，而且有利于扩大入选粒度上限，如果含量低，要考虑大块煤破碎；若中间煤含量多，则要考虑降低入选粒度上限，进行中煤破碎，以便提高精煤的回收率；如果矸石含量少（煤质好，可以考虑经简单手选出商品煤），可设手选，若矸石含量较多，不宜采用手选矸石，可以考虑采用机械选矸；黄铁矿含量较多时，要考虑回收问题。

2.2.4.2　平均粒度

（1）粒级的平均粒度。粒级的平均粒度 $\bar{d}$ 是指该粒级粒度的最大值 d_1 和最小值 d_2 之和的算术平均，也是粒级范围的中间值。粒级的粒度范围越小，粒级的平均粒度越接近于粒级的最大（小）粒度。

$$\bar{d} = \frac{d_1 + d_2}{2} \tag{2-7}$$

（2）粒群的平均粒度。粒群的平均粒度是指由粒度为 d_1、d_2、$\cdots$、d_n 的颗粒组成的集合体的粒度加权平均值，或者是由平均粒度为 $\bar{d}_1$、$\bar{d}_2$、$\cdots$、$\bar{d}_{n-1}$ 的粒级组成的粒群的粒度加权平均值。

平均粒度的计算方法很多，主要有个数基准、质量基准和质量分数基准的计算公式，不同的计算公式适用的粒度范围和工程应用也不一样。在选煤行业主要采用质量分数为基准的平均粒度计算方法。

$$\bar{d} = \frac{\bar{d}_1\gamma_1 + \bar{d}_2\gamma_2 + \cdots + \bar{d}_{n-1}\gamma_{n-1}}{\gamma_1 + \gamma_2 + \cdots + \gamma_{n-1}} \tag{2-8}$$

式中，γ_1、γ_2、$\cdots$、γ_{n-1} 分别为 $(d_1 \sim d_2)$、$(d_2 \sim d_3)$、$\cdots$、$(d_{n-1} \sim d_n)$ 各粒级的产率或质量百分数，$\bar{d}_1$、$\bar{d}_2$、$\cdots$、$\bar{d}_{n-1}$ 分别为各粒级的平均粒度，计算公式与式（2-7）相同。

2.2.5 粒度组成表示方法

粒度组成有三种表示方法，用于方便分析原料的粒度特性。

（1）表格法。即表2-2所示的筛分试验报告表，试验结束后，要分别计算各粒级占全样的产率、累计产率、累计灰分等，并将结果填入表中相应栏。

（2）图形法。筛分试验报告表反映了选定粒级的数量和质量的情况，选定的粒级越窄，越能反映原煤（试样）的粒度组成。如果需要了解任一粒级的数质量，这时一般借助于粒度特性曲线来解决。

粒度特性曲线就是原煤的粒度组成的图形表示，或者是筛分试验报告表的图形化。如图2-1所示，粒度特性曲线采用直角坐标系统，左纵坐标轴表示各粒级的累计产率，下横坐标轴表示筛分的粒度，上横坐标轴表示各粒级的累计灰分。刻度划分视原煤情况而定。画图用的原始资料来源于表2-2，主要用筛分报告表中的各粒级产率和灰分数据，再计算出筛上累计产率和筛上累计灰分，如表2-4所示，根据第（4）、（5）两栏数据就可以在坐标系统中打点并将各点按顺序均匀地连成曲线，得到图2-1所示的累计产率曲线和累计灰分曲线。

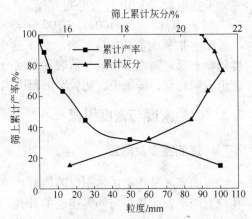

图 2-1 原煤的粒度特性曲线

表 2-4 原煤的粒度组成

粒 级	占本级产率/%	灰分/%	筛上累积	
			产率/%	灰分/%
（1）	（2）	（3）	（4）	（5）
>100	14.85	16.04	14.85	16.04
100～50	17.00	21.32	31.85	18.86
50～25	12.71	24.08	44.56	20.35
25～13	18.32	22.42	62.88	20.95
13～6	13.52	23.85	76.4	21.46
6～3	12.36	19.51	88.76	21.19
3～0.5	6.80	16.74	95.56	20.88
0.5～0	4.44	17.82	100	20.74
总 计	100	20.74		

（3）公式法。也即粒度特性方程，它是用筛分试验所得数据，经数学方法，比如拟合或回归等，得到的经验公式。不同学者在不同的试验条件下研究得到了许多的粒度特性方程，具代表性的有罗逊（Rosin）-拉姆勒（Rammler）公式。

1993年罗逊和拉姆勒根据统计资料，发现包括煤的破碎与磨碎产品的粒度分布大体上符合皮尔森分布，但曲线表达式比较复杂，后经简化，提出了如下经验式。

$$R = 100e^{-bd^n} \tag{2-9}$$

式中　R——大于粒度 d 的筛上累计产率；

　　　d——粒度，筛孔尺寸；

b，n——与物料粒度大小和性质有关的参数，对一定物料，b、n 是常数；

　　　e——自然对数的底，e = 2.71828。

1936 年贝涅特（Bennet）经试验认为，上式也适用于原煤，并取 $b = \dfrac{1}{d_0^n}$，则指数一项可写成无因次项，即

$$R = 100\mathrm{e}^{-(\frac{d}{d_0})^n} \tag{2-10}$$

上式也称为 RRB 粒度分布方程。

当 $d = d_0$ 时，$R = 100\mathrm{e}^{-1} = 100/\mathrm{e} = 36.8\%$。

d_0 一般称为有效粒度，表示大于这个粒度的物料有 36.8%，因此，d_0 越大，物料粒度越粗，反之则细。指数 n 值表示粒度分散的程度，n 值越小，粒度范围越宽，反之，粒度组成则均匀，即集中在比较窄的范围内。

2.3　煤的密度与密度组成

2.3.1　煤的密度及测量

煤的密度是指单位体积煤的质量，单位为 $\mathrm{g/cm^3}$ 或 $\mathrm{kg/m^3}$。煤是多孔性物料，煤粒的孔隙有两类，一类是与外界连通的开孔，另一类是包含在煤粒内部不与外界连通的闭孔。孔隙中含有水、空气或其他气体。煤中还含有矿物杂质。煤堆积在一起时，颗粒之间存在空隙，其中充满空气。

由于煤粒本身孔隙状态不同，煤的密度有不同的定义，并且得到的数值也不一定相同。煤的密度主要有三种表示方法：煤的真密度、煤的视密度和煤的散密度，分别适应不同的用途。

（1）煤的真密度。煤的真密度是指单个煤粒的质量与体积（不包括煤孔隙的体积）之比，也就是煤粒的理论密度。煤的真密度反映煤分子空间结构的物理性质，它与其他煤的性质有密切关系。研究煤的结构、煤的精选加工以及计算煤层平均质量等，都要测定煤的真密度。

测定煤的真密度常用密度瓶法，以水作置换介质。将称量的煤样浸泡在水中，使水充满煤的孔隙，根据阿基米德原理进行计算。为了提高水对煤的渗透性，曾采用多种浸润剂。

煤的真密度在数值上等于煤的真相对密度，国标（GB/T217—2008）规定煤的真密度是指 20℃时煤的质量（不包括煤的内外孔隙）与同温度同体积水的质量之比。测量时以十二烷基硫酸钠溶液为浸润剂，使煤样在密度瓶中润湿沉降并排除吸附的气体，根据煤样排出的同体积的水的质量算出煤的真相对密度。

$$\rho_Z^{20} = \frac{m_d}{m_d + m_2 - m_1} \tag{2-11}$$

式中　ρ_Z^{20}——20℃时干燥煤的真相对密度；

　　　m_d——干燥煤样质量，g；

　　　m_2——密度瓶加浸润剂和水的质量，g；

　　　m_1——密度瓶加煤样、浸润剂和水的质量，g。

其中干燥煤样质量 m_d 按式（2-12）计算。

$$m_d = m \times \frac{100 - M_{ad}}{100} \tag{2-12}$$

式中　m——空气干燥煤样的质量，g；

　　　M_{ad}——空气干燥煤样水分（按 GB/T 212—2008 规定测定），%。

在常温下的真密度为：

$$\rho_Z = K_t \cdot \rho_Z^{20} = K_t \times \frac{m_d}{m_d + m_2 - m_1} \tag{2-13}$$

式中　K_t 为 t℃下的温度校正系数。

煤中矿物质的真密度比煤有机质的真密度大得多，如石英的真密度为 2.15g/cm³，黏土为 2.40g/cm³，黄铁矿为 5.00g/cm³。煤中矿物质真密度的平均值约为 3.00g/cm³。矿物质的含量越多，则煤的真密度越高。根据经验数据，煤的灰分每增加 1%，其真密度增高 0.01g/cm³。

（2）煤的视密度。煤的视密度，又称煤的视相对密度、假密度或表观密度，是指在 20℃时单个煤粒（块）的质量与其外观体积（包括煤粒的开孔闭孔）之比，以 g/cm³ 表示。计算煤的埋藏量以及煤的运输、粉碎和燃烧等过程，均需要煤的视密度数据。测定视密度的方法有多种，常用涂蜡法（或涂凡士林法）和水银法。

1）涂蜡法。涂蜡法是在煤粒的外表面上涂一层薄蜡，封住煤粒的孔隙，使介质不能进入。将涂蜡的煤粒浸入水中，用比重天平称量，根据阿基米德原理测出煤粒的外观体积，从而计算出视密度。

国标（GB/T 6949—1998）规定了煤的视相对密度测定方法：在 20℃时煤（含煤的孔隙）的质量，与同体积水的质量之比。称取一定粒度的煤，表面用蜡涂封后，放入密度瓶内，以十二烷基硫酸钠溶液为浸润剂，测出涂蜡煤粒所排开同体积水溶液的质量，求出在 20℃时煤的视相对密度。

$$\rho_S^{20} = \frac{m_1}{\left(\dfrac{m_2 + m_4 - m_3}{\rho_R} \right) - \left(\dfrac{m_2 - m_1}{\rho_{Wax}} \right)} \tag{2-14}$$

式中　ρ_S^{20}——20℃时干燥煤的视相对密度，g/cm³；

　　　m_1——干燥煤样的质量，g；

　　　m_2——煤样涂蜡后的质量，g；

　　　m_3——密度瓶、涂蜡煤粒和水溶液的质量，g；

　　　m_4——密度瓶和水溶液的质量，g；

　　　ρ_R——在 t℃时 1g/L 十二烷基硫酸钠溶液的密度，g/cm³；

　　　ρ_{Wax}——石蜡的密度，g/cm³。

2）水银法。水银法则是将煤粒直接浸入水银介质中，因水银的表面张力很大，在常压下不能渗入煤的孔隙，煤粒排出的水银体积，即为包括孔隙在内的煤粒外观体积，进而就可计算出煤的视密度。

不同煤化度的煤，其视密度相差很大，褐煤为 1.05 ~ 1.30 g/cm³，烟煤为 1.15 ~ 1.50 g/cm³，无烟煤为 1.40 ~ 1.70 g/cm³。

（3）煤的散密度。煤的散密度是指在一定填充状态下，包括煤粒间全部空隙在内的整个容器内煤粒的质量与容器容积之比，又称煤的堆积密度。设计煤仓、计算煤堆质量和车船装载量以及焦炉和气化炉设备的装煤量时，都需要使用煤的散密度数据。散密度是在一定容器中直接测定的，测定时所用的容器越大，准确性越高。煤的散密度是条件性的指标，受容器的大小、形状和装煤方法以及煤的水分和粒度等因素的影响。在生产实际中，煤的散密度一般为 $0.50 \sim 0.75 \ t/m^3$。

2.3.2 煤炭的浮沉试验

测定物料的密度组成，是指将有代表性的试样，分成密度范围不同的成分，计算各密度级物料质量分数（称为产率），再按工业要求进行各密度级物料的化学分析或矿物分析（如分析灰分、硫分、金属元素含量、矿物含量等）。这就可以确定物料中各成分的质与量的关系。若把试样先进行按粒度分级，算出各粒级物料占原料的百分比，然后再对各粒级物料进行密度组成的测定，这样所获得的资料就更全面地反映物料的特性。

煤炭密度组成的测定，主要是测定选前原煤的密度组成，目的是通过浮沉试验考察不同密度成分在原煤中的数量和质量，从而来研究原煤的性质。对于选后产品，也应测定其密度组成，为分析分选过程进行的优劣，提供必要的资料。

研究煤的密度组成的主要方法是浮沉试验，具体试验按照国家标准 GB/T 478—2008《煤炭浮沉试验方法》进行。浮沉试验分为大浮沉和小浮沉，大浮沉是对粒度大于 0.5mm 的煤炭进行的浮沉试验，而小浮沉是对粒度小于 0.5mm 的煤炭进行的浮沉试验。

浮沉试验是将煤炭在不同密度的溶液中顺序的进行浮沉，从而将煤炭分成不同的密度级别，经过 n 个密度液的浮沉分离，就可以得出 $n+1$ 个密度级的物料，再进行干燥、称重和灰分化验，这样就可以得出不同密度级数量与质量的关系。

在一般情况下，浮沉试验是用筛分试验所得到的窄粒度级别煤进行浮沉，几乎不直接用原煤。这样做是为了得出结果更为正确，而且筛分试验的窄级别越多，总样的密度组成越接近实际，但浮沉试验的工作量就很大。只有在特殊情况下，比如在生产过程中快速检查重选设备的分选情况，才可用不分级的煤样进行浮沉试验，进行总效果的概况检查，作为岗位司机操作和调整工艺参数的依据。

浮沉试验用煤样的质量与每一个粒度级别的粒度上限有关，粒度越大，所需要的煤样量越多。根据国家标准 GB/T 478—2008，各粒级煤样最小质量见表2-5。

表2-5　给定粒级煤样的最小质量

粒级上限/mm	300	150	100	50	25	13	6	3	0.5
最小质量/kg	500	200	100	30	15	7.5	4	2	0.2

大浮沉一般选用易溶于水的氯化锌为浮沉介质，小浮沉可以选用氯化锌重液、无机高密度溶液或者有机重液。如果小浮沉的粉煤煤样容易泥化时，可以采用四氯化碳、苯和三溴甲苯配制重液；而且当重液密度大于 $1.70 g/cm^3$ 时，建议采用无机高密度溶液。

根据阿基米德原理，密度小于重液密度的煤炭必将浮在液面上，而大于重液密度的物料必将沉到底部去，密度恰好等于重液密度的物料，将悬浮在重液中。在试验过程中，就要精心地把密度小于重液密度的部分分出来，成为小于该密度的物料，而将呈悬浮状态的和沉于底部的物料收集在一起，成为大于该重液密度的物料。

国家标准 GB/T 478—2008 规定原煤粒度级进行浮沉试验时，密度范围通常应包括 1.30 g/cm³、1.40g/cm³、1.50g/cm³、1.60g/cm³、1.70g/cm³、1.80g/cm³、1.90g/cm³ 和 2.00g/cm³，必要时可增加小于 1.30g/cm³ 和大于 2.00g/cm³ 的密度级，或减小密度间隔，由 0.10g/cm³ 改为 0.05g/cm³，增加 1.25g/cm³、1.35g/cm³ 等密度。原煤的密度间隔减小，密度级别增加，使每个密度级中的物料在密度上更加接近，质量变得均匀，有利于密度组成的分析。

用氯化锌配置重液时，可以参考表 2-6 进行粗配，然后用液体密度计校验，直至达到要求值，密度误差要求准确到小于 0.002g/cm³。高密度氯化锌重液（大于 1.80g/cm³）黏度大，容易发生沉淀，影响浮沉分离效果。此时可选用其他类型的无毒、无味、易溶于水的无机高密度重液。

表 2-6 氯化锌重液配制参考表

重液的密度/g·cm⁻³	1.30	1.40	1.50	1.60	1.70	1.80	1.90	2.00
氯化锌质量分数/%	31	39	46	52	58	63	68	73

配制有机重液时，可参照表 2-7 进行并用液体密度计检测配制的重液密度。

表 2-7 有机重液配制参考表

重液的密度/g·cm⁻³	四氯化碳和苯（体积分数）/%		四氯化碳和三溴甲烷（体积分数）/%	
	四氯化碳(CCl_4)	苯(C_6H_6)	四氯化碳(CCl_4)	三溴甲烷($CHBr_3$)
1.30	60	40		
1.40	74	26		
1.50	89	11		
1.60			2	98
1.70			11	89
1.80			21	79
2.00			41	59

一般情况下都采用氯化锌（$ZnCl_2$）与水配制的重液，但是这种溶液黏度大，清洗困难，因此，对于小于 1.0mm 的粒级和煤泥的浮沉试验，采用有机溶液。由于有机溶液容易挥发，对于浮沉过的样品，不用清洗，放置一定时间后即可挥发掉，避免了对细粒及煤泥清洗困难这一点，但是，有机溶液价格比较贵，只用于极细粒和煤泥。

大浮沉试验的操作程序如图 2-2 所示，具体步骤如下。

（1）将配好的重液装入重液桶中，并按密度大小顺序排好，每个桶中重液面不低于 350 mm，最低一个密度的重液应另备一桶，作为每次试验时的缓冲液使用。

（2）浮沉试验顺序一般是从低密度逐级向高密度进行，如果煤样中含有易泥化的矸石或高密度物含量多时，可先在最高的密度液内浮沉，捞出的浮物仍按由低密度到高密度顺

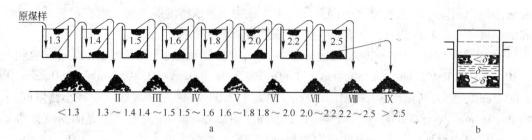

图2-2 浮沉试验操作程序图

a—浮沉试验进行程序；b—网底桶盛煤样浸入重液示意图

序进行浮沉。

（3）当试样中含有大量中间密度的物料时，可先将煤样放入中间密度的介质中大致均匀地分开，再按照步骤（2）进行试验。

（4）浮沉试验之前先将煤样称量，放入网底桶内，每次放入的煤样厚度一般不超过100 mm。用水洗净附着在煤块上的煤泥，滤去洗水再进行浮沉试验。收集同一粒级冲洗出的煤泥水，用澄清法或过滤法回收煤泥，然后干燥称量，此煤泥通常称为浮沉煤泥。

（5）进行浮沉试验时，先将盛有煤样的网底桶在最低一个密度的缓冲液内浸润一下（同理，如先浮沉高密度物，也应在该密度的缓冲液内浸润一下），然后提起斜放在桶边上，滤尽重液，再放入浮沉用的最低密度的重液桶内，用木棒轻轻搅动或将网底桶缓缓地上下移动，然后使其静止分层。分层时间不少于下列规定：

1）粒度大于25mm时，分层时间为1~2min；

2）最小粒度为3mm时，分层时间为2~3min；

3）最小粒度为0.5~1mm时，分层时间为3~5min。

（6）小心地用捞勺按一定方向捞取浮物，捞取深度不得超过100mm。捞取时应注意勿使沉物搅起混入浮物中。待大部分浮物捞出后，再用木棒搅动沉物，然后仍用上述方法捞取浮物，反复操作直到捞尽为止。

（7）把装有沉物的网底桶慢慢提起，斜放在桶边上，滤尽重液，再把它放入下一个密度的重液桶中。用同样方法逐次按密度顺序进行，直到该粒级煤样全部做完为止，最后将沉物倒入盘中。在试验中应注意回收氯化锌溶液。

（8）在整个试验过程中应随时调整重液的密度，保证密度值的准确。

（9）各密度级产物应分别滤去重液，用水冲净产物上残存的氯化锌（最好用热水冲洗），然后在低于50℃温度下进行干燥，达到空气干燥状态再称量。

（10）对各密度级产物和煤泥分别缩制成分析煤样，测定其灰分（A_d），根据要求，确定是否测定水分（M_{ad}）、硫分或增减其他分析化验项目。

2.3.3 浮沉试验资料的整理

通过分别对筛分试验各个粒度级别的煤样做浮沉试验，得到各密度级别的质量和灰分数据，然后再编制浮沉试验报告表，如表2-8所示。制表需要填写的有试验煤样的编号、煤样的粒度级别、该粒度级别占全样的产率（筛分试验中该粒级的质量百分数）、试验日期、煤样的质量、各密度级物料的质量和灰分。

表 2-8 自然级浮沉试验报告表

浮沉试验编号：					试验日期： 年 月 日				
煤样粒级：25~13mm（自然级）					本级占全样产率：18.322%，灰分：22.42%				
全硫（$S_{t, ad}$）/%：					试验前煤样质量（空气干燥状态）：24.965kg				
密度级 /g·cm^{-3}	质量/kg	占本级 产率/%	占全样 产率/%	灰分/%	浮物累计		沉物累计		
					产率/%	灰分/%	产率/%	灰分/%	
（1）	（2）	（3）	（4）	（5）	（6）	（7）	（8）	（9）
<1.30	1.645	6.72	1.219	3.99	6.72	3.99	100	22.14
1.30~1.40	11.312	46.18	8.380	7.99	52.9	7.48	93.28	23.45
1.40~1.50	5.28	21.56	3.912	15.93	74.46	9.93	47.10	38.60
1.50~1.60	1.37	5.59	1.014	26.61	80.05	11.09	25.54	57.74
1.60~1.70	0.66	2.70	0.490	34.65	82.75	11.86	19.95	66.47
1.70~1.80	0.456	1.86	0.338	43.41	84.61	12.56	17.25	71.45
1.80~2.00	0.606	2.47	0.448	54.47	87.08	13.74	15.39	74.84
>2.00	3.165	12.92	2.345	78.73	100.00	22.14	12.92	78.73
小 计	24.494	100.00	18.146	22.14				
浮沉煤泥	0.238	0.96	0.176	19.16				
合 计	24.732	100.00	18.322	22.11				

在进一步整理数据之前，为保证试验的准确性，需要首先检验试验误差，只有质量误差和灰分误差同时满足国标 GB/T 478—2008 规定的要求，浮沉试验才算有效，否则应重新进行浮沉试验。

（1）质量误差。试验结果要满足浮沉试验前空气干燥状态的煤样质量与浮沉试验后各密度级产物的空气干燥状态质量之和的差值，不应超过浮沉试验前煤样质量的 2%。

（2）灰分误差。灰分误差是浮沉试验前煤样灰分与浮沉试验后各密度级产物灰分的加权平均值的差值的绝对值，这里指的灰分差值可以是相对差值 ΔX，见式（2-15），也可以是绝对差值 ΔJ，见式（2-16）。浮沉试验用的煤样的灰分和最大粒度不同，对灰分误差的要求也不一样。

$$\Delta X = \left| \frac{A_d - \overline{A}_d}{A_d} \right| \times 100\% \qquad (2-15)$$

$$\Delta J = \left| A_d - \overline{A}_d \right| \qquad (2-16)$$

式中　　ΔX——灰分的相对差值；

ΔJ——灰分的绝对差值；

A_d——浮沉试验前煤样的灰分，%；

$\overline{A}_d$——浮沉试验后各密度级产物的加权平均灰分，%。

1）煤样中最大粒度 ≥25mm。如果煤样灰分 <20%，则灰分的相对差值 $\Delta X \leqslant 10\%$；如果煤样灰分 ≥20% 时，则灰分的绝对差值 $\Delta J \leqslant 2\%$。

2）煤样中最大粒度 <25mm，且 >0.5mm。如果煤样灰分 <15%，则灰分的相对差值 $\Delta X \leqslant 10\%$；如果煤样灰分 ≥15% 时，则灰分的绝对差值 $\Delta J \leqslant 1.5\%$。

3）煤样中最大粒度 ≤0.5mm 时，即小浮沉试验。如果煤样灰分 <20% 时，则灰分的

相对差值 $\Delta X \leqslant 10\%$；如果煤样灰分为 $20\% \sim 30\%$ 时，则灰分的绝对差值 $\Delta J \leqslant 2\%$；煤样灰分大于 30% 时，则灰分的绝对差值 $\Delta J \leqslant 3\%$。

如果误差煤样没超过规定，即可进行各密度级产率的计算。各密度级产物的产率和灰分用百分数表示，灰分和占本级的产率取到小数点后两位，而占全样的产率取小数点后三位，对原煤浮沉试验综合表可取两位小数。当一个或两个相邻密度级产率很小时，可将数据合并处理。

虽然大浮沉是用 >0.5 mm 的煤样，但在浮沉试验过程中，各粒级煤样会在重液中发生泥化而产生煤泥，这一部分煤泥称为浮沉煤泥或次生煤泥，而原煤中 <0.5 mm 的粒级称作原生煤泥。

各密度级的产率，因计算基准的不同，有占本级产率和占全样产率之分。所谓占本级产率是指各密度级占本粒度级试验煤样自身质量的百分数。在重力选煤中，由于小于 0.5 mm 的煤泥一般情况无法按密度差别分选，因此为了分析原煤的可选性，只考虑大于 0.5 mm 的各粒级，煤泥不参与计算。计算时用各密度级的质量（kg）除以去除煤泥后的合计质量的百分数。而煤泥占本级产率是煤泥的质量占该粒级试样的质量百分数，它反映了煤样在浮沉试验过程中的泥化程度，也可作为制定工艺流程的依据，分析判断分选效果。而占全样产率用各密度级占本级的产率乘以该试验粒级煤样在筛分试验中的质量百分数。

各粒级浮沉试验表内的浮物累计和沉物累计部分，如果不需要单独研究某一粒级的可选性或绘制可选性曲线，可以不进行计算和填写。

（3）各粒级浮沉试验报告表的整理。各粒级浮沉试验报告表的形式如表 2-8 ~ 表 2-10 所示。表 2-8 和表 2-9 是自然级与破碎级的浮沉试验资料，整理方法完全相同，表 2-10 为综合级浮沉试验资料，整理方法有所不同。

表 2-9　破碎级浮沉试验报告表

浮沉试验编号：					试验日期：　　年　　月　　日			
煤样粒级：25~13mm（破碎级）					本级占全样产率：6.283%，灰分：19.32%			
全硫（$S_{t,ad}$）/% :					试验前煤样质量（空气干燥状态）：24.364kg			
密度级 /g·cm^{-3}	质量/kg	占本级 产率/%	占全样 产率/%	灰分/%	浮物累计		沉物累计	
					产率/%	灰分/%	产率/%	灰分/%
(1)	(2)	(3)	(4)	(5)	(6)	(7)	(8)	(9)
<1.30	3.437	14.26	0.893	4.48	14.26	4.84	100.00	20.37
1.30~1.40	11.768	48.82	3.057	9.20	63.08	8.21	85.74	22.96
1.40~1.50	3.967	46.46	3.031	15.89	79.54	9.80	36.92	41.15
1.50~1.60	1.407	4.59	0.287	26.74	84.13	10.73	20.46	61.47
1.60~1.70	0.372	1.54	0.097	37.42	85.67	11.21	15.87	71.52
1.70~1.80	0.270	1.12	0.070	43.31	86.79	11.62	14.33	75.19
1.80~2.00	0.458	1.90	0.119	54.96	88.69	12.55	13.21	77.89
>2.00	2.725	11.31	0.708	81.74	100.00	20.37	11.31	81.74
小　计	24.404	100.00	0.262	20.37				
浮沉煤泥	0.082	0.34	0.021	15.78				
合　计	24.186	100.00	6.283	20.35				

表 2-10　综合级浮沉试验报告表

浮沉试验编号：				试验日期：　　年　　月　　日				
煤样粒级：25～13mm（综合级）				本级占全样产率：24.605%，灰分：21.63%				
全硫（$S_{t,ad}$）/%：								
密度级 /g·cm⁻³	质量/kg	占本级 产率/%	占全样 产率/%	灰分/%	浮物累计		沉物累计	
					产率/%	灰分/%	产率/%	灰分/%
(1)	(2)	(3)	(4)	(5)	(6)	(7)	(8)	(9)
<1.30	—	8.65	2.112	4.35	8.65	4.35	100.00	21.69
1.30～1.40	—	46.86	11.437	8.31	55.51	7.70	91.35	23.33
1.40～1.50	—	20.25	4.943	15.92	75.76	9.89	44.49	39.15
1.50～1.60	—	5.33	1.301	26.64	81.09	11.00	24.24	58.55
1.60～1.70	—	2.41	0.588	35.50	83.09	11.69	18.91	67.55
1.70～1.80	—	1.67	0.408	43.39	85.17	12.31	16.50	72.29
1.80～2.00	—	2.32	0.567	54.57	87.49	13.43	14.83	75.54
>2.00	—	12.51	3.053	79.43	100.00	21.69	12.51	79.43
小　计	—	100.00	24.408	21.69				
浮沉煤泥	—	0.80	0.197	18.80				
合　计	—	100.00	24.605	21.67				

1）占本级产率的计算。用表 2-8 中第（2）栏的小计 24.494kg 除各密度级产物的质量，得到第（3）栏中各密度级占本级产率。例如：－1.3g/cm³ 密度级占本级产率为：1.645/24.494×100% = 6.72%。

2）占全样产率的计算。第（4）栏中各密度级占全样产率是用 18.146% 分别乘以表中第（3）栏占本级产率而得到的。例如：－1.3g/cm³ 密度级占全样产率为：18.146% × 6.72% = 1.219%。

3）加权平均灰分。加权平均灰分的计算是各密度级的占本级产率（第（3）栏）与对应的灰分（第（5）栏）的乘积之和除以各密度级的占本级产率之和（累计产率），即：

$$\overline{A}_{dn} = \frac{\gamma_1 A_{d1} + \gamma_2 A_{d2} + \cdots + \gamma_n A_{dn}}{\gamma_1 + \gamma_2 + \cdots \gamma_n} \tag{2-17}$$

例如：1.5g/cm³ 密度的浮物累计灰分为：

$$\frac{6.72 \times 3.99 + 46.18 \times 7.99 + 21.56 \times 15.93}{6.72 + 46.18 + 21.56} \times 100\% = 9.93\%$$

4）浮物累计的计算。浮物累计产率计算：表 2-8 中第（6）栏各密度的浮物累计产率是由第（3）栏从上而下逐级相加而得。

浮物累计灰分计算：表 2-8 中第（7）栏各密度的浮物累计灰分是由相应各密度级的产率（第（3）栏）和灰分（第（5）栏）自上而下加权平均计算得来，即为相应各密度级的加权平均灰分。

5）沉物累计的计算。沉物累计产率和沉物累计灰分的计算分别与浮物累计产率和浮物累计灰分的计算方法相同，但沉物累计是自下而上进行计算的。例如，表 2-8 中第（8）

栏中 2.0g/cm³ 密度的沉物累计产率为 12.92%，1.8g/cm³ 密度的沉物累计产率为 12.92% + 2.47% = 15.39%，以此类推可求得其他各密度的沉物产率。当物料全部下沉时，沉物累计产率为 100%。

表 2-8 第（9）栏中 2.0g/cm³ 密度的沉物灰分为 78.73%，1.8g/cm³ 密度的沉物累计灰分为（12.92 × 78.73 + 2.47 × 54.47）/15.39 = 74.84%。

以此类推可求得其他各密度的沉物累计灰分。当物料全部下沉时，沉物累计灰分也就是各密度级灰分的加权平均值，即小计行中的 22.14%。

（4）综合级浮沉试验资料的整理方法。综合级浮沉试验资料代表原料煤中 25 ~ 13mm 级浮沉试验结果。将表 2-8 和表 2-9 合并即成综合级浮沉试验报告表，见表 2-10。下面我们以表 2-10 为例来介绍综合级浮沉试验报告表的整理计算。

1）占全样产率的计算。综合级浮沉试验报告表是自然级和破碎级浮沉试验报告表的合并，因为占全样产率的计算是以原煤为基准的，所以相同密度级的占全样产率可以叠加。

表 2-10 第（4）栏中各密度级占全样产率是表 2-8 和表 2-9 第（4）栏中相应密度级占全样产率之和。例如：求 < 1.30g/cm³ 密度级的占全样产率，我们看成表 2-8 中 < 1.30g/cm³ 密度级的占全样产率是 1.219%，表 2-9 中 < 1.30g/cm³ 密度级的占全样产率是 0.893%，故表 2-10 中 < 1.30g/cm³ 密度级的占全样产率为：1.219% + 0.893% = 2.112%。

以此类推，可求出表 2-10 中各密度级的占全样产率，即第（4）栏。

2）占本级产率的计算。在计算自然级与破碎级的浮沉试验报告表时，我们是根据各浮沉产物的重量先算出占本级产率，然后根据该粒级占全样产率换算出该粒级各密度级产物占全样产率。在各粒级的综合级浮沉试验资料整理时，有了各密度级产物占全样的产率同样可换算出占本级产率。

表 2-10 中各密度级占全样产率之和是 24.408%，各密度级占本级产率之和应是 100%，所以必须把 24.408% 视为整体 100%。那么各密度级占本级产率就是各密度级占全样产率百分数除以 24.408，再乘以 100% 而得到的，例如：< 1.30g/cm³ 密度级占本级产率为：2.112/24.408 × 100% = 8.65%。

同理可得其他各密度级占本级的产率，即第（3）栏。

煤泥占本级的产率是以各密度级产率和浮沉煤泥产率之和作为 100%，即以各密度级和浮沉煤泥占全样产率之和（24.408 + 0.197），即表 2-10 第（4）栏中总计 24.605% 作为 100% 计算而得。

所以，煤泥占本级的产率为：0.197/24.605 × 100% = 0.80%。

3）各密度级的灰分计算。表 2-10 第（5）栏中各密度级以及煤泥的灰分是表 2-8 和表 2-9 中各相应密度级以及煤泥灰分的加权平均值。用这两个表中的第（4）、（5）两栏的数据进行计算。如：求 < 1.30g/cm³ 密度级的灰分时，用表 2-8 和表 2-9 第（4）、（5）两栏的数据进行计算，< 1.30g/cm³ 密度级灰分量分别是 1.219% × 3.99% 和 0.893% × 4.84%，那么，表 2-10 中 < 1.30g/cm³ 密度级的灰分为：

$$\frac{1.219 \times 3.99 + 0.893 \times 4.84}{1.219 + 0.893} \times 100\% = 4.35\%$$

以此类推，可分别求出各密度级和浮沉煤泥的灰分。表2-10第（5）栏中的"小计"和"合计"灰分可通过表2-8和表2-9用上述方法计算，也可用本表中计算出的各密度级灰分以及浮沉煤泥的灰分分别计算其加权平均值，但无论用哪一种方法，计算的结果应该一致。

表2-10中的浮物累计和沉物累计的计算与前面介绍的表2-8中的浮物累计和沉物累计的计算方法完全相同，这里不再重述。

各粒级浮沉试验报告表内的浮物和沉物累计计算部分（第（6）~（9）栏），如果不需要专门研究每一粒级的可选性或绘制每一粒级的可选性曲线时，可以不进行计算和填写。

当各粒级的浮沉试验资料都整理完毕并经检验误差符合规定要求后，我们可以将煤炭的筛分试验和浮沉试验综合起来填写一张"筛分浮沉试验综合表"（表2-11）。

表2-11　筛分浮沉试验综合表

密度级 /g·cm⁻³	50~25mm			25~13mm			13~6mm		
	产率/%		灰分/%	产率/%		灰分/%	产率/%		灰分/%
	33.029		21.71	24.605		21.63	15.874		22.83
	占本级 产率/%	占全样 产率/%	灰分/%	占本级 产率/%	占全样 产率/%	灰分/%	占本级 产率/%	占全样 产率/%	灰分/%
（1）	（2）	（3）	（4）	（5）	（6）	（7）	（8）	（9）	（10）
<1.30	7.67	2.519	4.49	8.65	2.112	4.35	9.35	1.478	2.97
1.30~1.40	52.94	17.380	9.29	46.86	11.437	8.31	43.30	6.847	7.12
1.40~1.50	19.50	6.401	17.03	20.25	4.943	15.92	20.48	3.238	14.77
1.50~1.60	3.63	1.191	26.68	5.33	1.301	26.64	6.37	1.007	24.87
1.60~1.70	2.08	0.683	34.92	2.41	0.587	35.11	2.99	0.473	33.67
1.70~1.80	1.36	0.447	44.33	1.67	0.408	43.39	1.85	0.292	42.08
1.80~2.00	1.96	0.642	53.46	2.32	0.567	54.57	2.17	0.344	52.32
>2.00	10.86	3.566	81.12	12.51	3.053	79.43	13.49	2.133	79.29
小计	100.00	32.829	20.74	100.00	24.408	21.69	100.00	15.812	21.59
浮沉煤泥	0.61	0.200	17.24	0.80	0.197	18.80	0.39	0.062	21.16
合计	100.00	33.029	20.72	100.00	24.605	21.67	100.00	15.874	21.59

密度级 /g·cm⁻³	6~3mm			3~0.5mm			50~0.5mm		
	产率/%		灰分/%	产率/%		灰分/%	产率/%		灰分/%
	13.238		19.24	8.303		15.94	95.094		21.03
	占本级 产率/%	占全样 产率/%	灰分/%	占本级 产率/%	占全样 产率/%	灰分/%	占本级 产率/%	占全样 产率/%	灰分/%
（1）	（11）	（12）	（13）	（14）	（15）	（16）	（17）	（18）	（19）
<1.30	15.51	2.047	2.69	24.17	1.906	2.32	10.69	10.062	3.46
1.30~1.40	38.78	5.117	6.83	33.68	2.656	6.47	46.15	43.437	8.23
1.40~1.50	20.94	2.764	13.65	20.41	1.610	12.72	20.14	18.956	15.50

续表2-11

密度级 /g·cm⁻³	6～3mm			3～0.5mm			50～0.5mm		
	产率/%		灰分/%	产率/%		灰分/%	产率/%		灰分/%
	13.238		19.24	8.303		15.94	95.094		21.03
	占本级产率/%	占全样产率/%	灰分/%	占本级产率/%	占全样产率/%	灰分/%	占本级产率/%	占全样产率/%	灰分/%
(1)	(11)	(12)	(13)	(14)	(15)	(16)	(17)	(18)	(19)
1.50～1.60	6.40	0.844	24.39	6.64	0.524	23.01	5.17	4.867	25.50
1.60～1.70	3.11	0.410	34.05	3.13	0.247	32.07	2.55	2.400	34.28
1.70～1.80	1.92	0.254	42.34	1.62	0.128	39.81	1.62	1.529	42.94
1.80～2.00	2.17	0.287	50.88	2.16	0.170	49.94	2.13	2.009	52.91
>2.00	11.17	1.474	78.19	8.19	0.646	76.99	11.55	10.872	79.64
小计	100.00	13.196	19.19	100.00	7.887	15.90	100.00	94.132	20.50
浮沉煤泥	0.65	0.087	21.59	5.01	0.416	17.13	1.01	0.962	18.16
合计	100.00	13.283	19.21	100.00	8.303	15.96	100.00	95.094	20.48

（5）筛分浮沉试验报告表的整理方法。表2-11筛分浮沉试验报告中分筛分试验和浮沉试验两部分。筛分试验部分是从筛分试验报告表中转抄过来的，其中50～0.5mm级产率为各粒级占全样产率之和，50～0.5mm级灰分为各粒级灰分的加权平均值；浮沉试验部分各粒级的"占本级产率"、"占全样产率"及"灰分"是从各粒级的综合级浮沉试验报告表中转抄过来的，其中50～0.5mm级各栏的数据计算方法如下。

1）占全样产率的计算。表2-11中第（18）栏各密度级和浮沉煤泥的"占全样产率"是各粒级中相应密度级和浮沉煤泥"占全样产率"之和。即（3）栏+（6）栏+（9）栏+（12）栏+（15）栏=（18）栏。

2）各密度级及浮沉煤泥的灰分。表2-11第（19）栏中各密度级以及浮沉煤泥的灰分是各粒级中相应各密度级及浮沉煤泥灰分的加权平均值。即：

$$（19）栏 = \frac{（3）栏×（4）栏+（6）栏×（7）栏+（9）栏×（10）栏+（12）栏×（13）栏+（15）栏×（16）栏}{（18）栏}×100\%$$

表2-11第（19）栏中的小计灰分和合计灰分同样可用上述方法横向求出，也可用（18）、（19）两栏的数据用加权平均法竖向求出。不论是横向计算还是竖向计算，其结果应该一致。

3）占本级产率的计算。这里的本级是指50～0.5mm级，从表2-11中第（18）栏可看到50～0.5mm级中各密度级占全样产率之和（小计）为94.132%，那么，各密度级占本级的产率即为：

$$（17）栏 = \frac{（18）栏}{94.132}×100\%$$

同样，煤泥的占本级产率是0.962/95.094×100% =1.01%。

为了评定煤的可选性等级，绘制可选性曲线，可把表2-11中的第（17）和第（19）两栏的数据摘引到另一个表（表2-12）中，此表即为50～0.5mm粒级原煤浮沉试验综合表。

表 2-12 50～0.5mm 粒级原煤浮沉试验综合表

密度级 /g·cm⁻³	产率/%	灰分/%	浮物累计		沉物累计		分选密度 ±0.1g/cm³，产率/%		
			产率/%	灰分/%	产率/%	灰分/%	密度 /kg·m⁻³	不去矸	去矸
(1)	(2)	(3)	(4)	(5)	(6)	(7)	(8)	(9)	(10)
<1.30	10.69	3.46	10.69	3.46	100.00	20.50	1.30	56.84	64.62
1.30～1.40	46.15	8.23	56.84	7.33	89.31	22.54	1.40	66.29	74.95
1.40～1.50	20.14	15.50	76.98	9.47	43.16	37.85	1.50	25.31	28.62
1.50～1.60	5.17	25.50	82.15	10.48	23.02	57.40	1.60	7.72	8.73
1.60～1.70	2.55	34.28	84.70	11.19	17.85	66.64	1.70	4.17	4.71
1.70～1.80	1.62	42.94	86.32	11.79	15.30	72.04	1.80	2.69	3.04
1.80～2.00	2.13	52.91	88.45	12.78	13.68	75.48	1.90	2.13	2.41
>2.00	11.55	79.64	100.00	20.50	11.55	79.64			
小计	100.00	20.50							
浮沉煤泥	1.01	18.16							
合计	100.00	20.48							

在表 2-12 中，第（2）、（3）两栏的数据是摘引表 2-11 中的第（17）、（19）栏数据，第（4）～（7）栏的浮物和沉物的累计产率和累计灰分，是由本表第（2）、（3）两栏的数据计算而得，其计算方法与各粒级浮沉试验报告表（表 2-8～表 2-10）中的累计产率和累计灰分的计算方法完全相间。

表 2-12 的第（9）栏的分选密度 ±0.1g/cm³ 产率，指的是密度比理论分选密度减 0.1g/cm³ 至加 0.1g/cm³ 密度区间物料的产率，又称邻近密度物含量。例如：理论分选密度为 1.40g/cm³ 的 ±0.1 产率为 1.30～1.40g/cm³ 密度级（-0.1 g/cm³）产率加上 1.40～1.50g/cm³ 密度级（+0.1 g/cm³）产率。即：(1.40±0.1) g/cm³ 密度级产率为 46.15% +20.14% =66.29%。

同理得密度为 1.50g/cm³、1.60g/cm³、1.70g/cm³、1.90g/cm³ 的 ±0.1 含量。

对理论分选密度为 1.30g/cm³ 和 1.80g/cm³ 时，其 ±0.1g/cm³ 产率不能直接用表中的数据算出，需借助可选性曲线查得。

2.3.4　原煤可选性曲线

从表 2-11 及表 2-12 中我们可以得到在某些条件下煤的性质的有关数据，如 -1.4 g/cm³、-1.5g/cm³ 等密度级的产率和灰分，也可以知道分选密度为 1.3g/cm³、1.4g/cm³ 等时的情况，但无法得到在任意条件下的情况，如 -1.45g/cm³、-1.48g/cm³、-1.52g/cm³ 等密度级的情况或分选密度为 1.35g/cm³、1.42g/cm³、1.49g/cm³…时的情况。

为了能够从浮沉试验资料中得到任意条件下的情况，有两种办法：其一是把浮沉试验的密度间隔划得无限小，也就是用无限个密度连续的重液进行浮沉试验，获得无限多个试验数据，这在实际上是没有必要也是不可能的；另一个办法就是用绘制可选性曲线的办法将浮沉试验有限的几个密度级，转化为无穷多个连续的密度点，从而解决在任意条件下的原煤性质上的问题。

可选性曲线就是原煤密度组成的图示，是根据浮沉试验结果绘制的一种用以表示煤的可选性的一组曲线。其中包括：灰分特性曲线（λ曲线）、浮物曲线（β曲线）、沉物曲线（θ曲线）、密度曲线（δ曲线）及密度 ±0.1g/cm³曲线（δ±0.1 曲线或 ε 曲线）等五条曲线，通常也可总称为 H-R 曲线。

在 200mm × 200mm 的坐标纸上绘出直角坐标系，如图 2-3 所示，图中的 ABCD 正方形面积代表 50 ~ 0.5mm 级浮沉试验的全部原煤量。下横坐标轴 AB 表示灰分，坐标值由左到右从 0 开始到 100%；上横坐标轴 CD 表示密度，坐标值由右向左从密度 1.2g/cm³ 开始到密度 1.8g/cm³ 以上；左纵坐标轴 AD 表示浮物累计产率，坐标值由上向下从 0 开始到 100%；右纵坐标轴 BC 表示沉物累计产率，坐标值由下向上从 0 开始到 100%。

（1）灰分特性曲线（λ曲线）的绘制。灰分特性曲线是由表 2-12 中第（3）栏和第（4）栏的数据绘制的，用第（4）栏的数据绘出各产率的水平线，用第（3）栏的数据在各相应产率范围内绘垂线，于是得出一阶梯形图（如图 2-3）。由于灰分是各密度级产率的平均灰分，因此，靠近低密度的物料灰分要比平均灰分低些，靠近高密度的物料灰分要比平均灰分高些。当密度间隔不是很大时，可以把产率和灰分变化关系近似地看成是通过平均灰分与 0.5 倍产率的交点的一条曲线，这时，灰分量不变。

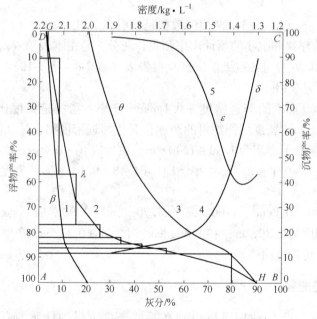

图 2-3 50 ~ 0.5mm 原煤可选性曲线

在密度很窄的情况下，平均灰分可以认为是该密度级数量中点的灰分。通过中点，向低密度侧灰分逐渐降低，向高密度侧灰分将逐渐增高，构成一条斜线。直线左侧减量与右侧的增量相等。所构成的梯形面积与原来的矩形面积相等，这样，就把原来的灰分平均值转化成在这一密度区间内从低密度到高密度的一个渐变值。在这个密度区间内将密度由低到高，灰分由小到大的不同密度、不同灰分的煤炭按顺序地排列起来。斜线上的每一点都表示某一密度（严格地说是密度间隔无限小的密度级）的灰分，在这条斜线上点与点之间只表示序列关系，不存在其他关系。根据这个原则，将密度级与平均质量的序列关系转化为密度与单元质量的序列关系。

这样就可以将各产率之半与其相应平均灰分的交点连接起来，构成一光滑曲线，见图2-4中的λ曲线，曲线与上下横坐标的交点，分别表示最低和最高密度物料灰分，一般按照曲线趋向确定。

这条曲线下的面积与原来各个矩形面积之和相等，这就意味着这堆煤以曲线分界，左下方为这堆煤的灰分量，右上方为这堆煤的可燃体总量，曲线上的每一点都代表着一定密度序列上某一密度点的灰分。如曲线上某点处在两种产品时的分界线上，则该点的灰分就称为产品中最低灰分部分。这条曲线称为灰分特性曲线，以符号λ表示。

灰分特性曲线的意义在于，曲线上的任一点表示密度无限窄的物料灰分。可以设想，当浮沉试验的重液密度连续无限增多时，各密度级的物料量（产率）将极其微小，从而使产率由厚层变成一个极薄层，此时，曲线上的相应点必然是这无限小的物料的灰分。如果该点是两产品的分界点，则该点的灰分就是分界灰分，即低密度产物的最高灰分，高密度产物的最低灰分。

灰分特性曲线与浮物产率坐标和下横坐标围成的面积为该原煤的灰分量，而余下的面积为可燃物，而且每一点上的灰分只表示该点对应的密度物的灰分，与前后灰分无平均关系。

灰分特性曲线能表示某一产率（密度）点的灰分（即曲线上任何一点都表示某一密度范围无限窄的密度级的灰分），同时，曲线能表示出在一定的分选密度下的边界灰分（即浮物中的最高灰分或沉物中的最低灰分）；还可以用它来求出其他几条可选性曲线。因此，在可选性曲线中，它是一条最基本的曲线。

λ曲线是由作图推理的原则，将有限的几个密度级与各自的平均灰分关系，转化为无穷多个连续排列的密度点与各自对应的灰分关系。

（2）浮物曲线（β曲线）的绘制。浮物曲线（β曲线）是表示煤中浮物累计产率与其平均灰分关系的曲线。这条曲线用表2-12中第（4）、（5）两栏的数据绘制。

根据表2-12中第（4）、（5）两栏的每一对数据在图2-4中以 DA 为纵坐标轴，AB 为横坐标轴定出八点：（3.46%，10.69%）、（7.33%，56.84%）、（9.47%，76.98%）、（10.48%，82.15%）、（11.19%，84.70%）、（11.79%，86.32%）、（12.78%，88.45%）、（20.50%，100.00%），每点都代表浮物累计产率和累计灰分的关系。将这些点连接成平滑曲线，就是浮物曲线，或称浮物累计曲线，简称β曲线。

浮物曲线上任一点，都表示在某一浮物产率下的浮物灰分或在某一浮物灰分下的浮物产率。曲线上端与上横坐标轴的交点必然与灰分特性曲线的起点 G 重合，曲线下端与下横坐标轴的交点数值为 50 ~ 0.5mm 的原煤的灰分值 20.50%。

（3）沉物曲线（θ曲线）的绘制。沉物曲线（θ曲线）表示煤中沉物产率与其灰分的关系曲线。这条曲线可利用表2-12中第（6）、（7）两栏的数据绘制。依据表2-12中第（6）、（7）两栏的每一对数据，在图2-4中以 BC 为纵坐标轴，AB 为横坐标轴定出八点：（79.64%，11.55%）、（75.48%，13.68%）、（72.04%，15.30%）、（66.64%，17.85%）、（57.40%，23.02%）、（37.85%，43.16%）、（22.54%，89.31%）、（20.50%，100.00%），每点都代表沉物累计产率和累计灰分的关系。将这些点连成一条平滑曲线，就是沉物曲线，或称沉物累计曲线，简称 θ 曲线。

沉物曲线上任一点都表示某一沉物产率下的沉物灰分或某一沉物灰分下的沉物产率。曲线上端与上横坐标轴的交点为原煤灰分 20.50%，曲线下端与下横坐标轴的交点必然与灰分特性曲线的终点 H 重合，它表示原煤中密度最高的物料灰分。

（4）密度曲线（δ 曲线）的绘制。密度曲线（δ 曲线）表示煤中浮物（或沉物）累计产率与相应密度关系的曲线。这条曲线是用表 2-12 中第（1）、（4）两栏的数据绘制。

在图 2-3 中，以 CD 为横坐标轴，DA 为纵坐标轴，从横坐标轴上密度为 1.3、1.4、1.5、1.6、1.7、1.8、2.0g/cm³ 各点向下引垂线，分别与第（4）栏各密度级浮物产率对应的水平线相交，各点的坐标是（1.3，10.69%）、（1.4，56.84%）、（1.5，76.98%）、（1.6，82.15%）、（1.7，84.70%）、（1.8，86.32%）、（1.9，88.45%），其横坐标表示理论分选密度，纵坐标表示低于这个分选密度的浮物产率，将这七点连成一条平滑曲线，就是密度曲线，简称 δ 曲线。

密度曲线上任一点的坐标在 CD 轴上的读数为理论分选密度，在 DA 轴上的读数为小于这个分选密度的浮物累计产率，而在 BC 轴上的读数则是大于这个分选密度的沉物累计产率。

（5）密度 ±0.1 曲线（$\delta \pm 0.1$ 曲线或 ε 曲线）的绘制。密度 ±0.1 曲线表示在邻近分选密度 ±0.1g/cm³ 范围内，浮沉物含量与分选密度的关系曲线，即表示邻近密度物含量与该密度的关系曲线，所以也叫邻近密度物含量曲线。这条曲线是用表 2-12 中第（8）、（9）两栏的数据绘制的。

在前面介绍表 2-12 中第（9）栏的数据计算时，对密度为 1.30g/cm³ 和 1.80g/cm³ 的 ±0.1 产率未能直接算出。现在我们可借助可选性曲线中的密度曲线进行计算。从密度曲线上可以看到该原煤中最低密度是 1.275g/cm³，所以密度为 1.30g/cm³ 的 ±0.1 含量，实质是 1.275～1.4g/cm³ 密度级的产率，因此，在绘制密度 ±0.1 曲线时，密度为 1.30g/cm³ 这一点一般不算。求密度为 1.80g/cm³ 的 ±0.1 含量时，首先从密度曲线上查出密度为 1.90g/cm³ 时的浮物产率 $\gamma_{-1.90} = 87.39\%$，再从表 2-12 第（4）栏中得知 $\gamma_{-1.70} = 84.70\%$，那么，1.80 ±0.1g/cm³ 密度级产率为 $\gamma_{1.70\sim1.90} = \gamma_{-1.90} - \gamma_{-1.70} = 87.39\% - 84.70\% = 2.69\%$。

于是根据表 2-12 第（8）、（9）两栏中的每一对数据，在图 2-3 中以 CD 为横坐标轴，以 DA 为纵坐标轴定出六点：（1.40，66.29%）、（1.50，25.31%）、（1.60，7.72%）、（1.70，4.17%）、（1.80，2.69%）、（1.90，2.13%），将这六点连成一条平滑曲线即为密度 ±0.1 曲线，简称 $\delta \pm 0.1$ 曲线。在这条曲线上任意一点的纵坐标都表示在某一分选密度 δ 时 $\delta \pm 0.1$g/cm³ 密度物的产率。

实践证明，邻近密度物含量的多少对可选性难易的影响很大。原煤中矸石含量的波动势必会影响其他密度级的产率，另外选煤实践表明，原煤中矸石含量的大小，只是对分选的处理量影响很大，而对分选的精度影响不大。这样，采用去矸的指标，就能避免使同一原煤因其含矸量的不同而可能划成不同的可选性等级。因此，现行的煤炭可选性分类标准都以去矸计算的指标作为评定可选性等级的依据，即扣除大于 2.00g/cm³ 的矸石后作为百分之百计算，所以，在绘制邻近密度物曲线时，需要将表 2-12 中第（9）栏换算成去矸计算的指标，再以去矸后的分选密度 ±0.1 产率来绘制 ε 曲线，去矸计算的方法为：

$$\gamma_{\delta\pm0.1(去矸)} = \frac{\gamma_{\delta\pm0.1(不去矸)}}{100 - \gamma_{+2.00}} \times 100\% \tag{2-18}$$

式中 $\gamma_{\delta\pm0.1(不去矸)}$——不去矸计算的分选密度 ±0.1 含量,%;

         $\gamma_{\delta\pm0.1(去矸)}$——去矸计算的分选密度 ±0.1 含量,%;

         $\gamma_{+2.00}$——>2.00g/cm³ 的沉物产率,%。

以上介绍的五条可选性曲线,从不同角度表示了原煤的质和量的关系。δ 曲线和 δ ± 0.1 曲线是表示密度与产率的变化关系;而 λ、β、θ 三条曲线是表示灰分与产率的变化关系。可选性曲线是万能的浮沉试验报告表。

但必须注意:λ 曲线表示浮物(或沉物)产率增加时的瞬时灰分,它反映浮物(或沉物)产率与灰分的变化快慢,曲线下面所包围的面积为原煤的灰分量;而 β 曲线和 θ 曲线则分别表示浮物和沉物的平均灰分,曲线下面所包围的面积无任何意义。

这种可选性曲线于 1905 年为亨利所提出,1911 年又为莱茵哈特所补充,故简称为 H-R曲线。

2.3.5 煤炭可选性评定标准

所谓原煤可选性指的是通过分选改善煤的质量的可处理性,是煤炭在洗选加工过程中获得既定质量产品的可能性和难易程度的工艺技术评价。它与精煤产品的质量要求、选煤方法以及原煤本身的固有特性等因素有关。

例如,对图 2-3 所示的原煤,在精煤灰分要求为 10% 时,其理论分选密度为 1.56 g/cm³,分选密度邻近密度物含量为 18.09%(去矸),按煤炭可选性分类标准为易选煤,即在选煤加工中易分选出质量合格的产品。但当要求精煤灰分为 9% 时,其理论分选密度为 1.47g/cm³,分选密度邻近密度物含量为 41.60%(去矸),按煤炭可选性分类标准为极难选煤。

对于同一种原煤,同样的精煤质量要求,其分选方法不同,它的可选性难易程度也是不一样的,因为不同的选煤方法的分选精度是不一样的。因此在评价原煤可选性时,必须考虑是以什么选煤方法为标准,来谈它的难与易。我国原煤可选性分类标准是以跳汰选煤方法为标准的,也就是设想原煤在应用跳汰选煤方法进行洗选时,获得质量合格产品的可能性和难易程度。

原煤本身的固有特性,即原煤的密度组成将影响可选性的难易,因为当产品的质量要求和理论分选密度确定后,原煤的密度组成决定了分选密度 ±0.1 的含量。实践证明邻近密度物量的多少对可选性难易的影响很大,我国煤炭可选性评定标准中的可选性等级就是采用分选密度 ±0.1 含量法(即根据邻近密度物含量的多少)来评定的。

我国煤炭可选性评定标准(GB/T 16417—1996),如表 2-13 所示。该标准适应于粒度大于 0.5 mm 的煤炭。

表 2-13   煤炭可选性等级划分标准

δ ±0.1 含量/%	≤10.0	10.1 ~ 20.0	20.1 ~ 30.0	30.1 ~ 40.0	>40.0
可选性等级	易选	中等可选	较难选	难选	极难选

原煤中沉矸含量的多少虽对分选精度影响不大，但沉矸含量的波动将影响其他密度级的产率。为避免同一原煤因其含矸量的不同而可能划成不同的可选性等级。所以我国煤炭可选性评定标准规定了当理论分选密度小于 1.70g/cm³ 时，以扣除沉矸（密度 > 2.0g/cm³ 的矸石）作为 100% 计算 ±0.1 含量。去矸计算的方法前面已举例介绍，不再重述。

2.3.6 可选性曲线应用

可选性曲线的用途是：确定理论分选指标，定性地判定原煤可选性难易和评价分选效率。

（1）确定理论分选指标。可选性曲线作为煤的性质的图示，它可以解决选煤工艺中的理论指标和分选条件问题。

1）欲得到某一种质量要求的精煤，要从可选性曲线上查出精煤的产率 γ_j，边界灰分 λ，分选密度 δ，邻近密度物含量 ε。

例如当精煤灰分为 10% 时，求理论指标。

从图 2-4 可查出，$\gamma_j = 80\%$，$\lambda = 26\%$，$\delta = 1.56$，$\gamma_{1.56\pm0.1} = 18.1\%$（去矸），具体过程如下。

根据精煤的灰分指标，在灰分横坐标为 10% 处引一垂线，与 β 曲线交于 I 点，I 点的纵坐标为 80%，即为精煤灰分为 10% 时的精煤理论产率 γ_j；再由 I 点作水平线与 θ 曲线交于 J 点，J 点的横坐标 62.52% 是尾煤的灰分，纵坐标 20% 是尾煤的理论产率；I-J 线与 λ 曲线相交于 K 点，K 点的横坐标 26% 是分选的分界灰分 λ，也就是说入选原煤理论上是以这个灰分为界进行分选的，精煤中的最高灰分和尾煤中的最低灰分理论上应为 26%；I-J 线与 δ 曲线交于 E 点，E 点的上横坐标 1.56 是获得选精煤灰分为 10% 的理论分选密度 δ，再由 E 点作垂线与 $\delta\pm0.1$ 曲线相交于 M 点，M 点的左纵坐标 16% 是分选密度为 1.56 g/cm³ 时的邻近密度物含量。根据式（2-18）：

$$\gamma_{1.56\pm0.1(去矸)} = \frac{\gamma_{1.56\pm0.1(不去矸)}}{100 - \gamma_{+2.00}} \times 100\% = \frac{16}{100 - 11.55} \times 100\% = 18.1\%$$

2）指定两种产品的灰分指标，如精煤灰分为 10%，矸石灰分为 80%，求其他指标。

精煤灰分为 10% 时，按照前例方法，可以得到精煤段的指标，精煤的理论产率 $\gamma_j = 80\%$，边界灰分 $\lambda = 26\%$，理论分选密度 $\delta = 1.56$，邻近密度物含量 $\gamma_{1.56\pm0.1} = 18.1\%$（去矸）。

矸石灰分为 80%，$\gamma_g = 11.50\%$。

因此，中煤的数量为：100% − 80% − 11.50% = 8.5%，灰分为：

$$\frac{100 \times 20.50 - 80 \times 10 - 11.5 \times 80}{100 - 80 - 11.5} \times 100\% = 38.82\%$$

矸石段的理论分选密度为 1.90g/cm³，邻近密度物含量为 2.13%（不去矸），分界灰分为 53%。

3）指定两种产品的灰分指标，如精煤灰分为 10%，中煤灰分为 32%，求其他指标。

根据精煤灰分为 10% 的要求，求出精煤理论产率为 80%，精煤段理论分选密度为 1.56g/cm³，分选密度的 ±0.1 含量（去矸）为 18.54%。

精煤选出后，剩下的煤是中煤和矸石的混合物。因此，要找出灰分为 32% 的中煤理论产率，就不能从原有的 β 曲线上去找，而应该作精煤分出后的中煤和矸石混合物的浮物曲线 β'，再从 β' 曲线上查中煤理论产率。β' 曲线可利用余下的一段 λ 曲线画出。

从表 2-11 中第（4）栏可知，密度为 1.50g/cm^3 的浮物产率是 76.98%，密度为 1.60g/cm^3 的浮物产率是 82.15%，现在精煤产率 80%，因此，$1.50\sim1.60\text{g/cm}^3$ 密度级中尚有部分灰分较高的物料没有进入精煤中，这部分物料产率是 82.15% − 80% = 2.15%；这部分物料的平均灰分 $\overline{A}_d$，可根据物料在分选前后灰分量不变的原理进行计算，即分选前 $<1.60\text{g/cm}^3$ 密度级的灰分量是 82.15% × 10.48%，分选后灰分量为 80% × 10% + 2.15% × $\overline{A}_d$，那么有，82.15% × 10.48% = 80% × 10% + 2.15% × $\overline{A}_d$，所以，$\overline{A}_d$ = 28.00%。

再按照加权平均法把 $1.50\sim1.60\text{g/cm}^3$ 密度级中剩下这部分煤与表 2-12 中密度大于 1.60g/cm^3 的各密度级浮沉物累加就可得到中煤和矸石混合物的浮物曲线资料，见表 2-14。表 2-14 中第（2）、（3）两栏的数据是引自表 2-12 中的第（2）、（3）两栏；表 2-14 中第（4）、（5）两栏计算方法如前面介绍的从上到下逐级累计，由于第（4）栏数据是除去精煤理论产率 80% 后的浮物累计产率，所以加上 80% 就得到第（6）栏的数据。利用第（5）栏和第（6）栏的数据在图 2-4 上分别定出点（28.00%，82.15%）、（31.41%，84.70%）、（34.36%，86.32%）、（39.04%，88.45%）、（62.49%，100.00%），连接 K（26%，80%）和以上各点，得一条平滑曲线，就是中煤和矸石混合物的浮物曲线，简称为 β' 曲线。

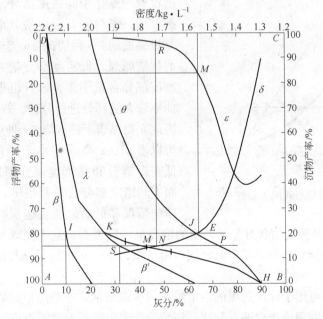

图 2-4　可选性曲线的应用

根据中煤灰分为 32% 的要求，作灰分横坐标轴垂线交 β' 曲线于 S 点，S 点的纵坐标 85%，其中包括精煤产率 80%，所以中煤产率为：85% − 80% = 5%

过 S 点作水平线交 λ 曲线于 M 点，该点的灰分坐标 39.50% 为中煤与矸石的分界灰分，与 θ 曲线交于 P 点，P 点的纵坐标 15.00% 为矸石的产率，P 点横坐标 72.67% 为矸石的灰分；与 δ 曲线交于 N 点，该点密度坐标 1.71g/cm^3 为矸石段理论分选密度，过 N 点作垂线交 $\delta\pm0.1$ 曲线于 R 点，该点纵坐标 4.00% 为分选密度 1.71g/cm^3 的 ±0.1 含量。

表 2-14　中煤和矸石混合物的浮物累计

密度级 /g·cm⁻³	浮沉物		浮物累计		浮物累计 的纵坐标
	产率/%	灰分/%	产率/%	灰分/%	
(1)	(2)	(3)	(4)	(5)	(6)
1.56 ~ 1.60	2.15	28.00	2.15	28.00	82.15
1.60 ~ 1.70	2.55	34.28	4.70	31.41	84.70
1.70 ~ 1.80	1.62	42.94	6.32	34.36	86.32
1.80 ~ 2.00	2.13	52.91	8.45	39.04	88.45
+2.00	11.55	79.64	20.00	62.49	100.00
合　计	20.00	62.49			

（2）定性地确定原煤的可选性。用可选性曲线来确定原煤的可选性，主要是通过 λ 曲线来实现的。根据 λ 曲线的形状，可以大致地判定该煤洗选的难易程度。

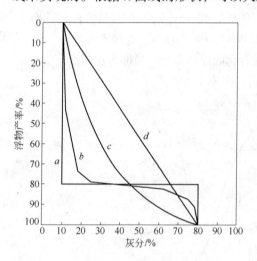

图 2-5　不同形状的 λ 曲线

如图 2-5 所示，a、b、c 三种情况。a 种情况：从 λ 曲线形状得知 a 类煤，低密度部分质量很好，也很均匀，高密度部分也很纯且均匀，而没有一点儿中间密度部分，只要分选密度掌握合适，煤与矸石很容易分离清楚，可以认为是极易选的。b 种情况：b 类煤比较接近实际的优质原煤，低密度部分量大且质量好，中间密度部分含量不多，矸石也很纯，只要控制在曲率较大的部分进行分选，煤和矸石也较容易，因此 b 类煤属于易选煤。c 种煤则不同，从图中可以看出，c 类煤基本上是两头小，中间大，低密度部分和高密度部分都比较纯，但量少，而中间密度部分含量都很多，因此难以选出纯净的精煤和矸石，属难选煤。d 种煤则又是另一种情况，d 类煤各密度物灰分是随密度的增高呈线性增高，这类煤既不能分选出低灰分的精煤，也不能分选出高灰分的矸石，属极难选煤，所以 λ 曲线呈 d 种情况的煤是不能选别的。

可选性曲线还可用于评定选煤的数量效率，所谓数量效率是指精煤的实际产率与相当于精煤实际灰分时的理论产率的百分比，该理论产率可通过 β 曲线查得。

2.3.7　影响原煤可选性的因素

影响原煤的可选性难易首先是精煤质量要求，如前述对于表 2-12 原煤，当产品质量要求为 10% 和 11% 时，它们的理论精煤回收率和分选密度是不相同的，因而邻近密度物的含量也是不同的，如果精煤质量要求与原煤质量相同，即也是 20.50%，那也就没有什么分选密度和什么邻近密度可言了，因而也就没有任何难度了。

其次是与选煤方法有关，选煤方法不同，对于同一种原煤，同样的精煤质量要求，其可选性的难易程度是不一样的。用溜槽选煤方法可能难获得合格的产品，即使能得出质量合格的产品，分选的效果也可能是很差的，如果应用跳汰选煤法，就可能得出比较令人满意的效果。如果是采用重介选煤法，就可能没有什么难度，获得接近理论工艺指标的分选效果，因为不同的选煤方法的分选精度是不同的。

影响可选性难易的第三个因素是原煤本身的固有特性，也就是原煤的密度组成将影响可选性难易，由于产品质量要求是随用户要求而人为确定的，并且是随时可变的，以跳汰选煤方法为标准是固定的了，不再考虑它的变化了，因而一些人接受不了可选性难易程度是受三个因素的影响，而认为是只受原煤本身固有特性的影响，而且认为是原煤可选性难易决定采用什么样的选煤方法而不是方法影响可选性难易。其实，没有适用于一切选煤方法的可选性难易程度。而是采用不同的选煤方法，对于同一种原煤、同一个产品质量要求，其难易程度不同。

2.3.8　快速浮沉试验

为了及时掌握原煤可选性和选煤厂生产检查煤样的密度组成，指导洗煤操作，应采用快速浮沉试验，简称快浮。

快速浮沉试验的前后煤样是在带水的状态下称重的（用湿煤样），量较少。快速浮沉试验重液密度一般为两级，一级与精煤分选密度相近，另一级与矸石分选密度相近。因为只做两个密度试验，可以在短时间内取得浮沉结果，它比较快捷但不够准确，只用于指导生产操作。快浮主要针对重选产品，检查矸石和中煤中的浮物（带煤情况），以及精煤中的沉物（污染情况），方便岗位司机及时调整分选设备。

快速浮沉试验操作顺序如下：

（1）用密度计（分度值为 0.02）检查重液，使之达到规定的密度。

（2）做原料煤三级浮沉时，把煤样放在网底桶中脱泥，然后在略低于或等于规定密度的重液中浸润一下，把桶拿出稍稍滤去一部分重液，再放入试验用的低密度重液中，使煤粒松散。静止片刻后，用网勺沿同一方向捞起浮物，将其放入带有网底的小盘中，在桶内捞起浮物的深度不能过深，以免搅起沉下物。把重液表面上浮起的大部分煤用网勺捞出后，再上下移动网底桶，使沉下物中夹杂的浮物放出。等液面稳定后，再一次捞起浮物，直至全部捞完为止。

捞尽浮物后把盛有沉物的网底桶慢慢提起，滤去重液，然后放入盛有高密度重液的桶中，重复低密度浮沉试验的操作方法。

最后分别捞出高密度重液中的浮物和沉物，先后得到三个密度级的产物，滤去重液，用水冲洗产物表面残留的氯化锌溶液，滤干后称量。

（3）计算各产物的产率。设浮起物质量为 A，中间物质量为 B，沉下物质量为 C。

$$浮起物质量分数（\%）= \frac{A}{A+B+C} \tag{2-19}$$

$$中间物质量分数（\%）= \frac{B}{A+B+C} \tag{2-20}$$

$$沉下物质量分数（\%）= \frac{C}{A+B+C} \tag{2-21}$$

$A + B + C = 100\%$，用以校正计算。计算各级产物（浮沉物）质量百分数取到小数点后一位，第二位四舍五入。

（4）快速浮沉试验中煤样不需要达到空气干燥状态，始终是在湿的状态下进行试验的。但是，要将煤样带的水滤干后方可称量。

（5）原料煤浮沉时，需要脱泥，产品做浮沉时不需要脱泥。

（6）如果是一级浮沉时，则浮沉前要称取浮沉物总质量；做三级浮沉时，可不称取浮沉物的总质量，用浮沉后 3 个密度物质量之和作为浮沉物总质量。

（7）快速浮沉试验的时间，由采样到得出结果不得超过 $15 \sim 20min$。

2.4　煤粒的形状

在重力选煤工程中遇到的矿粒的形状是多种多样的，一般可以分成：球形、浑圆形、多角形、长方形及扁平形等。粒度和密度相同而形状不同的矿粒，在介质中的运动速度也不相同，在各种形状的物体中，以球体的外形最规整，各个方向对称，而且表面积最小，因此，通常取球形作为衡量矿粒形状的标准。

矿粒的形状在数量上可用同体积球体的表面积与矿粒表面积的比值来表示，这个比值称为矿粒的球形系数 χ。

$$\chi = \frac{S_q}{S_k} \tag{2-22}$$

式中，S_q、S_k 分别为同体积的球体表面积和矿粒表面积。

χ 值越小，反映颗粒形状越不规则，各种形状物体的球形系数近似值见表 2-15。

表 2-15　各种形状物体的球形系数

形状	球形	浑圆形	多角形	长方形	扁平形
球形系数 χ	1.0	$0.8 \sim 1.0$	$0.65 \sim 0.8$	$0.5 \sim 0.65$	<0.5

3 | 颗粒在介质中的沉降规律

在重力选煤过程中，入选物料总是在运动状态中按照各自的不同特性而达到彼此分离的，因此有必要了解物体在介质中运动的各种规律。

3.1 颗粒的运动阻力

颗粒在介质中运动时，作用于颗粒上并与颗粒运动方向相反的外力，称为颗粒运动时的阻力，它阻碍颗粒的运动。在重力选矿过程中，颗粒在介质中运动时所受的阻力有两种：介质阻力和机械阻力。介质阻力是由于介质质点间内聚力的作用，最终表现为阻滞矿粒运动的作用力，而机械阻力是由于物体与周围其他物体之间，或物体与器壁间相互摩擦、碰击而产生的阻力。介质阻力是流体动力学中的问题，而机械阻力情况复杂，到现在还无法用解析方法计算，因此本节主要讨论介质阻力问题。

3.1.1 介质阻力

介质阻力是物体与介质间发生相对运动时产生的，当物体与介质间作等速直线运动时，介质作用于物体表面的力由两部分组成，即法向压力 Pds 及切向力 τds（见图 3-1），介质对物体的总作用力是这两个力的合力。合力是空间力系，它的方向与物体的形状及其运动状态有关，在一般情况下，它的方向与物体介质间相对运动的方向斜交，介质对运动物体的阻力只是该合力在运动方向上的分力。

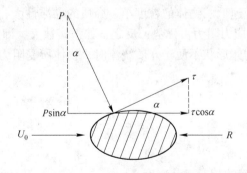

图 3-1　介质对物体的作用力

切向力是介质在物体表面绕流（滑过）时由于介质内部分子间的摩擦力而引起的，切向力几乎全部发生在边界层内部。由切向力所引起的阻力称为切应力阻力或摩擦阻力。

法向压力与介质在物体周围的分布及流动状况有关。物体与介质间发生相对运动时往往由于边界层分离的结果，在物体尾部出现旋涡（图 3-2b）使尾部的压力降低，此时，由于物体所承受的法向压力不同，物体前面的压力高，尾部的压力低，因而对物体的运动产生阻力。在不发生边界层分离的情况下，由于周围介质流速的变化，使物体表面各点所承受的法向压力不同,这样也将产生对物体运动的阻力。物体周围介质的分布及流动状况在很大程度上取决于物体的形状,因此,这种阻力称为形状阻力或压差阻力。

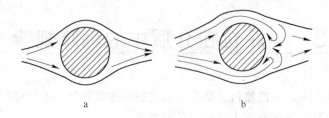

图 3-2 介质流过流体的流态

物体在介质中运动时,切应力阻力和形状阻力都同时发生。但是,在不同的情况下,每一种阻力所占的比重是极不相同的,在某些情况下可能是切应力阻力占主要地位,而在另外一些情况下则形状阻力起主要作用。例如,薄板以不同的取向在介质中运动时所受的介质阻力完全不同:如平板平行于运动方向(图 3-3),平板几乎只受切应力阻力,而形状阻力非常小;如平板垂直于运动方向(图 3-4),这时平板主要受形状阻力,而切应力阻力几乎等于零。

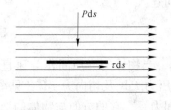

图 3-3 平板平行于运动方向

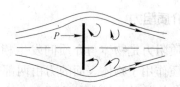

图 3-4 平板垂直于运动方向

这些阻力的大小,主要取决于介质与物体间运动的雷诺数 Re(式(3-1))和物体的形状。当雷诺数较小,即流速低、物体的粒度小、介质的黏滞性大,以及物体形状容易使介质流过时(图 3-2a),切应力阻力占优势;反之,如雷诺数大,即流速高、物体的粒度大、介质的黏滞性小,以及物体形状不便于介质绕流时,物体所受阻力则以形状阻力为主(图 3-2b)。

雷诺数的计算公式见式(3-1)。

$$Re = \frac{dv\rho}{\mu} \tag{3-1}$$

式中 d——球体的直径,m;

v——球体与介质间的相对运动速度,m/s;

ρ——介质的密度,kg/m³;

μ——介质的黏度,Pa·s。

3.1.2 阻力公式

某一特定条件下的阻力公式主要有下列几种:

(1)牛顿-雷廷智阻力公式。1729 年,牛顿研究了平板在介质中运动时的阻力;1867年,雷廷智根据牛顿理论推导出球体在理想流体中运动的阻力公式,后经修正,得到紊流条件下的阻力公式为：

$$R_{\text{N-R}} = \left(\frac{\pi}{20} \sim \frac{\pi}{16}\right) d^2 v^2 \rho \tag{3-2}$$

式中　v——球体与介质间的相对运动速度，m/s；

　　　d——球体的直径，m；

　　　ρ——介质的密度，kg/m^3。

上式适用于 $Re > 10^3$，由式（3-2）可知，球体在介质中运动的阻力，与球体直径的平方、球体与介质间的相对运动速度的平方以及介质密度成正比。

（2）斯托克斯阻力公式。斯托克斯研究小球体在黏性介质中低速运动时，不考虑形状阻力的影响。他根据流体力学的微分方程式导出球体在介质中运动的阻力公式：

$$R_{\text{s}} = 3\pi dv\mu \tag{3-3}$$

式中　d——球体的直径，m；

　　　μ——介质的黏度，Pa·s；

　　　v——球体与介质间的相对运动速度，m/s。

只有当物体运动速度和粒度较小，介质的黏度较大，形状阻力与摩擦阻力相比可以忽略不计，亦即物体运动的雷诺数较小时（$Re < 1$），斯托克斯公式才适用。

（3）阿连阻力公式。当物体运动雷诺数在牛顿公式与斯托克斯公式范围之间，亦即当 $Re = 1 \sim 1000$ 时，上述两公式都不适用，因为在这个范围内，两种阻力——形状阻力和摩擦阻力同时影响物体的运动，为此，阿连曾在实验的基础上提出了另一个适合于 $Re = 2 \sim 300$ 范围内的阻力公式：

$$R_{\text{A}} = \frac{5\pi}{4\sqrt{Re}} d^2 v^2 \rho \tag{3-4}$$

此外，还有一些学者如奥曾（Oseen）、维立卡诺夫等人也提出了另一些阻力公式，但他们与上述公式一样，都是仅在某一个狭窄的雷诺数范围内才能适用，因此不再赘述。

3.1.3 阻力通式与李莱曲线

由于实际条件非常复杂，用解析方法还没有找到一个能普遍适用的阻力公式。只有在利用了相似理论及因次分析的方法后，才建立了阻力的普遍解法。

物体在介质中运动时介质阻力的通式为：

$$R = \phi d^2 v^2 \rho \tag{3-5}$$

式中，ϕ 是一个无因次参数，称为阻力系数，当物体的形状不变时，阻力系数是雷诺数 Re 的函数，雷诺数不同，阻力系数也不一样。

利用相似理论研究物体在黏性介质中运动的阻力之后，可以作出这样的结论：如两物体的形状相同（几何相似），运动时的雷诺数 Re 也相同（动力相似），则阻力系数 ϕ 也应相同，而与物体的性质（如粒度 d 及密度 ρ）及介质的性质（如密度 ρ 及黏度 μ）无关。也就是说，阻力系数 ϕ 只是物体的形状及雷诺数的函数。

对一定形状的物体其 Re 与 ϕ 之间存在着单值关系，这样就大大简化对这种复杂物体现象的试验研究工作。在这个基础上英国物理学家李莱（Rayleigh，1893）总结了大量的试验资料并在对数坐标上作出不同形状的物体在运动时的雷诺数 Re 与阻力系数 ϕ 间的关系曲线——李莱曲线。图 3-5 是球形物体 Re 与 ϕ 的关系曲线，虚线为理论公式的计算值，实线为实验值。

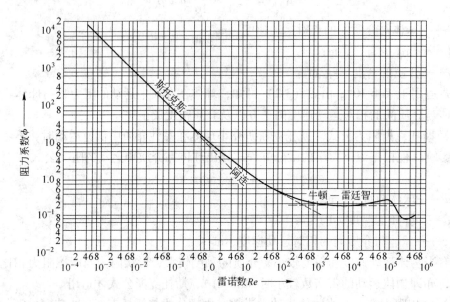

图3-5 球形颗粒 Re 与 ϕ 的关系曲线

利用公式（3-5）及图 3-5 就可以顺利求出在任何 Re 范围内球形物体运动阻力。

李莱曲线包括的范围很广，从 $Re=10^3$ 起到 $Re=10^6$ 止，在这个范围内，ϕ 与 Re 是一个连续平滑的单值曲线，阻力系数 ϕ 随雷诺数的增大而减小；在雷诺数较小的范围内，ϕ 与 Re 在对数坐标上成直线关系，直线的斜率为 -1。这时 ϕ 与 Re 的关系可用下列代数方程式表示：

$$\lg\phi = \lg C - \lg Re \tag{3-6}$$

式中，$\lg C$ 是直线在纵坐标上的截距，所以在公式中 C 是一个常数。

雷诺数较大时（$Re>1000$），阻力系数曲线变成平行于横轴的直线（近似），也就是说，这时阻力系数成为一个与雷诺数 Re 无关的常数，即 $\phi=$ 常数。

雷诺数大于 200000 时，从图中可以看到，阻力曲线突然急剧向下弯曲，亦即阻力系数急剧降低。这种现象在流体力学中可以用边界层理论来解释，但这样高的 Re 在一般选矿过程中是不会遇到的。

将阻力通式与牛顿-雷廷智阻力公式、斯托克斯阻力公式和阿连阻力公式加以比较，可以得到不同 Re 下的阻力系数 ϕ。

（1）牛顿-雷廷智公式（$Re>1000$）

$$\phi = \frac{\pi}{20} \sim \frac{\pi}{16}$$

$\phi=$ 常数，相当于李莱曲线中 Re 较大时的水平直线部分，由此可知，Re 较大时，物体运动时所受的阻力主要是形状阻力。

（2）斯托克斯公式（$Re<1$）

$$\phi = \frac{3\pi}{Re}$$

这时 $\phi Re = $ 常数，它相当于阻力曲线中 Re 较小的斜线部分。由此可知，Re 较小时，物体运动时所受的阻力主要是摩擦阻力。

（3）阿连公式（$Re = 2 \sim 300$）

$$\phi = \frac{5\pi}{4\sqrt{Re}}$$

这时 ϕ 与 Re 的关系，相应于牛顿-雷廷智公式与斯托克斯公式之间，在曲线上它相当于牛顿-雷廷智与斯托克斯两直线的过渡线段。

总结上述有关阻力公式的分析可以看出，三个阻力公式实际上都是通式中的特殊情况，它们在一定的条件下都是正确的，然而从整体看来又都是部分的。

3.2 单个颗粒的自由沉降

自由沉降是指单个颗粒在无限空间介质中的沉降，颗粒只受介质阻力的作用而不受其他颗粒及器壁的影响。

为了研究颗粒在介质中的运动规律，以便于建立各主要参数间的函数关系，首先研究最简单的情形，假设颗粒是球体，并且是在静止介质中作自由沉降运动的理想情况，对于颗粒形状的不规则性和介质运动速度等，由此而引起的复杂运动现象可以在此研究基础上进行修正。

3.2.1 球体的自由沉降末速

（1）自由沉降末速通式。球体在静止介质中沉降时，作用于球体上的力有重力 G、浮力 W 和运动阻力 R。所受的有效重力 G_0 值等于：

$$G_0 = G - W = \frac{\pi d^3}{6}(\delta - \rho)g \tag{3-7}$$

球体在介质中沉降时，介质作用于球体上的阻力 $R = \phi d^2 v^2 \rho$。

按照牛顿第二定律，球体在介质中沉降时的运动微分方程式是：

$$m\frac{\mathrm{d}v}{\mathrm{d}t} = G_0 - R \tag{3-8}$$

以 $m = \frac{\pi d^3}{6} = \delta$ 代入，则得：

$$\frac{\mathrm{d}v}{\mathrm{d}t} = \frac{\delta - \rho}{\delta}g - \frac{6\phi v^2 \rho}{\pi d \delta} \tag{3-9}$$

式中　d——球的直径，m；

　　　δ——球体的密度，$\mathrm{kg/m^3}$；

　　　ρ——介质的密度，$\mathrm{kg/m^3}$；

　　　v——球体在介质中的沉降速度，$\mathrm{m/s}$；

　　　$\dfrac{\mathrm{d}v}{\mathrm{d}t}$——球体自由沉降的加速度，$\mathrm{m/s^2}$。

从公式（3-9）可以看出，球体在静止介质中沉降时，球体运动加速度为两个加速度之差，即：

$$\frac{\mathrm{d}v}{\mathrm{d}t} = g_0 - a \tag{3-10}$$

$$g_0 = \frac{\delta - \rho}{\delta} g \tag{3-11}$$

$$a = \frac{6\phi v^2 \rho}{\pi d \delta} \tag{3-12}$$

式中，g_0 为球体在介质中的重力加速度；a 为由阻力产生的阻力加速度。

由式（3-11）可知，g_0 值只与物体及介质的密度有关，与物体的粒度、形状及在介质中运动速度无关。随着物体沉降速度的增加，加速度逐渐减小，因此 g_0 是物体开始沉降时的最大加速度，又称 g_0 为物体在介质中沉降的初加速度。

物体从静止状态开始沉降，由于加速度（$\frac{\mathrm{d}v}{\mathrm{d}t}$）的作用。使速度 v 不断增加，球体的运动阻力 $R = f(v)$ 及阻力加速度 a 不断增加，反过来阻力 R 及其加速度 a 又使加速度（$\frac{\mathrm{d}v}{\mathrm{d}t}$）不断减小。

当介质阻力 R 及阻力加速度 a 增大到物体在介质中的重力 G_0 及重力加速度 g_0 相等时（$G_0 = R$，$g_0 = a$），作用于物体上的力达到平衡，加速度（$\frac{\mathrm{d}v}{\mathrm{d}t}$）等于零，物体运动速度达到最大值。这时的运动速度通常以 v_0 表示，称作沉降末速。

由此可知，物体运动的速度达到沉降末速时，$G_0 = R$，即

$$\frac{\pi d^3}{6}(\delta - \rho)g = \phi d^2 v_0^2 \rho$$

$$v_0 = \sqrt{\frac{\pi d(\delta - \rho)g}{6\phi \rho}} \tag{3-13}$$

上式是计算球体在静止介质中自由沉降末速通式，按照上述原则，采用牛顿-雷廷智、斯托克斯及阿连阻力公式时，可以分别求出三种适用于相应的雷诺数范围的球体在静止介质中自由沉降的末速公式。

（2）特定条件下的自由沉降末速

1）牛顿-雷廷智公式（$Re > 1000$）

根据 $G_0 = R$，其中 R 为牛顿-雷廷智阻力公式，得：

$$v_0 = 5.422\sqrt{d \cdot \frac{\delta - \rho}{\rho}} \tag{3-14}$$

或

$$v_0 = 5.422 d^{0.5} \left(\frac{\delta - \rho}{\rho}\right)^{0.5} \left(\frac{\rho}{\mu}\right)^0 \tag{3-15}$$

2）阿连公式（$Re = 2 \sim 300$）

根据 $G_0 = R$，其中 R 为阿连阻力公式，得：

$$v_0 = 1.195 d \cdot \sqrt[3]{\frac{(\delta - \rho)^2}{\rho \mu}} = 1.195 d \cdot \sqrt[3]{\left(\frac{\delta - \rho}{\rho}\right)^2} \cdot \sqrt[3]{\frac{\rho}{\mu}}$$

或

$$v_0 = 1.195 d \left(\frac{\delta - \rho}{\rho}\right)^{\frac{2}{3}} \left(\frac{\rho}{\mu}\right)^{\frac{1}{3}} \tag{3-16}$$

3）斯托克斯公式（$Re < 1$）

根据 $G_0 = R$，其中 R 为斯托克斯阻力公式，得：

$$v_0 = \frac{g}{18}d^2\frac{\delta - \rho}{\mu} = 0.544d^2\frac{\delta - \rho}{\mu}$$

或 $$v_0 = 0.544d^2\left(\frac{\delta - \rho}{\rho}\right)\left(\frac{\rho}{\mu}\right) \tag{3-17}$$

上述三种计算沉降末速度的公式，都可以写成下列一般公式：

$$v_0 = Ad^x\left(\frac{\delta - \rho}{\rho}\right)^y\left(\frac{\rho}{\mu}\right)^z \tag{3-18}$$

三个公式与一般公式的区别，只是各项的指数 x、y、z 及系数 A 的数值不同而已。

3.2.2 球体自由沉降的时间和距离

（1）球体达到自由沉降末速所需的时间。球体在静止的介质中从开始沉降到达到沉降末速的一段时间为加速运动阶段。该阶段球体还受到介质加速度惯性阻力的作用，其大小 R_{ac} 可由下式表示：

$$R_{ac} = \xi \cdot \frac{\pi d^3}{6}\rho \cdot \frac{dv}{dt} \tag{3-19}$$

式中 $\dfrac{dv}{dt}$——颗粒沉降的瞬时加速度；

ξ——附加质量系数，对于球形颗粒 $\xi = 0.5$。

因此球体在加速运动阶段的运动方程为：

$$m\frac{dv}{dt} = G_0 - R - R_{ac} \tag{3-20}$$

$$\frac{\pi d^3}{6}\delta\frac{dv}{dt} = \frac{\pi d^3}{6}(\delta - \rho)g - \phi d^2v^2\rho - \xi\frac{\pi d^3}{6}\rho\frac{dv}{dt}$$

$$\frac{dv}{dt} = \left(\frac{\delta - \rho}{\delta + \xi\rho}\right)g \cdot \left[1 - \frac{6\phi v^2\rho}{\pi d(\delta - \rho)g}\right]$$

根据式（3-11）和式（3-13），上式化简为：

$$\frac{dv}{dt} = \left(\frac{\delta g_0}{\delta + \xi\rho}\right) \cdot \left(1 - \frac{v^2}{v_0^2}\right)$$

$$dt = \frac{(\delta + \xi\rho)v_0^2}{\delta g_0} \cdot \left(\frac{dv}{v_0^2 - v^2}\right)$$

对上式两边进行积分运算，得：

$$t = \frac{(\delta + \xi\rho)v_0^2}{\delta g_0} \cdot \frac{1}{2v_0}\ln\frac{v_0 + v}{v_0 - v} = \frac{(\delta + \xi\rho)v_0}{2\delta g_0} \cdot \ln\frac{v_0 + v}{v_0 - v} \tag{3-21}$$

公式（3-21）是物体在静止介质中的自由沉降速度 v 与所需时间 t 的关系式。

因此，只要以 $v = v_0$ 代入公式（3-21），即可求出物体达到沉降末速 v_0 所需的时间 t_0。$v = v_0$ 时，公式（3-21）将变成：

$$t_0 = \infty \tag{3-22}$$

由此可见，物体在自由沉降中达到沉降末速 v_0 所需的时间是无穷大，也就是说，实际上物体永远也不可能达到末速的理论值。根据公式（3-21）作出的 $v = f(t)$ 关系曲线

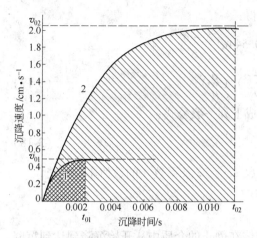

图 3-6 矿粒沉降时间与沉降速度的关系曲线
1—粒度为 0.074mm 的石英颗粒；
2—粒度为 0.15mm 的石英颗粒

（图3-6）也可以清楚地看出这个结论。曲线表明在物体运动初期沉降速度增加很快，以后，曲线差不多成为与横轴 t 平行的渐近线，即 $v = v_0$。

通常取物体达到沉降末速 v_0 理论值的99%时的运动速度为物体沉降的实际末速。这时，物体达到实际末速所需的时间为 t_0。

以 $v = 0.99v_0$、$\xi = 0.5$ 代入公式（3-21）即可求得球形颗粒的 t_0，这样：

$$t_0 = \frac{(\delta + 0.5\rho)v_0}{2\delta g_0} \cdot \ln\frac{1.99}{0.01} = 2.65\frac{\delta + 0.5\rho}{\delta g_0}v_0$$

（3-23）

实际计算结果表明，物体在静止介质中沉降达到实际末速所需的时间 t_0，一般是很短的，如粒度为 1mm 的方铅矿（$\delta = 7.5 \times 10^3 \text{kg/m}^3$）在水中沉降时，$t_0 = 0.062\text{s}$，粒度为 1mm 的石英（$\delta = 2.65 \times 10^3 \text{kg/m}^3$）在水中沉降时，$t_0 = 0.052\text{s}$。所以通常就把物体在介质中的沉降末速 v_0 看成是物体在介质中的沉降速度。

（2）球体达到沉降末速所经过的距离。球体在静止的介质中自由沉降时，达到实际末速所经过的距离以 h_0 表示。

由物理学知，物体运动速度 v、时间 t 与运动距离之间具有下列一般关系。

$$h = \int v \mathrm{d}t$$

（3-24）

假设 $K = \dfrac{(\delta + 0.5\rho)v_0}{2\delta g_0}$，则式（3-21）变为：

$$t = K \cdot \ln\frac{v_0 + v}{v_0 - v} \quad \text{或} \quad \frac{t}{K} = \ln\frac{v_0 + v}{v_0 - v}$$

即

$$\mathrm{e}^{\frac{t}{K}} = \frac{v_0 + v}{v_0 - v}$$

$$v = v_0 \cdot \frac{\mathrm{e}^{\frac{t}{K}} - 1}{\mathrm{e}^{\frac{t}{K}} + 1}$$

（3-25）

将式（3-25）代入式（3-24）得：

$$h = v_0 \cdot \int \frac{\mathrm{e}^{\frac{t}{K}} - 1}{\mathrm{e}^{\frac{t}{K}} + 1}\mathrm{d}t$$

（3-26）

当球形颗粒达到沉降末速时，$t = t_0$，$h = h_0$

$$h_0 = v_0 \cdot \int_0^{t_0} \frac{\mathrm{e}^{\frac{t}{K}} - 1}{\mathrm{e}^{\frac{t}{K}} + 1}\mathrm{d}t$$

（3-27）

3.2.3 非球体的自由沉降末速

（1）非球体自由沉降的特点。非球形物体（如矿粒）与球体相比有以下几个特点：

1）非球形物体的形状是不规则的。例如石英颗粒大部分是多角形及长方形，方铅矿颗粒大部分是多角形，煤是多角形，矸石（页岩）多为长方形及扁平形，煤中黄铁矿大部分是浑圆形及扁平形。

2）非球形物体的表面是粗糙的。

3）实际的非球形物体的外形是不对称的。

正因为非球形物体具有上述特点，它们在介质中沉降时所受的阻力 R 及其沉降速度必然与球形物体有所不同。在各种形状的物体中，以球形的比表面积（单位体积物体具有的表面积）为最小，而且，一般来说，球体比其他形状的物体更便于介质从周围流过（流线型物体除外，但这在非球形物体中是很少遇到的）。因此，非球形物体在介质中沉降时的阻力 R 一般要大于球体的 R 值，而沉降速度 v_0 则小于球体。

同时非球形物体与球形物体在静止介质中的自由沉降还有以下区别：

1）当物体下沉时取向不同，运动阻力也就不同。

2）物体形状不对称，其重心与运动阻力的作用点不一定在同一垂线上，于是物体在下沉过程中会发生翻滚，甚至沉降路线不是垂线而是折线。

由于非球形物体与球体沉降存在上述差别，所以以反复实测同一个物体的沉降末速，结果可能相差很大。表 3-1 是根据试验测出的三种粒度不同的矿粒在水中沉降速度的最大值与最小值。

表 3-1　不规则矿粒沉降速度的最大值与最小值

矿物	密度/g·cm^{-3}	粒度/mm	沉降速度/mm·s^{-1}		差值 Δ	$\dfrac{\Delta \times 100\%}{v_{0\min}}$
			$v_{0\max}$	$v_{0\min}$	$v_{0\max} - v_{0\min}$	
方铅矿	7.586	1.85	334.0	225.7	108.3	48
		0.50	267.7	132.2	135.5	102
		0.12	59.6	21.0	38.6	184
石英	2.640	1.85	221.0	126.8	94.2	74
		0.50	89.5	40.0	49.5	124
		0.12	20.2	5.3	14.9	281
无烟煤	1.470	1.85	95.1	35.1	60.0	171
		0.50	41.4	10.5	30.9	294
		0.12	9.8	1.1	8.7	791

从表 3-1 可以看出，最大速度与最小速度之间的差值最高可高达 8 倍，而且这种差别还随矿粒粒度和密度的减小而加大。但是，存在着代表其平均趋向的自由沉降末速度值。以下用各种方法计算出的沉降末速就是指这个平均值。

（2）非球体自由沉降末速通式。非球形物体（矿粒）在介质中的沉降规律，除具有上述一些特点以外，基本规律完全与球形物体相同。因此，前述有关计算球体在介质中沉降速度及介质阻力的公式，只要稍加修正，同样可以适用于非球形物体的沉降。使用前述公式时，公式中的球体直径（d）应改成矿粒的（体积）当量直径（d_v）代替，阻力系数 ϕ 也应采用非球形体沉降时所得的实验值 ϕ_f。因此，表示非球形体的介质阻力 R_f 及沉降速度 v_f 的公式为：

$$R_f = \phi_f d_v^2 v^2 \rho \tag{3-28}$$

$$v_f = \sqrt{\frac{\pi d_v (\delta - \rho) g}{6 \phi_f \rho}} \qquad (3-29)$$

式中　R_f——矿粒自由沉降时的介质阻力；

　　　ϕ_f——矿粒的阻力系数；

　　　v_f——矿粒的自由沉降末速。

　　ϕ_f 是矿粒运动的雷诺数及形状的函数。不同形状的矿粒在介质中运动的 ϕ_f 值与 Re 值关系曲线见图3-7。

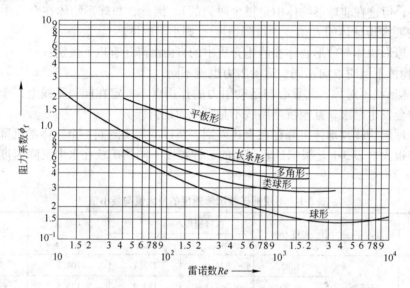

图 3-7　不同形状矿粒的 ϕ_f-Re 值关系曲线

　　从图中可以看出，各种关系曲线都是平滑曲线，形状也与球体的有关曲线相似，只是曲线在坐标中的位置有所改变而已，雷诺数 Re 相同时，以球形的阻力系数最小，其他逐次为浑圆形、多角形、长方形及扁平形。由公式（3-29）知，物体的沉降速度 v_f 与阻力系数平方根的倒数成正比，即 $v_f \propto \dfrac{1}{\sqrt{\phi_f}}$，所以非球形物体在介质中的沉降速度与同直径的球体沉降速度的比值 v_f/v_0 可以用计算的方法求出（见表3-2）。这个比值一般称为非球形物体的形状修正系数，以 ψ 表示。它是用球体沉降速度公式来计算矿粒的沉降速度必须引入的一个修正系数。物体的形状修正系数与球形系数十分接近，所以一般取球形系数作为计算不规则物体 v_f 的修正系数。

表 3-2　非球形物体的形状系数

非球形物体的形状	阻力系数比值	形状修正系数 ψ	球形系数 χ
球形	1	1	1
浑圆形	1.2 ~ 1.3	0.91 ~ 0.75	1 ~ 0.8
多角形	1.5 ~ 2.25	0.82 ~ 0.67	0.8 ~ 0.65
长条形	2 ~ 3	0.71 ~ 0.58	0.65 ~ 0.5
扁平形	3 ~ 4.5	0.58 ~ 0.47	< 0.5

使用牛顿-雷廷智、斯托克斯及阿连等公式计算非球形物体在介质中的沉降速度 v_f 时，必须在公式中引入一个球形系数 χ 予以修正，即：

$$v_f = \chi A d_V^x (\frac{\delta - \rho}{\rho})^y (\frac{\rho}{\mu})^z \tag{3-30}$$

3.2.4 矿粒沉降末速计算方法

从球体的沉降末速公式（3-13）和非球体的沉降末速公式（3-29）知，要利用三个特殊条件的沉降末速公式计算速度或粒度时，必须知道该颗粒沉降的大致雷诺数范围，才有可能正确选择公式，而用沉降末速通式计算则有困难，因为 v_0 除了包括已知参数 d、δ、ρ 和 μ 外，还包含 ϕ，且 ϕ 是 Re 的函数，而

$$Re = \frac{dv_0\rho}{\mu}$$

因此，$\phi = f(v_0)$，所以，利用沉降末速通式计算矿粒的速度是不可能的。但通常采用以下方法。

（1）直接计算法。事前能够确认矿粒的流动区域，直接用对应沉降末速公式计算。

（2）试算法。先假设颗粒沉降时的雷诺数在某一范围，用该范围对应的沉降末速公式计算 v_0 或 v_f，再用雷诺数计算公式检验雷诺数是否在假定的范围内，如果不在，则用同样的方法取其他雷诺数范围的沉降末速公式计算并检验，直到雷诺数一致为止。

（3）图解法。由于物体的沉降速度达到沉降末速时，$v = v_f$，介质阻力 $R_f = G_0$，故这时物体运动的雷诺数 Re 和 ϕ 可以写成：

$$Re = \frac{d_A v_f \rho}{\mu}, \phi = \frac{R_f}{d_A^2 v_f^2 \rho} = \frac{G_0}{d_A^2 v_f^2 \rho}$$

因为面积当量直径 $d_A = d_V / \sqrt{\chi}$，$G_0 = \frac{\pi d_V^3}{6}(\delta - \rho)g$，则：

$$Re^2\phi = (\frac{d_A v_f \rho}{\mu})^2 \cdot \frac{G_0}{d_A^2 v_f^2 \rho} = \frac{G_0\rho}{\mu^2} \tag{3-31}$$

同理可以求得：

$$\frac{\phi}{Re} = \frac{G_0}{d_A^2 v_f^2 \rho} \cdot \frac{\mu}{d_A v_f \rho} = \frac{\pi\mu(\delta - \rho)g}{6 v_f^3 \rho^2}\chi^{\frac{3}{2}} \tag{3-32}$$

由公式（3-31）和（3-32）知，这两个新的无因次参数 $Re^2\phi$ 不包括 v_f，而 $\frac{\phi}{Re}$ 不包括 d_V，而其他各项均为已知数，也就是说，它们可以预先求出。

此后，利亚申柯利用以上两个无因次中间参数和李莱曲线，求出 ϕ 和 Re 对应值，计算出 $Re^2\phi$ 或 $\frac{\phi}{Re}$，使用对数坐标绘制出 $Re^2\phi - Re$ 和 $\frac{\phi}{Re} - Re$ 关系曲线（见图3-8和图3-9），在具体计算时，利用这两条曲线，就可以顺利算出物体在介质中的沉降末速 v_f，或者在已知 v_f 的条件下求出物体的粒度 d_V，具体步骤如下。

1）已知颗粒粒径 d_A，根据 $Re^2\phi - Re$ 曲线计算沉降末速 v_f。

① 由公式（3-31）计算 $Re^2\phi$ 值，由图3-8查出 Re 值；

② 计算面积当量粒径 $d_A = d_V/\sqrt{\chi}$，球形系数 χ 由表3-2查得；

③ 由 $v_\mathrm{f} = \dfrac{Re\mu}{d_\mathrm{A}\rho}$ 求得颗粒的沉降末速。

2）已知沉降末速 v_f，根据 $\dfrac{\phi}{Re} - Re$ 曲线计算颗粒粒径 d_A。

① 由公式（3-32）计算 $\dfrac{\phi}{Re}$ 值，再由图 3-9 查出 Re 值；

② 由 $d_\mathrm{A} = \dfrac{Re \cdot \mu}{v_\mathrm{f} \cdot \rho}$ 求得颗粒的面积当量粒径。

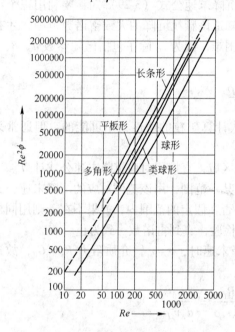

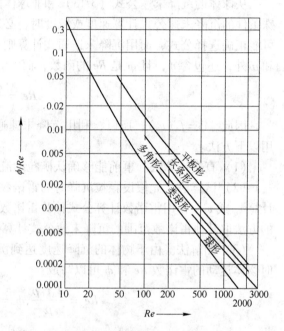

图 3-8 矿粒的 $Re^2\phi - Re$ 关系曲线   图 3-9 矿粒的 $\phi/Re - Re$ 关系曲线

（4）利用阿基米德数计算沉降末速。阿基米德数 Ar 的计算公式为：

$$Ar = \frac{d^3\rho(\delta - \rho)g}{\mu^2} \tag{3-33}$$

根据阿基米德数 Ar 与阻力系数 ϕ 的关系图（见图 3-10），查得 ϕ，则由公式（3-13）求得颗粒的沉降末速。

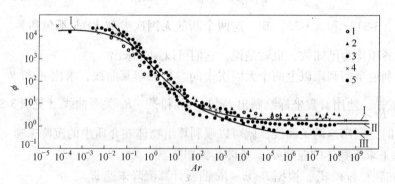

图 3-10 阿基米德数 Ar 与阻力系数 ϕ 的关系图

Ⅰ—球体；Ⅱ—片状体；Ⅲ—不规则形状颗粒；

1—煤；2—无烟煤；3—石英；4—锡石；5—方铅矿

3.2.5 非球体在运动介质中的运动规律

如果介质不是静止的，而是作等速垂直上升或等速下降运动，则颗粒的运动速度（相对于地面的绝对速度）应等于在静止介质中的沉降速度 v_0 与介质自身运动速度的向量和。

（1）在上升介质中。当介质以等速 v_a 向上运动时，颗粒的绝对运动速度 v_{0a} 应等于：

$$v_{0a} = v_0 - v_a \tag{3-34}$$

此时物体的沉降末速即表现为与介质的相对速度，其值对一定物体是不变的。于是物体的运动方向即取决于 v_a 的大小。

当 $v_a > v_0$ 时，v_{0a} 为负值，颗粒被介质推动向上运动；

当 $v_a < v_0$ 时，v_{0a} 为正值，颗粒向下运动，但沉降速度低于在静止介质中的速度；

当 $v_a = v_0$ 时，颗粒将在上升介质中悬浮。

理论计算表明，在上升介质中物体达到沉降末速所需的时间比在静止介质中短，其对比关系见图 3-11。

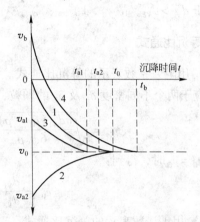

图 3-11　物体在运动介质中运动速度随时间变化关系
1—物体在静止介质中沉降；2—在上升介质中 $v_a > v_0$
条件下沉降；3—在上升介质中 $v_a < v_0$ 条件下沉降；
4—在下降介质中沉降

（2）在下降介质中。若物体是在速度为 v_b 的下降介质中沉降，则物体达到沉降末速时的绝对速度 v_{0b} 即等于下降介质速度与颗粒沉降末速之和。

$$v_{0b} = v_0 + v_b \tag{3-35}$$

物体在达到上述沉降末速之前属于加速阶段，在这一阶段内，物体与介质的相对运动方向要发生一次转变。

颗粒由绝对速度为零到与介质的速度相等的瞬间，属于第一阶段。在此阶段颗粒的运动速度小于下降介质的流速，故相对速度 v_s 为负：

$$v_c = v - v_b < 0 \tag{3-36}$$

其相对速度方向向上，介质阻力方向向下，是推动物体向下运动的作用力。此时之后，物体的运动速度超过了介质流速，相对速度转而向下，相对速度为正。

$$v_c = v - v_b > 0 \tag{3-37}$$

这时介质阻力方向向上，成为阻碍物体运动的力，这一变化过程如图 3-11 中曲线 4 所示。

图 3-11 及理论计算均表明，物体在下降介质中相对速度达到沉降末速时所需时间和距离均比在静止介质中长。

3.3　自由沉降的等沉比

3.3.1　等沉比的定义

由于颗粒的沉降末速与颗粒的密度、粒度和形状有关，因为在同一介质内，密度、粒度和形状不同的颗粒在一定条件下可以有相同的沉降速度。具有同一沉降速度的颗粒称为等沉颗粒，其中密度小的颗粒与密度大的颗粒的粒度之比称为等沉比，以符号 e_0 表示：

$$e_0 = \frac{d_{V1}}{d_{V2}} \tag{3-38}$$

式中　d_{V1}——密度小的颗粒的粒度（体积当量直径）；

　　　d_{V2}——密度大的颗粒的粒度（体积当量直径）。

由于 $d_{V1} > d_{V2}$，故 $e_0 > 1$。

3.3.2　等沉比通式

（1）用阻力系数表示的等沉比通式。等沉比的大小可由沉降末速的通式或特殊公式得出。对应于两个不同密度 δ_1 及 δ_2 的颗粒，参照公式（3-29）得出矿粒的沉降末速为：

$$v_{f1} = \sqrt{\frac{\pi d_{V1}(\delta_1 - \rho)g}{6\phi_{f1}\rho}} \qquad v_{f2} = \sqrt{\frac{\pi d_{V2}(\delta_2 - \rho)g}{6\phi_{f2}\rho}}$$

当 $v_{f1} = v_{f2}$ 时，得到：

$$e_0 = \frac{d_{V1}}{d_{V2}} = \frac{\phi_{f1}(\delta_2 - \rho)}{\phi_{f2}(\delta_1 - \rho)} \tag{3-39}$$

（2）用雷诺数表示的等沉比通式。

$$Re_A = \frac{d_A v_f \rho}{\mu} \tag{3-40}$$

式中　d_A——颗粒的面积当量直径；

　　　Re_A——颗粒在密度为 ρ、黏度为 μ 的介质中的雷诺数；

　　　v_f——颗粒的沉降速度。

对于等沉颗粒，$v_{f1} = v_{f2}$，则存在下列关系式：

$$\frac{Re_{A1}\mu}{d_{A1}\rho} = \frac{Re_{A2}\mu}{d_{A2}\rho} \Rightarrow \frac{Re_{A1}}{d_{A1}} = \frac{Re_{A2}}{d_{A2}} \tag{3-41}$$

由于 $d_A = \dfrac{d_V}{\sqrt{\chi}}$，则上式变为：

$$\frac{Re_{A1}}{\dfrac{d_{V1}}{\sqrt{\chi_1}}} = \frac{Re_{A2}}{\dfrac{d_{V2}}{\sqrt{\chi_2}}} \tag{3-42}$$

因此，由上式及等沉比公式得：

$$e_0 = \frac{d_{V1}}{d_{V2}} = \left(\frac{\chi_1}{\chi_2}\right)^{\frac{1}{2}} \cdot \frac{Re_{A1}}{Re_{A2}} \tag{3-43}$$

（3）特殊条件下的等沉比通式。

利用斯托克斯、阿连和牛顿-雷廷智公式可以求得适应于相应雷诺数范围的等沉比 e_0 的公式。

由公式（3-30），当 $v_{f1} = v_{f2}$ 时，

$$e_0 = \frac{d_{V1}}{d_{V2}} = \left(\frac{\chi_2}{\chi_1}\right)^{\frac{1}{x}} \cdot \left(\frac{\delta_2 - \rho}{\delta_1 - \rho}\right)^{\frac{y}{x}} \tag{3-44}$$

令 $m=1/x$，$n=y/x$，则：

$$e_0 = \frac{d_{V1}}{d_{V2}} = (\frac{\chi_2}{\chi_1})^m \cdot (\frac{\delta_2 - \rho}{\delta_1 - \rho})^n \qquad (3-45)$$

式（3-45）中的指数 m 及 n 与物体运动时的雷诺数有关，随 Re 或粒度的增加而增加。各公式的 m、n 值如下：

① 斯托克斯公式（$Re<1$）：$m=0.5$，$n=0.5$；

② 阿连公式（$Re=2\sim300$）：$m=1$，$n=0.7$；

③ 牛顿-雷廷智公式（$Re>1000$）：$m=2$，$n=1$。

必须注意，只有两等沉颗粒的雷诺数 Re_1 及 Re_2 均属于同一公式范围中时，求 e_0 的（3-45）公式才适用。

3.3.3 等沉比计算方法

公式（3-39）、（3-43）和（3-45）是计算等沉比 e_0 的通式。已知两矿粒的密度 δ_1、δ_2，介质性质 ρ、μ 及所需的沉降速度 v_f 时，利用无因次参数 $\frac{\phi}{Re}$ 及参数 $\lg Re = f(\lg \frac{\phi}{Re})$ 关系曲线（图3-9），就可以求出 Re_1 及 Re_2，将其带入公式（3-43）即可求出 e_0。如进一步利用 $\lg\phi = f(\lg Re)$ 曲线（图3-7）求出 ϕ_{f1} 及 ϕ_{f2}，然后再用公式（3-39）也可求出 e_0，这两种方法所得结果应该完全相同。

3.3.4 等沉比的意义

从等沉比公式可以看出：

（1）两矿粒（δ_1 及 δ_2）在介质中的等沉比 e_0 与介质的密度 ρ 有关，而且随 ρ 的增加而增加。例如，密度为 $1.40g/cm^3$ 的煤粒和密度为 $2.20g/cm^3$ 的页岩在空气中的等沉比 e_0 $=1.58$，可是在水中则 $e_0 = 2.75$。

（2）两矿粒在介质中的等沉比 e_0 还与矿粒沉降时的阻力系数 ϕ 有关。阻力系数是物体的形状及其沉降速度 v_0（或粒度）的函数。因此，两种矿物在介质中的等沉比 e_0 并不是常数，而是随两物体的形状和它们的等沉速度而变。当矿粒粒度增大，即运动的雷诺数（或沉降速度）增大，等沉比 e_0 也增大。

等沉现象在重力选矿中具有重要意义。由不同密度的矿物组成的粒群，在用水力分析方法测定粒度组成时，可以看到，同一级别中的轻矿物颗粒普遍比重矿物颗粒粒度大。轻、重矿物的粒度比值应等于等沉比。如果已知一种矿物的粒度，则另一种矿物的粒度即可按等沉比公式求出。

此外，增大等沉比 e_0，有利于矿粒在沉降中按密度分开，图3-12中，粒度 d_1 的轻矿粒与粒度 d_2 的重矿粒具有相同的沉降速度 v_{02}，可以看出，重矿粒粒度大于 d_2 的沉降速度均大于轻矿粒，在沉降中，重矿粒处于下层，轻矿粒处于上层。但对重矿粒粒度小于 d_2 这部分，则与粒度大于 d_2 的轻矿粒产生混杂。但是将沉降速度为 v_{02} 与 v_{03} 的二组等沉粒比较，因为

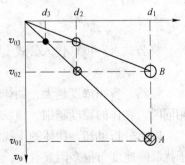

图3-12 颗粒沉降速度与粒度关系

$$e_{01} = \frac{d_1}{d_2} > e_{02} = \frac{d_2}{d_3}$$

且 $(d_1 - d_2) > (d_2 - d_3)$。

从分选角度看，e_0 大比 e_0 小更有利于矿粒在沉降中按密度分开，如果轻重矿粒粒度范围在 $(d_2 \sim d_1)$ 内，在介质中沉降时，必然轻颗粒沉降速度都小于重颗粒，因此可按沉降速度差分层，这就是自由沉降的重选分层理论，该理论最早是由雷廷智于1867年提出的。

从等沉关系上来讲，若某一原料的筛分级别中最大颗粒与最小颗粒的粒度比小于等沉比，则所有重矿物颗粒的沉降速度均要大于轻矿物，从而将按照沉降速度差达到按密度分离。这一结论对于自由沉降条件是正确的，但如果粒群是在干扰条件下沉降，则等沉比将发生变化。

3.4 均匀粒群的干扰沉降

3.4.1 干扰沉降的概念

粒群在有限空间介质中的沉降称为干扰沉降。干扰沉降时，颗粒除受自由沉降因素影响外，还受周围粒群及器壁的影响。因此，颗粒干扰沉降比自由沉降多受到以下一些阻力。

(1) 与器壁和邻近颗粒间的直接碰撞和摩擦而引起的机械阻力；

(2) 大量颗粒沉降，使介质绕流速度增大引起较大的介质阻力；

(3) 固体粒群与介质组成悬浮液，每个个别颗粒受到了比在介质中要大的浮力作用。

很显然，所有这些附加的阻力都与下沉空间的大小及其周围粒群的浓度有关。因此，物体在干扰下沉时所受的阻力 R_H 以及干扰沉降末速 v_H，不仅是物体密度和粒度及介质密度的函数，而且也是沉降空间的大小或周围粒群浓度的函数。粒群浓度一般称为容积浓度 (λ)，它可用周围粒群在介质中所占的体积分数来表示。

$$\lambda = \frac{V_1}{V} \tag{3-46}$$

式中 V_1——粒群所占的体积；

　　 V——粒群与介质的总体积。

介质中的固体量（粒群）有时也可用另外一个与容积浓度 λ 相对应的参数——松散度 m 来表示。松散度是物体间空隙的体积 V' 占总体积的比值。

$$m = \frac{V'}{V} = \frac{V - V_1}{V} \tag{3-47}$$

将公式（3-46）代入公式（3-47），得：

$$m = 1 - \lambda \tag{3-48}$$

显然，容积浓度越大，物体沉降所受的阻力 R_H 也越大，干扰沉降速度 v_H 则越小；λ 相同时，物体的粒度越细，颗粒越多，沉降时的阻力也越大。

以上分析可知，物体的干扰沉降比自由沉降复杂得多。干扰沉降时物体所受的阻力及干扰沉降速度与很多因素有关，且物体间相互碰撞、摩擦进行的动能交换又是随机的，就某个颗粒来说，其速度是很不稳定的。因此，表现粒群干扰沉降速度是以粒群总体出发用其平均值反映。

如图3-13所示，a图为颗粒在均一粒群（δ、d均相同）中沉降，目前对该情形研究较多。b图为颗粒在粒度相同而密度不同的粒群中沉降，c图为颗粒在粒度和密度均不同的粒群中沉降，该情形属重选中最常见的，但对此研究很不充分。d图为粗粒在微细颗粒与分散介质所构成的悬浮液中沉降，该情形将在第5章介绍。

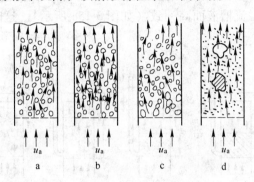

图3-13 几种典型的干扰沉降形式

3.4.2 干扰沉降试验

干扰沉降为重选中很重要的问题，较早就引起了人们的重视。门罗（Munroe，1888年）和伏伦兹（Francis）将干扰沉降视为单个颗粒在窄管中的沉降。由于实验条件与实际相差太大，按他们给出的公式计算与实际是不符的。其后，里恰兹（Richards，1908）和高登（A. M. Gaodin）从另外角度研究了干扰沉降问题，他们认为由于粒群的存在改变了介质性质，即粒群与分散介质所构成的悬浮体密度和黏度均大于分散介质的密度和黏度，认为只要将自由沉降末速公式中的ρ和μ换以悬浮体的物理密度ρ_{su}和黏度μ_{su}，即可求出粒群的干扰沉降末速。但是实践表明他们的认识过于简单化，用他们的方法计算仍与实际不符。以上两类假说所得公式的物理概念不明确，故没能反映干扰沉降现象的物理本质。

利亚申柯在更广泛的基础上研究了干扰沉降问题，下面着重介绍其试验方法及得出的结论。

利亚申柯试验装置如图3-14所示，在直径为30～50mm垂直的玻璃管（悬浮管）1的下端，联结一个带有切向给水管6的涡流管5。水流在回转中上升，可均匀地分布在悬浮管内。在悬浮管下部有一筛网2，用于支撑悬浮的颗粒群。靠近筛网的玻璃管侧壁联结一个或数个沿纵高配置的测压管3，由测压管内液面上升高度可读出在联结点处介质内部的静压强。

为了便于实验观测，利亚申柯首先研究粒度

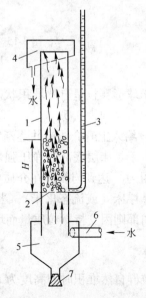

图3-14 干扰沉降试验管
1—悬浮管；2—筛网；3—测压管；4—溢流槽；
5—涡流管；6—切向给水管；7—橡胶塞

和密度均一的粒群在上升介质中的悬浮情况。当粒群在一定的上升流中处于悬浮管某个固定位置时，按相对性原理，此时上升介质流速即可视为粒群中任一颗粒的干扰沉降速度。其步骤及结论如下：

（1）试验时，先将均匀粒群（矿物颗粒或玻璃球）试料放在筛网上，给悬浮管充满清水，当介质流速为零时，粒群在筛网上呈自然堆积状态，粒群在介质中的质量为筛网支承。测压管中水柱高与溢流槽液面高一致（如图 3-15a 所示）。这时物料群的状态称为紧密床。

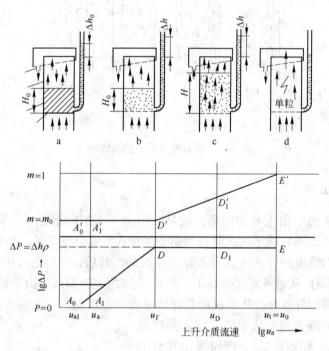

图 3-15 理想条件下粒群悬浮过程中松散度、
压强增大值与介质流速的关系

对于球形颗粒呈自然堆积状态时的松散度 m_0 约为 0.4，石英砂为 0.42，各种形状不规则的矿石大约为 0.5。

（2）给入上升介质流并逐渐增大流速，在介质穿过颗粒间隙向上流动过程中产生了流动阻力，于是床层底部的静压强增大，测压管中液面上升（如图 3-15b 所示）。当介质动压力（阻力）达到与粒群在介质中的质量相等时，粒群整个被悬浮起来，床层由紧密床逐渐转为悬浮床（或流态化床），当物料全部悬浮后，筛网不再承受粒群的压力，筛网上面的介质内部则因支持颗粒质量而增大了静压强，增大值 ΔP 为：

$$\Delta P = \frac{\Sigma G_0}{A} \tag{3-49}$$

设粒群自然堆积时的高度为 H_0，容积浓度为 λ_0，粒群在介质中的质量：

$$\Sigma G_0 = H_0 \lambda_0 A (\delta - \rho) g \tag{3-50}$$

代入公式（3-49）中得悬浮的临界条件：

$$\Delta P = H_0 \lambda_0 (\delta - \rho) g \tag{3-51}$$

达到上述临界条件前，介质穿过紧密床的间隙流动称作渗流流动，在渗流阶段，粒群底部的压强增大值，随介质上升流速 u_a 的增大而增大，两者呈幂函数关系，如图 3-15 下方对数坐标中 A_0-D 段所示，对应于此阶段的介质流速由零增至粒群开始悬浮时的速度 u_f。

粒群开始悬浮时的介质流速 u_f 应为粒群最大容积浓度下的干扰沉降速度 v_H，v_H（或 u_f）远小于颗粒的自由沉降末速 v_0。如颗粒 v_0 越大，其所需最小上升水速 u_f 也较大。例如：$d = 0.555\text{cm}$，$\delta = 2.5\text{g/cm}^3$ 的玻璃球，在水中的自由沉降末速 $v_0 = 51\text{cm/s}$，而其最小的干扰沉降速度 v_H 只有 8cm/s。又如 $d = 0.155\text{cm}$，$\delta = 6.84\ \text{g/cm}^3$ 的钨锰铁矿颗粒，在水中自由沉降末速 $v_0 = 33.54\text{cm/s}$，而 v_H 则只有 6cm/s。

（3）粒群开始悬浮之后，再增大介质流速，则粒群悬浮体的上界面随之升高，松散度 m 也相应增大。若保持介质流速不变，则悬浮体高度 H 亦不变。此时粒群悬浮体中每个颗粒都在不停地上下左右无规则运动，使整个悬浮体呈现流动的状态。这表明粒群的干扰沉降速度与松散度之间存在一定的对应关系。将实测得到的这种关系见图 3-15 下方的对数坐标中，即得到 D'-E' 线段。在 E' 处对应的松散度 $m = 1$，此时的上升水速 $u_t = v_0$，即颗粒处于自由沉降运动。

设颗粒达到自由沉降末速前，在某上升水速作用下悬浮的高度为 H，则粒群的容积浓度 λ：

$$\lambda = \frac{V_1}{V} = \frac{(\Sigma G)/\delta g}{AH} = \frac{\Sigma G}{AH\delta g} = 1 - m \tag{3-52}$$

在床层悬浮液松散过程中，支承粒群有效质量的介质静压力增大值是不变的，始终等于悬浮开始时的压力增大值。以压强表示时在图 3-15 中 $\lg\Delta P$ 与 $\lg u_a$ 之间为一条平行于横轴的直线 DE，其关系为：

$$\Delta P = H\lambda(\delta - \rho)g = H_0\lambda_0(\delta - \rho)g \tag{3-53}$$

由上式亦可求得颗粒的松散度：

$$m = 1 - \lambda = 1 - \frac{H_0}{H}\lambda_0 = 1 - \frac{H_0}{H}(1 - m_0) \tag{3-54}$$

随着松散度增大，悬浮体内的压力梯度增大值则越来越小。

$$\frac{\Delta P}{H} = (1 - m)(\delta - \rho)g \tag{3-55}$$

压力梯度的大小影响颗粒所受到的浮力作用，当水速逐渐增大，悬浮高度 H 逐渐增大时，悬浮体内个别颗粒所受的浮力作用逐渐减小。

（4）如上升水速不变，向悬浮管内补加同性物料，则粒群的悬浮高度 H 也成正比增加。底部的静压强增大值也是对等地升高，结果是 $\frac{\Sigma G}{H}$ 保持不变。由式（3-52）可知，粒群容积浓度 λ 为一常数。粒群在上升水流中悬浮的容积浓度 λ 与粒群的质量无关，λ 只是上升水速 u_a 及物体性质（δ、d、χ、v_0）的函数。这表明介质流速不变，悬浮体松散度亦不变，二者是单值函数关系。

此外对于悬浮管内上升水速大小由溢流槽流出的水量 Q 及悬浮管断面积 A 确定：

$$u_a = \frac{Q}{A} \tag{3-56}$$

该水速仅反映水流在悬浮管内净断面的平均流速。

以上结论在明兹及后人的试验中也得到了证实。需要说明的是,在利亚申柯的粒群悬浮试验中,以介质的平均上升流速代表颗粒的干扰沉降速度,只在水速不大时才接近正确。若水速较大,例如悬浮粗重的颗粒时,颗粒的沉降速度部分被旋涡瞬时速度所平衡,此时介质的上升流速将比颗粒在静止介质中以同样容积浓度下沉的干扰沉降速度低。

3.4.3 干扰沉降速度

利亚申柯的干扰沉降实验表明,对于均一粒群的干扰沉降速度与粒群松散度是一一对应的关系,且 v_H(或 u_a)与 m 在对数坐标中呈直线关系,见图 3-16。对于不同试料作出的直线斜率和截距有所不同。由图 3-16 可得:

$$n = \frac{\lg v_0 - \lg v_H}{\lg 1 - \lg m}$$

$$v_H = m^n v_0 \tag{3-57}$$

上式即为实验得到的粒群干扰沉降速度公式。其中 v_0 为粒群中单个颗粒的自由沉降末速,n 值为直线斜率,亦称实验指数。

实验表明,n 值不仅与颗粒粒度和形状有关,还与介质流态有关。当颗粒粒度越小,形状越不规则,表面越粗糙,则 n 值较大,n 值与粒度及形状的大致关系如表 3-3 及表 3-4 所示。

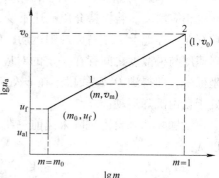

图 3-16 介质流速与松散度关系

表 3-3 矿粒粒度与 n 值的关系(多角形)

平均粒度/mm	2.0	1.4	0.9	0.5	0.3	0.2	0.15	0.08
n 值	2.7	3.2	3.8	4.6	5.4	6.0	6.6	7.5

表 3-4 物体形状与 n 值的关系($d \approx 1mm$)

物体形状	浑圆形	多角形	长条形
n 值	2.5	3.5	4.5

n 值与介质流态的经验关系是:

当 $Re > 1000$ 时,$n \approx 2.3$;$Re < 1000$ 时,$n = 5 - 0.71 \lg Re$。

需要指出,对 n 值的确定很重要,如 n 值选择不当,将导致计算结果与实际偏差太大。n 值的确定除现有的一些数据外,亦可通过实验,在对数坐标中作出 $\lg v_H \sim \lg m$ 直线,求斜率即可。

试验表明,颗粒在干扰条件下的沉降速度 v_H 远远小于自由沉降速度 v_0,而且松散度 m 越小、粒度 d 越细,则 v_H 也越小。当颗粒粒度大于 $0.1 \sim 0.15mm$ 时,$v_H \approx (1/3 \sim 1/2) v_0$;对于比较细的颗粒,$v_H \approx 1/4 v_0$。

实际选矿过程中,粒群的粒度和密度范围较大,其干扰沉降比均匀粒群的沉降复杂得多。对于均匀粒群，可用平均容积浓度反映某颗粒周围粒群的浓度。对于非均匀粒群，比如对于粗粒，表现的容积浓度要大些，对细粒，表现的容积浓度要小些。因此不能简单地用平均容积浓度反映某颗粒在干扰条件下的容积浓度。

同时，在实际选矿过程中的干扰沉降现象要比理想的"自由沉降"现象复杂得多，干扰沉降时物体所受的阻力及干扰沉降速度与很多复杂的因素有关，因此用解析的方法计算颗粒的干扰沉降速度比较困难。

3.4.4 干扰沉降的等沉比

将一组粒度不同、密度不同的宽级别粒群置于上升介质流中悬浮，流速稳定后，在管中可以看到固体容积浓度自上而下逐渐增大，而粒度亦是自上而下逐渐变大的悬浮体。如图 3-17 所示，在悬浮体下部可以获得纯净的粗粒重矿物层，在上部能得到纯净的细粒轻矿物层，中间段相当高的范围内是混杂层。这是宽粒级混合物料在上升介质流的作用下，各种颗粒按其干扰沉降速度的大小而分层的结果。各窄层中处于混杂状态的轻重颗粒，因其具有相同的干扰沉降速度，故称其为干扰沉降等沉颗粒。它们的粒度比称之为干扰沉降等沉比。以符号 e_H 表示，即：

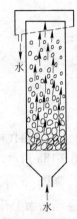

图 3-17　粒群在上升水流中的悬浮现象

$$e_H = \frac{d_{V1}}{d_{V2}} \tag{3-58}$$

因为是等沉粒，根据公式（3-57），有：

$$v_H = m_1^{n_1} v_{01} = m_2^{n_2} v_{02} \text{ 或} (1 - \lambda_1)^{n_1} v_{01} = (1 - \lambda_2)^{n_2} v_{02} \tag{3-59}$$

若两异类粒群的颗粒自由沉降是在同一阻力范围内，则 $n_1 = n_2 = n$。不规则形状矿粒的自由沉降速度用式（3-30）表示，并代入式（3-58），经整理后则得：

$$e_H = \frac{d_{V1}}{d_{V2}} = \left(\frac{\chi_2}{\chi_1}\right)^{\frac{1}{x}} \left(\frac{\delta_2 - \rho}{\delta_1 - \rho}\right)^{\frac{y}{x}} \left(\frac{1 - \lambda_2}{1 - \lambda_1}\right)^n \tag{3-60}$$

参考式（3-45）得出，

$$e_H = e_0 \left(\frac{1 - \lambda_2}{1 - \lambda_1}\right)^n = e_0 \left(\frac{m_2}{m_1}\right)^n \tag{3-61}$$

对于涡流压差阻力范围内取 $n = 2.39$，在摩擦阻力范围内取 $n = 4.78$。

两种颗粒在混杂状态时，相对于同样大小的颗粒间隙，粒度小者容积浓度小，松散度大，而粒度大者容积浓度大，松散度小，故总是 $(1 - \lambda_2) > (1 - \lambda_1)$，即 $m_2 > m_1$，故可看出：

$$e_H > e_0 \tag{3-62}$$

即干扰沉降等沉比总是大于自由沉降等沉比，且可随容积浓度的减小而降低。

3.5　非均匀粒群的干扰沉降

3.5.1　非均匀粒群的悬浮分层

利亚申柯不仅研究了均匀粒群的干扰沉降规律，同时也研究了非均匀粒群在上升水流中的悬浮分层现象，对于非均匀粒群的悬浮分层可用前节的均匀粒群在上升水流中的悬浮分层理论加以分析。对于不同性质粒群在上升水流中分层现象见图 3-18。

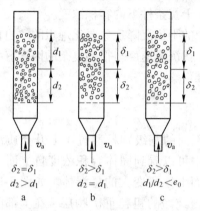

δ₂=δ₁   δ₂>δ₁   δ₂>δ₁
d₂>d₁   d₂=d₁   d₁/d₂<e₀
a   b   c

图 3-18 非均匀粒群的悬浮分层

（1）密度相同而粒度不同的非均匀粒群的分层。

如图 3-18a 所示，假设悬浮粒群中只有两种粒度 d_1 和 d_2，且 $d_1 < d_2$，则 $v_{01} < v_{02}$，又 $Re_1 < Re_2$，则 $n_1 > n_2$。当整个粒群未被悬浮前，如 $\lambda_1 = \lambda_2 = \lambda_0$，则 $v_{H1} = m_0^{n_1} v_{01} < v_{H2} = m_0^{n_2} v_{02}$，逐渐增大上升水速，当上升水速达到 d_1 颗粒的最小干扰沉降速度时，处于粒群上层的 d_1 颗粒开始浮起，而下部的小颗粒受大颗粒压迫仍不能运动，当上升水速达到 d_2 颗粒的最小干扰沉降速度时，则整个粒群发生松动，不同粒度颗粒将按此上升水速以不同的松散度在管内向上运动，因 $v_{H1} < v_{H2}$，小颗粒则先于大颗粒向上升起，在悬浮管中按粒度分层。

由于 $v_{01} (1 - \lambda_1)^{n_1} = v_{02} (1 - \lambda_2)^{n_2} = v_a$，则在悬浮管内形成上稀下浓的悬浮柱。

当 v_a 变化时只改变各自的松散度而与分层结果无关。

（2）粒度相同而密度不同的非均匀粒群的分层。如图 3-18b 所示，分层结果密度低的矿粒处于上层，密度高的矿粒处于下层（分层结果与上升水速无关），对其分析参见图 3-18a情形。

（3）密度不同，粒度比值小于自由沉降等沉比的物料分层。如图 3-18c 所示，两种类型颗粒的密度不同（$\delta_1 < \delta_2$）、粒度比值小于自由沉降等沉比（$\frac{d_1}{d_2} < e_0$），则 $v_{01} < v_{02}$。

当轻重矿粒运动的雷诺数 Re 均大于 10^3 时，$n_1 = n_2$，所以以 $v_{H1} < v_{H2}$，分层结果是低密度颗粒处于上层，高密度颗粒处于下层，且分层结果与上升水速无关。

当轻重矿粒运动的雷诺数 $Re < 10^3$ 时，可分两种情形。

1）当 $Re_1 < Re_2$，则 $n_1 > n_2$，$v_{H1} < v_{H2}$，粒群能正常地按密度分层。

2）当 $Re_1 > Re_2$，$n_1 < n_2$，但其差值是有限的，这时粒群自由沉降末速仍是比较大的，干扰沉降末速 v_H 也较大，故仍能正常按密度分层，总之，密度不同而粒度之比小于自由沉降等沉比的两组均匀粒群所构成的非均匀粒群，在上升水流中悬浮分层的结果是高密度颗粒处于下层，低密度颗粒处于上层，且分层结果与上升水速无关。

（4）密度不同，粒度比值等于或大于自由沉降等沉比的物料分层。如图 3-19 所示，当用密度不同（$\delta_1 < \delta_2$）、粒度比值等于或大于自由沉降等沉比的物料（$\frac{d_1}{d_2} \geq e_0$）进行实验发现，悬浮该种粒群时，当上升水速较小时，即 $u_a < u_{cr}$ 时（u_{cr} 为临界流速），分层结果是低密度颗粒处于上层，高密度颗粒处于下层。

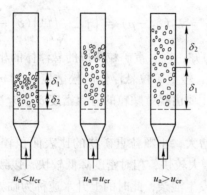

图 3-19 上升水速与分层结果的关系

当 $u_a = u_{cr}$ 时，分层现象消失，轻重颗粒重新混杂，当 $u_a > u_{cr}$ 时，发生低密度颗粒处于下层，高密度颗粒处于上层（这不符合重选要求）。因此只有控制 $u_a < u_{cr}$ 才能获得正确的分层结果。由此可以说明，分层结果与上升水速有关。

在上升水流中，不仅 $\frac{d_1}{d_2} < e_0$ 的物料能按密度分层，而且 $\frac{d_1}{d_2} \geq e_0$ 的物料，当 $u_a < u_{cr}$ 时也能按密度分层。

这种现象的解释单用以上方法是不行的，下面介绍两种对该情形的解释学说，并寻求计算 u_{cr} 的理论公式。

3.5.2 粒群的悬浮分层学说

（1）粒群按悬浮体相对密度分层的学说。利亚申柯对密度不同、粒度比值大于自由沉降等沉比的两组各为均匀的粒群混合后在上升水流中悬浮，发现当水速不超过某临界值 u_{cr} 时，粒群按密度呈正分层（上层低密度下层高密度），当速度超过临界值时，粒群可能会出现反分层（上层高密度下层低密度）。由此，利亚申柯提出粒群是以悬浮体相对密度分层的学说。

粒群悬浮体的物理密度：

$$\rho_{su} = \lambda(\delta - \rho) + \rho \tag{3-63}$$

轻重矿粒所构成的悬浮体密度差异表现在 $\lambda(\delta - \rho)$ 上，利亚申柯称其为悬浮体的相对密度，以符号"ρ_c"表示，即：

$$\rho_c = \lambda(\delta - \rho) \tag{3-64}$$

在上升水流中轻重颗粒将按各自所构成的悬浮体相对密度大小发生分层，相对密度小者处于上层，相对密度大者处于下层。

由于 $\lambda = 1 - m$，而由式（3-57）得：

$$m = \sqrt[n]{\frac{v_H}{v_0}} \tag{3-65}$$

由轻矿物构成的悬浮体相对密度 ρ_{c1}：

$$\rho_{c1} = \lambda_1 (\delta_1 - \rho) = \left(1 - \sqrt[n_1]{\frac{v_H}{v_{01}}}\right)(\delta_1 - \rho) \tag{3-66}$$

由重矿物构成的悬浮体相对密度 ρ_{c2}：

$$\rho_{c2} = \lambda_2 (\delta_2 - \rho) = \left(1 - \sqrt[n_2]{\frac{v_H}{v_{02}}}\right)(\delta_2 - \rho) \tag{3-67}$$

由式(3-66)和式(3-67)知，轻、重矿粒构成的悬浮体的相对密度均是随着上升介质流速 u_a 而变化，当 u_a 较小时，轻重矿粒悬浮体的松散度 m_1、m_2 趋近于自然堆积数值，相差不大，故 ρ_{c1}、ρ_{c2} 的大小主要由轻重颗粒的有效密度 δ_1、δ_2 决定，因此有 $\rho_{c2} > \rho_{c1}$，出现正分层。

随着上升介质流速 u_a 增大，小颗粒重矿物的比表面积较大，接受介质阻力较强，受水流阻力较大，松散度 m 增大较快，相对密度降低较快，以致 $\rho_{c2} < \rho_{c1}$，出现反分层。

而当 $\rho_{c1} = \rho_{c2}$ 时，粒群发生混杂，此时的上升水速称为临界流速 u_{cr}，因此：

$$\left(1 - \sqrt[n_1]{\frac{u_{cr}}{v_{01}}}\right)(\delta_1 - \rho) = \left(1 - \sqrt[n_2]{\frac{u_{cr}}{v_{02}}}\right)(\delta_2 - \rho)$$

如轻重颗粒同属斯托克斯（$Re < 1$）或牛顿－雷廷智（$Re > 10^3$）沉降阻力范围，则有：

$$n_1 = n_2 = n$$

于是临界水速 u_{cr} 的计算式为：

$$u_{cr} = v_{01} \cdot v_{02} \cdot \left(\frac{\delta_2 - \delta_1}{(\delta_2 - \rho)\sqrt[n]{v_{01}} - (\delta_1 - \rho)\sqrt[n]{v_{02}}}\right)^n \tag{3-68}$$

但是，利亚申柯的按悬浮体相对密度分层的学说与实际分层规律是不相符的，实验证明非均匀粒群是不按悬浮体的相对密度分层的。

（2）粒群按重介质作用分层的学说。中国矿业大学和中南大学分别研究了粒群在上升水流中的悬浮分层规律，认为利亚申柯按悬浮体相对密度分层的理论及所得的临界流速公式是不符合实际的。对于密度不同，粒度比值大于或等于自由沉降等沉比的粒群分层现象，由粒群内部静力的变化来解释，即轻矿物粗粒的升降取决于轻矿物颗粒密度与重矿物细粒所构成的悬浮体的物理密度的差异上，即粒群在上升水流中将按轻矿物颗粒本身的密度与重矿物悬浮体的密度差发生分层。

由于 $\delta_1 < \delta_2$、$\dfrac{d_1}{d_2} \geqslant e_0$，故 $v_{01} \geqslant v_{02}$，$Re_1 > Re_2$，$n_1 < n_2$，故：

$$v_{H1} > v_{H2}$$

因此在上升水流作用下，高密度细粒首先被冲起，并构成一定密度的悬浮体，悬浮体密度的大小与上升水速有关，上升水速较低时，ρ_{su2} 较大，当 $\delta_1 < \rho_{su2}$ 时，由于细粒悬浮体的重介作用，可使床层中低密度颗粒转入上层，使物料能够正常按密度分层。

当上升水速继续增大到某值以后，则 $\delta_1 > \rho_{su2}$，床层中低密度颗粒就不可能转入上层，粒群将按水动力学分层，即 v_H 较小的高密度细粒处于上层，v_H 较大的低密度粗粒处于下层。

按重介分层学说，达到临界水速应是 $\delta_1 = \rho_{su2}$，即：

$$\delta_1 = \left(1 - \sqrt[n_2]{\frac{u_a}{v_{02}}}\right)(\delta_2 - \rho) + \rho \tag{3-69}$$

以 $u_a = u_{cr}$ 代入得：

$$u_{cr} = v_{02}\left(1 - \frac{\delta_1 - \rho}{\delta_2 - \rho}\right)^{n_2} \tag{3-70}$$

按上式计算的临界水速与实测值相比颇为吻合。

试验还指出，要使轻矿物在重矿物悬浮体作用下进入上层，还需满足下述两个基本条件：

1）两种矿物的密度差要足够大，即：

$$\frac{\delta_2 - \rho}{\delta_1 - \rho} > \frac{1}{\lambda_2} \tag{3-71}$$

对于细粒重矿物悬浮体，当 $\lambda_2 > 40\% \sim 44\%$ 时，颗粒间活动性已很差，用作分选的悬浮体容积浓度最好不超过33%。

此时高低密度矿物的有效密度比值需满足如下要求：

$$\frac{\delta_2 - \rho}{\delta_1 - \rho} > 3 \tag{3-72}$$

2）两种矿物的粒度比要足够大。

重选理论及实践表明，只有细粒重矿物构成的悬浮体才会以总体密度对轻矿物施以浮力作用，因此由研究资料提出如下要求：

$$\frac{d_1}{d_2} > 3 \sim 5 \tag{3-73}$$

实际生产中，分选宽分级或不分级物料很难同时满足以上两个条件，用控制上升水速实现按密度分选比较困难。

总之，重介质作用分层学说与按悬浮体相对密度分层学说的区别在于前者是高密度细粒构成的悬浮体总体密度对轻矿粒本身的作用，后者则是对轻矿粒构成的悬浮体的作用。但是两个学说只考虑了粒群间静力的作用，而忽略了水流动力因素对粒群运动的影响，尤其当水速较大时更是如此。因此对粒群悬浮分层的研究应将动、静两种作用综合加以考虑，上述两个学说只研究了局部均匀粒群在匀速水流中的悬浮分层问题，因此不能单用他们对粒群的分层过程加以解释。

4 ‖ 跳 汰 选 煤

4.1 跳汰选煤概述

4.1.1 跳汰选煤的发展

跳汰选煤过程是指物料主要在垂直升降的变速水流中，按密度进行分选的过程。到现在为止，跳汰选煤已有一百多年的历史。最初用于选煤的是一种手动的动筛式跳汰机，其实就是把人工淘选矿砂的方法应用于选煤。到了 19 世纪中叶以后，由于冶金、机械工业的兴起，跳汰选煤有了迅速发展。1840 年开始，在煤矿中应用了偏心传动的具有固定筛板的活塞式跳汰机。1892 年出现了第一台几乎具有现代形式的用压缩空气驱动的无活塞跳汰机——著名的鲍姆跳汰机。

随着选煤技术的发展，在跳汰机的研制方面，也逐步得到改进和完善。从筛侧空气室式（侧鼓式或鲍姆式）跳汰机到筛下空气室式跳汰机，对提高单机处理量有了较大突破，使每台跳汰机小时处理量由原来的几吨、几十吨发展到如今的几百吨。在一定的跳汰理论指导下，改进了无活塞跳汰机风阀的结构，由原来的滑动风阀（立式风阀）改为旋转风阀（卧式风阀），再到现在广泛使用的数控气动电磁风阀，使跳汰机内脉动水流的运动更趋于合理。在跳汰机结构设计方面，也开始采用了最现代化的技术手段，新型跳汰机的自动化水平也有所提高，水流运动特性较合理，沿跳汰机筛板宽度的水流分布均匀，产品排放比较准确畅通，吨煤洗水量下降，分选效果提高。

随着选煤机械的发展，对跳汰理论的研究也日益被人们所重视。从 1867 年奥地利人雷廷智开始研究单个颗粒在流体介质中的运动规律起，至今已有一百多年的历史。但是由于跳汰过程的影响因素很多，比较复杂，而且各种因素的变化又很大，因而使跳汰科学研究和理论分析都遇到较多的困难。所以至今对跳汰过程机理的认识还不够充分，虽然已提出了许多种跳汰假说，从不同方面对跳汰过程进行了研究、探讨，其中比较好一些的，也只能反映跳汰分选过程中某些方面的规律性，对生产起到一定的指导作用，但是还没有得到一种能为大家一致公认的理论。

4.1.2 跳汰选煤的应用范围

跳汰选煤具有系统简单、操作维修方便、单机处理量大、产品多和生产成本低等优点，因而在原煤可选性适宜的情况下，仍被优先采用。对于原煤可选性为易选的，使用跳汰机分选，可取得和重介选法差不多的分选效果。跳汰选煤的粒度范围为 0.5~100mm，有时可达 150mm，对于 0.5~50mm 的不分级极易选或易选原煤，跳汰机是比较理想的分选设备。

4.2 物料在跳汰机中的运动规律

4.2.1 跳汰选煤的定义

跳汰选煤是指物料主要在垂直方向上以给定振幅和频率在脉动的交变介质流中，按密度分选的过程，如图4-1所示。跳汰选煤所用的介质为水或空气，个别也用重悬浮液。以水作分选介质的叫水力跳汰，以空气作分选介质的叫风力跳汰，以重悬浮液作分选介质的叫重介跳汰。选煤生产中，以水力跳汰用得最多。

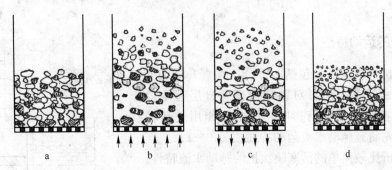

图4-1 跳汰分选过程

a—分层前粒群；b—水流上升期；c—水流下降初期；d—水流下降末期

物料给到跳汰机筛板上，形成的物料层，称为床层。在外力作用下，水流周期性的经筛板孔上升时，物料升起并松散，如图4-1b所示；水流向下运动时，随着床层松散度的减小，粗粒运动变得困难，仅细粒可穿过床层间隙向下运动，如图4-1c所示；下降水流停止，分层作用一般暂停，如图4-1d所示。接着，下个周期开始并继续分层。经过多个跳汰周期后，床层从无序到有序，密度大的颗粒在下层，密度小的集中在上层，并分别排出成为产品。

垂直交变流是跳汰分选的基本条件，产生交变水流有动筛、活塞和压缩空气三种方式，如图4-2所示。

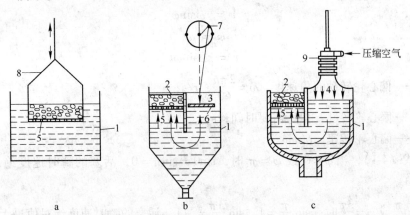

图4-2 交变介质流产生方式

a—动筛；b—活塞；c—压缩空气

1—机壳；2—跳汰室；3—活塞室；4—空气室；5—筛板；6—活塞；7—轮；8—箱体；9—风阀

动筛式跳汰机的筛板在水中上下运动。当跳汰箱向下运动时，水从筛孔进入箱内，形成上升水流；当箱体向上运动时，水从筛孔外流，形成下降水流，如图 4-2a 所示。

活塞式跳汰机内由纵向隔板分为跳汰室和活塞室，跳汰室固定筛板，活塞室装置活塞。当活塞向下运动时，迫使跳汰室水流上升；活塞向上提起时，跳汰室水流下降，如图 4-2b 所示。

筛侧空气室跳汰机内由纵向隔板分为跳汰室和空气室，跳汰室内固定筛板，空气室上安装风阀。脉动水流是借风阀周期性给入和排出压缩空气来建立。压缩空气进入空气室时，迫使跳汰室水流上升；压缩空气从空气室排出时，跳汰室形成下降水流，如图 4-2c 所示。

4.2.2　水流的运动特性

在跳汰机中水流运动包括两部分：垂直升降的变速脉动水流和水平流。前者对颗粒按密度分层起主要作用，后者对颗粒分层也有影响，但主要作用是运输物料，所以首先研究脉动水流运动特性。

首先分析比较简单的活塞跳汰机的脉动水流特性。

活塞跳汰机工作原理如图 4-3 所示。纵向隔板 2 将机体 1 分成两个相互连通的部分——活塞室（宽度 B_1）和跳汰室（宽度 B_2），曲柄装置是由偏心轮 5 和连杆 6 组成，以此驱动活塞做上下往复运动。跳汰机工作时，机箱中充满水，当活塞向下运动时，水由活塞室被压向跳汰室，产生上升水流；当曲柄装置转过最低点，活塞开始向上运动，水返回活塞室，在跳汰室产生下降水流。

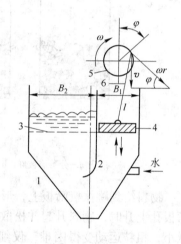

图 4-3　活塞跳汰机工作原理
1—机体；2—纵向隔板；3—筛板；
4—活塞；5—偏心轮；6—连杆；
B_1—活塞室宽度；B_2—跳汰室宽度；
l—连杆长度；ω—偏向轮角速度

由图 4-3 可知，若偏心轮的偏心距为 r，连杆的长度为 l，且 $l \geqslant r$ 时，活塞上下运动的速度 v 可以看作是偏心轮的圆周速度在垂直方向的分速度，即：

$$v = r\omega\sin\varphi \tag{4-1}$$

$$\varphi = \omega t \tag{4-2}$$

$$v = r\omega\sin\omega t \tag{4-3}$$

式中　ω——偏心轮转动的角速度，$\omega = \dfrac{2\pi n}{60}$，r/s；

　　　t——偏心轮转过 φ 角所需要时间，s；

　　　n——偏心轮转速，r/min。

根据式（4-1），当 $\varphi = 0$ 或 $\varphi = \pi$ 时，$\sin 0 = \sin \pi = 0$，活塞的瞬时速度绝对值最小，即：$v_{min} = 0$。

当 $\varphi = \dfrac{\pi}{2}$ 或 $\varphi = \dfrac{3\pi}{2}$ 时，$\sin\dfrac{\pi}{2} = 1$，$\sin\dfrac{3\pi}{2} = -1$，活塞的瞬时速度绝对值最大，即：

$$v_{max} = \omega r = \frac{2\pi n}{60}r = \frac{\pi n r}{30} = 0.105nr \tag{4-4}$$

按绝对值计算,当偏心轮转动一周时,活塞行程为 $2 \times 2r$,所需时间是 $T = \dfrac{60}{n}$,所以,在一周内活塞的平均速度 v_{mea} 为:

$$v_{\mathrm{mea}} = \frac{4r}{T} = \frac{nr}{15} \tag{4-5}$$

将式(4-4)代入上式得:

$$v_{\mathrm{mea}} = \frac{1}{15 \times 0.105} v_{\max} = 0.635 v_{\max} \tag{4-6}$$

活塞运动的加速度可由活塞运动速度的一阶导数求出:

$$\dot{v} = r\omega^2 \cos\omega t \tag{4-7}$$

经过时间 t 后活塞的行程 h,可由活塞运动速度对时间的积分求出:

$$h = \int_0^t v \mathrm{d}t = \int_0^t r\omega \sin\omega t \mathrm{d}t = r(1 - \cos\omega t) \tag{4-8}$$

在跳汰机室内,水流运动的实际速度比活塞运动的速度小些,因为:

(1)活塞与机壁之间有缝隙,有漏水现象,所以必须加上一个考虑漏水的系数 $\beta(\beta < 1)$;

(2)跳汰室的面积一般均大于活塞室的面积,所以还必须乘以一个反映两室宽度比例的系数 B_1/B_2,因此,跳汰室内的水流速度 u、水流加速度 $\dot{u}$ 以及水流位移 s(水波高度)分别为:

$$u = \frac{B_1}{B_2}\beta r\omega \sin\omega t \tag{4-9}$$

$$\dot{u} = \frac{B_1}{B_2}\beta r\omega^2 \cos\omega t \tag{4-10}$$

$$s = \frac{B_1}{B_2}\beta r(1 - \cos\omega t) \tag{4-11}$$

根据公式在直角坐标系中绘制活塞跳汰机内脉动水流的运动速度、加速度以及位移曲线(图4-4)。从图4-4中看出活塞跳汰机里水流运动速度是一条正弦函数曲线,水流运动的加速度为余弦函数曲线。通过改变偏心轮转速和活塞行程可以调节水流速度、加速度和位移。

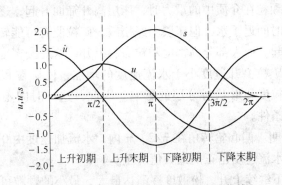

图4-4 水流的速度、加速度及位移曲线

活塞跳汰机偏心轮转动一周,水流在跳汰室中上下脉动一次。跳汰机中介质上下脉动一次所经历的时间称为跳汰周期,以 T 表示。而分选介质每分钟的脉动次数 n 称为跳汰频率,它是跳汰周期 T 的倒数。在一个跳汰周期内,跳汰室内脉动水流的速度变化曲线叫做跳汰周期特性曲线。

4.2.3 跳汰床层的分层过程

以正弦跳汰周期为例，在整个跳汰周期中，水流、矿粒及床层的运动状态如图 4-5 所示。其中，图 4-5a 表示在一个跳汰周期内水流和床层的行程与时间的关系以及床层的松散状况。图 4-5b 表示水流运动速度、加速度和矿粒的运动速度图。

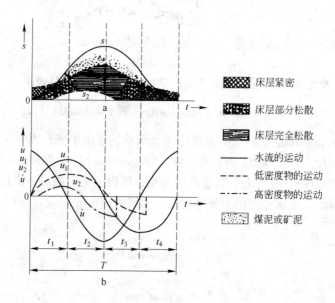

图 4-5 床层的运动状态

按照水流运动特性将一个周期分成 4 个阶段：

（1）水流上升初期。在水流开始上升的前 π/2 周期内，上升水流的速度和加速度为正值，速度由 0 增到正的最大值，而加速度则由正的最大值减小到 0。

开始时床层紧密，随着水流上升，最上层的细小颗粒开始浮动，当速度阻力和加速度附加推力之和超过了颗粒在介质中的重力时，床层离开筛面升起，逐渐松散。

矿粒开始上升的时间迟于水，但床层一经松散，矿粒便有可能转移。低密度颗粒和高密度细小颗粒较早升起，而大部分高密度颗粒滞后上升，这对按密度分层是有利的。但总的看来，床层较紧，矿粒上升速度小于水流速度的增加，使矿粒和水流间的相对速度增大，从而增加了矿粒粒度和形状对分层的影响。因此，这一时间不宜长，主要是抬起床层，为颗粒分层创造条件。

（2）水流上升末期。偏心轮转角在 π/2 ~ π 内，水流加速度由 0 增至负的最大值，水流做减速上升运动，水流速度由正的最大值降至 0。

床层在水流作用下继续上升，松散度逐渐达最大，最小的颗粒可能被上升流完全推出床层。这时矿粒的上升速度已开始逐渐减小，甚至部分大粒高密度物已转而下降。但矿粒上升速度比水流速度降得慢，矿粒和水流速度逐渐接近，其相对速度逐渐减小，甚至在某一瞬间为 0。此后，相对速度可能再次增大，但仍比上升初期小。矿粒在干扰条件下沉降，是分层的有利时机。而且，上升水流的负加速度越小，延续的时间越长，对分层越有利。

（3）水流下降初期。偏心轮转角在 $\pi \sim 3\pi/2$ 内，水流速度方向向下为负值，加速度方向也向下为负值。

由于水流受强制推动、下降速度迅速增加，甚至超过低密度物的下降速度，与高密度物间的相对速度逐渐减小，是按密度分层的有利时机，是上一阶段的继续。这一时期，床层底部的高密度物已开始落到筛板上，沉降速度迅速降至 0。部分轻矿粒由于惯性可能继续上升，随后转而向下沉降，床层逐渐紧密起来。大颗粒失去了活动性，较小颗粒还可在床层间隙中继续下降。

在下降初期，水流下降速度不宜增加过快，负加速度不宜过大，否则相对速度增大不利于按密度分层。

（4）水流下降末期。偏心轮转角在 $3\pi/2 \sim 2\pi$ 内，水流速度由负的最大值变化到 0，加速度由 0 增至正的最大值。

这时粒群基本上落到筛面上，床层比较紧密，粗粒和中等颗粒已基本停止运动，只有细小矿粒在其重力和下降水流的吸啜作用下仍可通过床层间隙向下移动，使在上升期被冲到上层的高密度细粒重新进入床层底部，甚至可透筛排出，从而改善了分选效果。但若吸啜作用过强，时间过长，也可能将低密度细矿粒吸入底层，以致降低分选效果。过强的吸啜还会使下一阶段的床层松散变得困难。吸啜作用是跳汰分层的特有现象，对不分级或宽分级物料的分选是有利的，但分选窄级别物料时应加以适当控制。

通过以上分析可得出如下结论：

（1）水流速度和加速度是床层松散的重要条件。在上升初期水流必须迅速加速到把床层托起。床层升起的高度决定分选过程中床层的松散度，因此，水流上升初期使床层上升到适当的高度是必要的。

（2）上升初期矿粒与水流间的相对速度较大，不利于矿粒按密度分层，而应采用短而快的上升水流。

（3）床层在上升期被水流带动逐渐悬浮，为使床层能迅速松散，水流不应立刻转为下降，而应使床层托起后有一个暂息期间，使床层膨胀，在此期间水流缓慢上升和下降，使床层得到充分的松散和分层。

（4）在水流上升末期和下降初期床层最松散。为改善分层效果和提高跳汰机处理量，应延长这一时期，并在此期间尽量保持矿粒和水流间有较小的相对速度。由于这时矿粒的上升速度已逐渐减小，因此水流也应具有较小的上升速度。矿粒转为下降时，水流也应转为下降，并有较小的下降速度。随着矿粒下降速度的增加，水流下降速度也应逐渐加大。若水速增加过快，还会造成床层过早紧密，缩短了一个周期中的有效分层时间，降低了跳汰机的处理量。因此，在水流上升末期和下降初期，应该采用缓而长的上升和下降水流。

（5）在水流下降末期，床层大部分已紧密，分层作用几乎完全停止，所以这一段时间应缩短。由于这时还有吸啜分层作用的存在，它对不分级物料的分选是有利的。因此，还要根据原料煤性质控制吸啜作用的强度和时间，既保证高密度细粒能充分吸啜至底层，又要防止低密度细粒也混入底层。经多次重复后，床层分层才趋于完善。

以上是对一个跳汰周期各个阶段中床层松散和分层的分析。事实上，除了上述矿粒本身的物理性质和水动力因素外，还有其他一些因素，如各种阻力对跳汰分层的作用等，这是一个比较复杂的过程。

4.2.4 跳汰周期特性曲线

跳汰周期特性曲线是指在一个跳汰周期内，跳汰室中水流脉动速度变化的曲线（图4-4、图4-5），它反映了跳汰室中水流脉动特性，该特性直接影响跳汰床层的松散和分层。

为了合理地选择跳汰周期，对工业上使用的几个典型跳汰周期，进行简要的分析。

4.2.4.1 活塞跳汰机的对称跳汰周期特性曲线

这是典型的正弦跳汰周期（图4-4），在该跳汰周期中，上升水流和下降水流的强度及作用时间完全相同。为使床层抬起一定高度，采用较大的上升水速和加速度，同时也引起强烈的下降水速，从而缩短了床层的松散时间及高低密度矿粒互相转移的时间。因此，正弦跳汰周期特性曲线并非最佳的跳汰周期特性曲线，现早已不采用这种跳汰周期。

4.2.4.2 上升水速大、作用时间长的跳汰周期特性曲线

在活塞跳汰机或隔膜跳汰机中，连续给入筛下补充水时，可以产生如图4-6a所示的跳汰周期特性曲线。引入筛下补充水可以在一定程度上起到增强上升水流，削弱下降水流的作用。获得较强的上升水流，对床层的松散有利，但因上升水流作用时间较长，故利于较粗物料的分选，在分选粗粒金属矿石时常采用此种跳汰周期。该跳汰周期也可用来分选经过初步分级的煤炭（0.5 ~ 13mm粒级）。

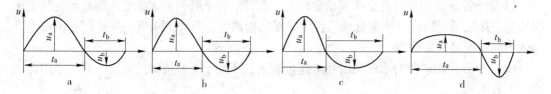

图4-6 几种典型跳汰周期特性曲线

4.2.4.3 上升水速大于下降水速但作用时间相等的跳汰周期

在活塞跳汰机或隔膜跳汰机的正弦跳汰周期水流下降阶段，间断地给入筛下补加水，可得到如图4-6b所示的水流运动特性曲线。这种跳汰周期的上升水流，相比图4-6a的上升水流，作用力减弱了；其下降水流在降低流速的同时，相对图4-6a延长了作用时间，吸唆作用略有增强。因此，在处理宽粒级的细粒物料时，比上述两种跳汰周期要好。例如，我国钨、锡矿选矿厂处理细粒级物料的跳汰机曾使用过这种跳汰周期。

4.2.4.4 上升水速大但作用时间短的不对称跳汰周期

间断导入的压缩空气驱动分选介质，产生脉冲运动的空气脉动跳汰机，凭借一定结构的风阀控制进气与排气，造成如图4-6c所示的不对称跳汰周期。在进气期间，水流被压缩空气推动，急速上升。接着供气中断，有一短暂休止期，此时水流因惯性只做较弱的运动。当压缩空气排出时，水流借自重下降，于是获得一个速度缓慢而作用时间长的下降水流。这种上升水流短而快、下降水流长而缓的跳汰周期，处理宽粒级或不分级物料，无论

是从松散、分层，还是吸啜作用，都是不适宜的。

4.2.4.5 上升水速较缓但作用时间较长的不对称跳汰周期

如图4-6d所示，这种水流的运动特点是由于上升水速缓慢，致使床层松散进程较慢，然而床层一旦松散，随着上升水流逐渐减弱，收缩过程也缓慢，这不但使分层作用时间延长，而且在此期间，矿粒与水流之间的相对运动速度也较小，矿粒粒度和形状对按密度分层的影响很弱，故对分层有利。

但由于松散进程慢，床层不宜过厚，跳汰机处理能力偏低（每平方米处理6～10t）。其下降水流速度快、作用时间短。从下降初期来看，尽管不利于按密度分层，但因上升末期流速慢、时间长，不少粗粒重物料已落回筛板，故在此阶段参与分层活动更多的是中、细粒级颗粒，而下降初期又是吸啜作用的主要阶段，故从整体来看对分选宽粒级或不分级物料有利，水流下降末期短而快，正是分选的有利条件。因此，这种跳汰周期特性，适合处理不分级煤。

实践证明：跳汰周期曲线形式是获得良好分选效果的重要因素之一。合理的跳汰周期曲线应与被选物料性质相适应，使床层呈适宜的松散状态，颗粒主要借重力加速度差相对运动，这是选择跳汰周期曲线的基本原则。

4.2.5 影响床层松散度的因素

在生产过程中，正确地掌握床层松散状况对分选效果好坏甚为重要。床层的松散状况用松散度 m 来表示（式（3-47））。

在一个跳汰周期内，床层松散度的变化不仅与跳汰机的风水制度及风阀特性曲线有关，而且与使用的跳汰频率、振幅、床层厚度、物料的粒度组成和密度组成等都有很大关系。风阀特性曲线是指在一个跳汰周期内，风阀进、排气面积或时间的变化曲线。

4.2.5.1 风水制度和风阀特性曲线的影响

增大风量和筛下补给水用量（顶水）都能提高床层松散度。但改变风阀特性曲线和改变风量大小对床层松散的影响不同。增大风量一般可使床层松散度增大，使床层更松一些，但维持床层松散状态的时间并无明显增加。相反，延长风阀的膨胀期，一般不能改变床层松散度，但却能显著地延长床层处于松散状态的时间。延长进气期，一般也能使床层松散度增加，但当进气期的时间超过排气期时，松散度反而可能下降。

4.2.5.2 跳汰频率的影响

在其他条件不变的情况下，跳汰频率增高，床层松散度显著减小。表4-1为筛下空气室式跳汰机跳汰频率与松散度关系的实测结果。

表4-1 跳汰频率与松散度关系

跳汰频率/次·min^{-1}	38	50	56	62	70
中间床层的最大松散度	0.54	0.52	0.48	0.46	0.43
下部床层的最大松散度	0.56	0.54	0.46	0.51	0.47

4.2.5.3 床层厚度及物料性质的影响

要维持跳汰过程的正常分选,床层必须具有合适的厚度。床层过薄,松散度过大,会破坏正常分层,床层过厚或矸石层厚度增加时,松散度会减小,同样影响分选效果。床层的合适厚度与物料的性质有关;原料煤中细粒多,矸石含量大时,为使细矸在吸啜过程能透筛排出,从而保证精煤质量,一般床层薄些为宜;对于粗粒级多,矸石含量少时,床层可以适当厚一些。假定床层厚度不变,随着床层粒度组成变细,通常松散度也增加,但达到一定的比例时,可能造成床层整起整落的情况,松散度反而下降。

另外,床层距离筛板不同高度的各分层,其松散度也不同。在正常情况下,分级物料常常是下层比上层的松散度大些;而不分级物料或宽分级物料则往往是中间层最紧密,上、下层的松散度都较大。

4.3 跳汰机类型

4.3.1 跳汰机分类

实现跳汰分选过程的设备称为跳汰机,跳汰机按照不同的划分方法有不同的形式。

(1) 按分选介质的种类来分。跳汰机可分为水力跳汰、风力跳汰和重介质跳汰。以水为介质的水力跳汰机应用最为普遍。以空气作为介质的风力跳汰机由于分选效率较低,一般只用于干旱缺水地区或不能被水浸湿的物料。

(2) 按入选物料的粒度来分。跳汰机可分为块煤跳汰机(入选物料粒度为10mm或13mm以上的)、末煤跳汰机(入选物料粒度为10mm或13mm以下的)、不分级煤跳汰机(入选物料粒度为50mm或100mm以下的)和煤泥跳汰机等。

(3) 按所选出的产品种类来分。跳汰机可分为单段跳汰机(仅选出两种最终产品)、两段跳汰机(能选出三种最终产品)和三段跳汰机(能选出四种最终产品)。

(4) 按其在流程中的位置来分。跳汰机可分为主选跳汰机(入选原煤)和再选跳汰机(处理主选中煤)。

(5) 按重产物的水平移动方向来分。跳汰机可分为正排矸式(矸石层水平移动方向与煤流方向一致的排料方式)和倒排矸式(矸石层水平移动方向与煤流方向相反的排料方式)。

(6) 按跳汰机脉动水流的形成方法来分。跳汰机可分为动筛跳汰机、活塞式跳汰机、隔膜跳汰机和空气脉动跳汰机。其中动筛跳汰机的筛板是活动的,而活塞式跳汰机、隔膜跳汰机和空气脉动跳汰机的筛板是固定不动的,又称为定筛跳汰机。

4.3.2 常用的跳汰机

常用的跳汰机示意图见图4-7。

(1) 活塞跳汰机。如图4-7a所示,活塞跳汰机是较早出现的机型,它的活塞上下往复运动,使跳汰机产生一个垂直升降的脉动水流。

(2) 隔膜跳汰机。如图4-7b所示,隔膜跳汰机是以隔膜鼓动水流,其传动装置与活塞跳汰机类似,多采用偏心连杆机构,也有应用凸轮杠杆或液压传动装置的。隔膜跳汰机主要用于金属矿石的分选,个别用于选煤厂脱硫。

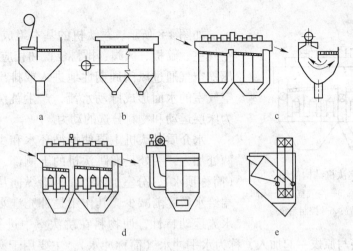

图 4-7　跳汰机示意图

a—活塞跳汰机；b—隔膜跳汰机；c—筛侧空气室跳汰机；
d—筛下空气室跳汰机；e—动筛跳汰机

（3）筛侧空气室跳汰机。如图 4-7c 所示，筛侧空气室跳汰机由活塞跳汰机发展而来，空气室位于跳汰机机体的一侧，又称为鲍姆跳汰机、侧鼓风式跳汰机或者侧鼓跳汰机，其历史较长，技术上较为成熟。但由于空气室在跳汰室一侧，会造成沿跳汰室宽度各点水流受力不均、波高不等，影响分选效果。

（4）筛下空气室跳汰机。如图 4-7d 所示，筛下空气室跳汰机是指空气室位于跳汰筛板下的跳汰设备。采用这种筛下空气室的跳汰机，不但使跳汰室床层上液面各点的波高一致，提高了分选效果，而且在占有相同空间的情况下，与筛侧空气室跳汰机相比，增加了跳汰面积，使处理能力得到提高。

（5）动筛跳汰机。如图 4-7e 所示，动筛跳汰机是筛板相对槽体运动的分选设备，有机械驱动动筛跳汰机和液压驱动动筛跳汰机两种。动筛跳汰机在选煤厂可用于块煤排矸代替手选，在中小型动力煤选煤厂和简易选煤厂也可作为主选设备，或者用于块煤的分选。

随着科学技术的进步，我国自行设计研制的跳汰机，在大型化、高效化和自动化方面取得了令人瞩目的成就。

总体来看，由于结构等因素的影响，选煤厂采用的主要是筛下空气室跳汰机和各种动筛跳汰机。在动力煤分选，尤其是原煤排矸方面，动筛跳汰机具有绝对的优势，因此本书也将主要介绍这两种机型。

4.4　筛下空气室跳汰机

4.4.1　筛下空气室跳汰机结构

跳汰机自问世以来已经有 100 多年的历史，结构上经过了多次的改进和发展，其中德国维达克型跳汰机、国产 X 型筛下空气室跳汰机以及俄罗斯 OM 型跳汰机是在不同时期生产的有代表性的三种跳汰机型，尽管各类跳汰机结构有所变化，而其基本组成和功能却大体相同。

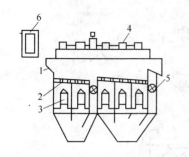

图 4-8　跳汰机结构简图
1—机体；2—筛板；3—空气室；4—风阀；
5—排料装置；6—控制系统

如图 4-8 所示，跳汰机的基本组成部件是：机体、空气室、筛板、风阀、排料装置和相应的控制系统等。压缩空气通过风阀周期性地进入或排出空气室，推动空气室的水面形成脉动水流，产生跳汰周期，以此作为床层运动和物料分选的动力。

水介质跳汰机主要使用循环水和少量的清水，从两处加入，一处是在跳汰机的下侧部，称为筛下顶水（简称顶水），分室加入，而且沿纵向从原煤端到精煤端给水量逐渐减少，其作用是补充洗水，改变跳汰机水流运动特性，使物料在跳汰室中进行松散和分层。

另一处是从机头与原煤一起加入，称为水平冲水（简称冲水），主要用于润湿原煤，防止原煤进入跳汰机内来不及与水混合而造成"打团"。跳汰机补水的另一作用是水平输送物料。

物料在跳汰机内经过多次的松散、换位后，实现按密度分层，矸石和中煤分别经过矸石段和中煤段的排料闸板排到机体下部，并与从筛孔透过的小颗粒的矸石和中煤汇合，一并用斗式提升机排出，精煤自跳汰机末端的溢流口排至机外。

下面结合图 4-9 所示的 X5032K 型跳汰机进一步介绍筛下空气室跳汰机的结构。X5032K 是埃凯中选公司生产的产品。

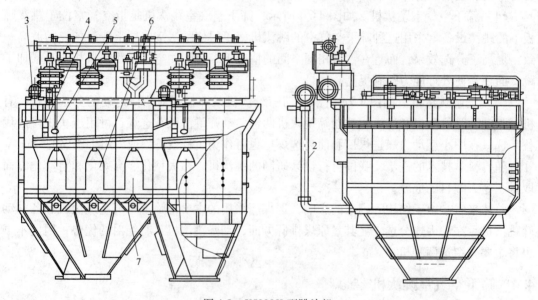

图 4-9　X5032K 型跳汰机
1—风阀；2—进水管；3—排气阀；4—垂直闸门；5—浮标；6—空气室；7—导流板

4.4.1.1　机体

机体的作用是用于承受跳汰机的全部质量（包括水和物料）和脉动水流产生的动负荷。一般来说，跳汰机机体一旦确定，整机的轮廓大局已定，而且也是很难再改变的。

机体一般用 $10\sim20\mathrm{mm}$ 厚的钢板焊制而成，包括上机体和下机体，上机体由风箱、跳汰室和空气室组成，下机体主要作为矸石和中煤的排放通道。下机体是一个倒置四方锥形，这种机体形状克服了半圆形机体底部容易积存物料的弊端。机体一面开有一个圆形的检查孔，便于检修工进入机体内检修和清理杂物。

机体的某些部位使用高锰钢，如16锰钢板。高锰钢是一种高强度的钢材，主要用于需要承受冲击、挤压、物料磨损等恶劣工况条件。除此之外，还采用耐磨材料内衬，跳汰机四周也焊有加强筋条。

机体沿长度方向有单段、两段和多段，每段又可分成两个或三个隔室，每个隔室都有单独的风阀和筛下补充水管，可以单独调节每隔室床层的松散状态，而且便于设备运输和安装。每段在顺煤流方向的末端设有排矸道，每段长度根据入选原煤的性质和产品的质量要求进行选取。各隔室之间以及隔室与排矸道之间设有隔板，为减小跳汰机工作时水流的相互窜扰，隔板几乎伸到机体底部，只留下物料的通道。

4.4.1.2 空气室

筛下空气室跳汰机的空气室在跳汰机筛板的下面，克服了筛侧空气室跳汰机跳汰室中水波沿宽度方向的不均匀问题。

筛下空气室的形式有很多种（图4-10），这些形式也反映了人们对于跳汰分选理论和跳汰机研究的历程。不同形状的空气室产生的脉动水流均匀程度、水流沿程阻力和动力消耗也各不相同，即使是同样的空气室形状，进排气管在空气室中的垂直高度、筛下水管在空气室中的垂直高度以及筛下水管的位置（在空气室里还是外面）不同，产生的脉动水流特性曲线差距也很大，导致跳汰分选效果也不一样，它们之间的关系值得进一步研究。

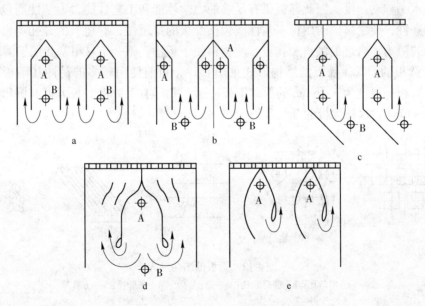

图 4-10 筛下空气室的形式
A—进气管；B—进水管

X 型跳汰机的空气室置于筛板下，对称居中并沿跳汰室的宽度布置，一个空气室对应一个跳汰室，风量分布均匀，跳汰室内沿宽度各点的波高相同，见图 4-11a。

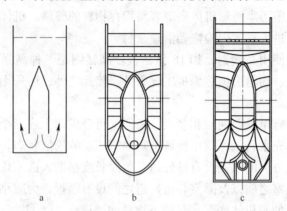

图 4-11　空气室形状与布置

空气室的开口面积为跳汰室面积的 1/2。空气室水位比筛面水位低，空气室内有 0.021MPa 的空气余压。压缩空气推动液面运动，比筛侧空气室跳汰机要多克服一段静压头和空气余压，大约是 0.03 ~ 0.05MPa。空气室顶部的形状为曲线顶，见图 4-11b，根据埃凯中选公司所做的水电模拟试验结果，见图 4-11b、图 4-11c，此种空气室顶部扩散曲率好，等势线在距空气室顶部 50mm 处即趋于平稳，与筛板面平行，速度均匀性好，沿跳汰机长度和宽度方向上脉动水流的振幅是一致的，有利于床层的松散和分层。

4.4.1.3　筛板

筛板的作用是承托床层，与机体一起形成床层分层的空间，控制透筛排料速度和重产物床层的水平移动速度。因此筛板要有足够的力学性能和工艺性能，力学性能包括筛板的刚性、耐磨性，使之坚固耐用；工艺性能包括筛板的穿透性，有适当的开孔率，以减小对水流运动的阻力，合理的倾角和孔形，使物料便于运输，筛孔不易堵塞和便于清理。

（1）筛板的形式。筛板的结构形式见图 4-12，目前使用较多的是冲孔筛板和条缝筛板。冲孔筛板用厚度为 3 ~ 6mm 的低碳钢板冲制，孔形有正方形、长方形和圆形，冲孔间距 m 为 4 ~ 6mm，这种筛板的开孔率为 25% ~ 35%。

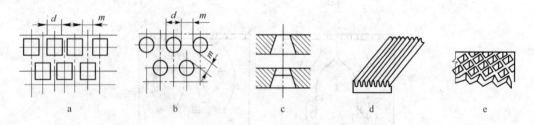

图 4-12　筛板的结构形式

a—方形筛孔；b—圆形筛孔；c—筛孔剖面；d—条缝筛；e—方孔筛

条缝筛的筛面坚固、刚性好、开孔率大，能达 70%，为冲孔筛板的 1 ~ 2 倍。条缝筛一般采用不锈钢钢条焊接而成。

（2）筛板的倾角。筛板的倾角与原煤中重产物的含量有关，重产物含量大时，需要筛板倾角大些，反之则小些，以保持床层中重产物层运动速度、床层的厚度及其透筛量在适当的范围内。筛板倾角的选择可参考表4-2。

（3）筛孔尺寸。筛孔尺寸可参考表4-2，增大筛孔能加强下降水流的吸嗫作用，加强透筛排料，但筛孔过大会使精煤透筛损失增加。

表4-2　筛板的倾角和孔径

项 目	块煤和混煤跳汰机		末煤跳汰机	
	矸石段	中煤段	人工床层	自然床层
筛板倾角/(°)	2~5	1~2.5	0	0~2.5
筛孔直径/mm	10~20	10~15	$d_{max} + (2~5)$	$d_{max}/2 + (2~5)$

筛板的倾角主要有维护床层和促进输送两种作用，通常矸石段筛板倾角要大于中煤段，根据谢桥矿选煤厂X3532GK跳汰机的使用经验，矸石段筛板倾角定为4.5°，中煤段的筛板倾角为2.5°。

4.4.1.4　风阀系统

风阀的作用是使压缩空气周期性地进入和排出空气室，从而在跳汰室造成脉动水流。

风阀的结构及其工作制度在很大程度上影响水流在跳汰机中的脉动特性，因此，风阀是空气室跳汰机最关键的部件。

筛下空气室跳汰机采用电控气动风阀，它是20世纪70年代设计的一种风阀结构。这种风阀调整灵活，可以无级调整跳汰周期，进气、排气交换速度极快，因此可以得到任意的水流脉动特性，精确地控制脉动周期和吸嗫过程的时间，获得良好的床层松散度和精度较高的分选效果。

（1）风阀的结构形式。目前，筛下空气室跳汰机主要采用如图4-13所示的数控气动风阀结构形式。

如图4-13a所示的盖板式风阀是最常用的一种形式，通过改变高压风进或出气缸上下腔的方向，推动活塞上或下运动。从而实现与活塞杆相连的盖板的打开或关闭，完成进气或排气。

如图4-13b所示，数控气动立式圆柱形滑动风阀由顶端封闭的圆筒形壳体（阀套）、圆筒形的空心滑动阀芯组成。风阀阀芯在气缸带动下在阀套内上下往复滑动。当进气阀阀芯下降并和阀套上的开口重合时，低压风箱中的压缩空气经阀套、阀芯、进气管进入空气室，与此同时，排气阀阀芯和阀套开孔处于封闭状态，此为进气期。排气时，进气阀处于封闭状态，排气阀阀芯向上运动，阀芯与阀套开口重合，空气室内的空气经排气管、排气风阀进入排气风箱，被排到大气中，此为排气期。每个跳汰隔室各对应一个进、排气阀，进、排气阀壳体分别固定在低压风箱和排气风箱中，并与空气室的进、排气管相连。

如图4-13c所示，蝶式风阀由阀套和阀板组成，通过气缸或摆动马达转动与阀板相连的阀轴即可控制进排气。

如图4-13d所示，摆动式风阀由摆动内套和摆动外套组成。摆动马达驱动内套摆动，

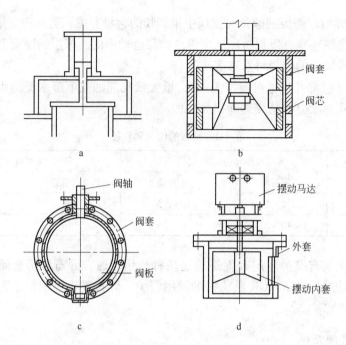

图 4-13　常用的风阀结构形式
a—盖板式风阀；b—立式滑动风阀；c—蝶式风阀；d—摆动式风阀

摆动角度 0 ~ 90°可调，从而可调节供风参数，改变跳汰周期和频率。按设定程序，电磁换向阀接通或阻断连接马达的高压风管路，接通高压风后驱动内套的摆动。当进气阀内外套开口重合时，压缩空气由此进入筛下空气室，鼓动洗水冲起床层。而当排气风阀内外套开口重合时，空气室内的压缩空气由此排出机外，洗水回落。

　　（2）风阀的工作系统。X 型跳汰机采用盖板式风阀，数控气动盖板式风阀工作系统见图 4-14。

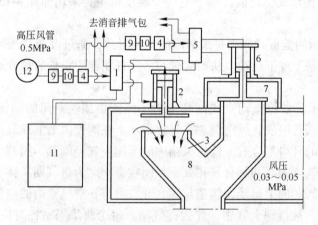

图 4-14　数控气动盖板式风阀工作系统
1—进气电磁阀；2—进气阀；3—分配箱；4—油雾器；5—排气电磁阀；6—进气阀；
7—排气管；8—进气管；9—滤气器；10—调压阀；11—电子数控装置；12—高压风管

　　X 型跳汰机通常有 5 个隔室，每个隔室有一个空气室，空气室由两组电子数控气动风阀单元进行控制，整机由 10 组电控气动风阀单元构成。

数控气动立式滑阀工作系统见图 4-15，目前多数 SKT 跳汰机采用这种形式的滑动风阀。立式滑阀风阀为煤科院唐山分院自主研发的科技成果，它具有调整容易、无背压、驱动风压小、开启速度快、节能等诸多优点。但零部件较多，系统复杂，维修量较大。

数控气动蝶式风阀工作系统见图 4-16，煤科院唐山分院研制的 ZT 型跳汰机就使用这种形式的数控风阀，它是一种节能型的风阀。

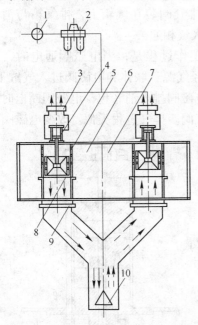

图 4-15　数控气动立式滑阀工作系统
1—高压风管；2—气源三联体；3—电磁阀；4—气缸；
5—定套；6—低压风箱；7—排气风箱；
8—阀芯；9—手动蝶阀；10—空气室

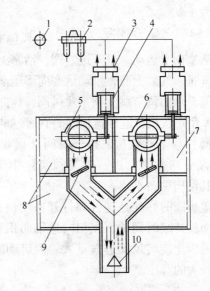

图 4-16　数控气动蝶式风阀工作系统
1—高压风管；2—气源三联体；3—电磁阀；4—气缸；
5—进气蝶阀；6—排气蝶阀；7—排气风箱；
8—进气风箱；9—手动蝶阀；10—空气室

盖板式风阀虽然结构简单、成本低，但进气阀必须克服数百公斤的背压才能打开，能耗大；同时，因气缸推力很大，盖板式风阀关闭时与管口产生强烈撞击，部件容易损坏；立式滑阀虽不受背压作用，比盖板阀开启省力且可靠，但当进、排风比例调整不当时，排气阀内易带入煤泥水，积攒的煤泥易造成阀芯运动时的摩擦阻力增大，因此能耗大。

数控气动蝶式风阀是在总结上述两种风阀使用经验基础上设计的，工作系统主要由蝶阀、曲柄和气缸构成，气缸驱动曲柄带动蝶阀打开与关闭。蝶阀安装在风管上，风压虽作用在蝶门上，但当蝶门旋转时，对其中心转轴产生的力矩相互抵消，所以不存在类似于盖板阀的背压；同时，由于蝶门与阀体接触面积小，蝶门运转过程中所受的摩擦阻力及受力过程均优于立式滑阀，用较小的动力就可转动。

（3）数控风阀的工作原理。如图 4-14 所示，数控风阀系统由电子数控装置、控制风动部分和工作风动部分三部分组成。电子数控装置是通过单片微处理器控制电磁阀的通电和断电时间，从而控制跳汰频率和周期。

控制风动部分由高压风（0.5MPa，约 5 公斤压力，kg/cm^2）、高压风管、气源三联体

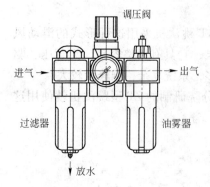

图 4-17 气源三联体结构示意图

（过滤器，调压阀，油雾器）、二位四通电磁阀和气缸构成。其作用是将高压风滤清、调压、油雾后送入气缸，驱动气缸内活塞的上下运动。气源三联体的结构见图 4-17。

工作风动部分主要由板阀、工作风（0.03 ~ 0.05MPa）、管路、低压风箱和排气风箱等几部分，装在工作风包上，排气阀装在气箱上，排气箱与消音包相连，消音包与大气相通。

数控风阀的工作过程是，当电磁阀通电时，高压风包中高压空气经气源三联体和电磁阀进入气缸下腔，推动活塞向上运动，打开进气阀，活塞上部气体经电磁阀排入消音包；电磁阀断电时，高压空气进入气缸上腔，推动活塞向下运动，关闭进气阀。排气过程类似。改变电磁阀的通断时间，从而调节跳汰频率及风阀特性曲线。

X 型跳汰机普遍用盖板阀。它通过调节进、排气阀行程来改变进、排气时间（面积），从而改善分选效果。进、排气阀实际上就是气缸，其结构见图 4-18。

盖板阀的好处是进气阀打开速度快，最大进气面积持续时间长，在相同进气面积和进气时间内，比旋转风阀进气量大。但启动时仍要克服较大的背压。

4.4.1.5 跳汰机排料装置

排料机构是将床层按密度分好层后的物料准确、及时和连续地排出，以保证床层稳定和产品分离的部件，使跳汰机能得到较高的生产率和较好的分选效果。

各段轻产物的排料方式，依靠水平流的运输作用，随水流一起运动。各段的重产物（矸石和中煤）则有筛上排料和透筛排料两种方式，筛上排料是指重产物粗粒进入排料道排出；而透筛排料是指重产物细粒穿过筛板的筛孔进入下机体的分离。

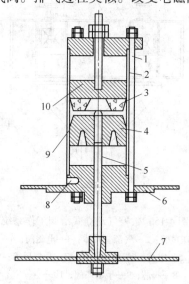

图 4-18 气缸结构示意图
1—调节螺杆；2—底盘；3—缓冲橡胶；4—活塞；
5—活塞杆；6—连接法兰；7—阀板；
8—聚四氟填料；9—导向环；10—活塞

（1）轻产物排料装置。许多跳汰机在矸石段和中煤段的末端设有溢流堰，它的作用是使筛上重产物排放装置保持一定的床层厚度，并使轻产物随溢流排出。跳汰机的溢流口现有高溢流堰、半溢流堰和无溢流堰三种不同的结构（图 4-19）。

老式的跳汰机，为了保持一定的重产物床层，并使轻产物随水流排出，在矸石段和中煤段都设有高溢流堰，如图 4-19a 所示。但是生产实践证明，跳汰机内煤和水经过高溢流堰前后要发生激烈的扰动，使已分好层的床层重新混杂，降低了分层效果。

为了克服高溢流堰存在的问题，新型的跳汰机往往采用无溢流堰的结构，如图 4-19c 所示，这种无溢流堰结构限制了矸石的移动，对水流运动的状态没有大的影响。但实践结

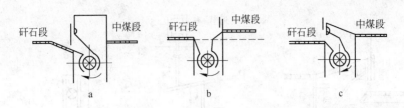

图 4-19　跳汰机溢流口结构
a—高溢流堰；b—半溢流堰；c—无溢流堰

果显示，无溢流堰结构易造成跑煤现象。

半溢流堰结构介于前两者之间，如图 4-19b 所示，这种结构保持着溢流堰，但将其高度降低。因此对床层运动状态影响不大，筛上重产物排料装置设在溢流堰的下面，使跑煤现象大大减轻。由于溢流堰很低，所以在溢流堰前面设有可以提高的闸板，用以调节床层的厚度。X 型跳汰机在每段的末端就设有这种溢流堰，轻产物随水流越过溢流堰排出。

（2）重产物筛上排料装置。

1）排料装置在跳汰机中的位置。排料装置的位置是由入选物料中高密度级物料的含量及其排卸条件决定的。跳汰机中常见的排料装置如图 4-20 所示。

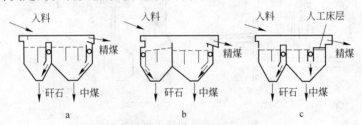

图 4-20　跳汰机中排料装置的位置
a—正排矸的跳汰机；b—倒排矸的跳汰机；c—排料装置位于跳汰室某一段的中部

在图 4-20 中，a 是正排矸的跳汰机，排料装置安排在中煤段和矸石段的末端，是最常见的一种排料方式，可用于块煤或末煤跳汰机中；b 是倒排矸的跳汰机，第一段排矸装置设在入料端，这种排料方式适用于选含黄铁矿多及矸石量大的块煤，但对混合入选的原料易增加矸石中末煤的损失；c 是排料装置位于跳汰室某一段的中部，这是分选末煤的一种排料方式，当物料进入第二段后，粒度大的高密度物（中煤）经过分选从排矸道排出，而低密度物和细粒高密度物进到最后一室铺有人工床层的筛面，进一步进行透筛排料，这种排料方式便于控制精煤的质量。

2）排料装置的形式。目前所采用的自动排料装置形式繁多，现介绍五种比较常见的排料机构，见图 4-21。

图 4-21a 是叶轮式排料装置（亦称排矸轮）。它是一种连续式自动排料装置。在排料口的筛板下面设有叶轮 1，叶轮的前方设有挡板 2，挡板可作一定角度的摆动，沿跳汰机宽度可分成数块。它的一端是装在旋转轴上，另一端用链条 3 悬挂在一定的位置。这样既可防止排料箱的脉动水流窜扰排料口附近的床层，也可避免大块矸石卡住叶轮。在排料口上一般还装有垂直闸门 6，以调节排料口大小，控制重产物排放高度。叶轮 1 通过减速机

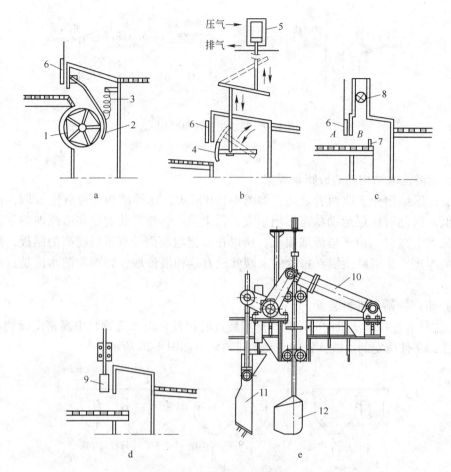

图 4-21　跳汰机筛上排料装置

a—叶轮式排料装置；b—扇形闸门排料机构；c—垂直闸门排料机构；d—浮标闸门排料机构；e—液压排料机构
1—叶轮；2—挡板；3—链条；4—扇形闸门；5—气缸；6—垂直闸门；7—坎板；
8—空气阀门；9—浮标闸门；10—液压机构；11—闸板；12—浮标

由电动机带动，电动机可以为滑差电机（配行星摆线减速机）或普通电机（配置变频器），叶轮的排料转数约为 $0 \sim 3.5\mathrm{r/min}$。根据重产物层的厚度，通过自动控制机构，可以调节叶轮的转数，从而控制重产品的排放速度，达到自动控制排料的目的。

SKT 跳汰机采用无溢流堰深仓式稳静叶轮排料方式，将叶轮移到跳汰机的下机体，远离排料口，可减小排料轮长度。同时，排料轮位于料仓口下方的大于物料下滑安息角的地方，只有在排料轮转动时才能排料。排料轮转速可无级调节并和排料量呈线性对应，从而使跳汰机可以连续、稳定、准确地控制排料量，使产品质量得以保障。

图 4-21b 是扇形闸门的排料机构。它的排料是间断性的，扇形闸门 4 的长度约等于排料口宽度。闸门设在排料口筛板上面，当气缸内的活塞和杠杆系统运动时，扇形闸门作弧线摆动，调节排料口的大小。

图 4-21c 是垂直闸门排料机构。它只有垂直闸门（有些情况还可以不用），重产物的排放高度用垂直闸门 6 控制，排放速度由阀门 8 自动调节。当阀门完全关闭时，在 B 区没有脉动水流，重产物停止排放。当阀门打开后，B 区有脉动水流，重产物能越过坎板 7 排

到排料箱里，阀门开得越大，脉动水流越强，排放速度越快。重产物的排放速度在其他条件不变时，实际上主要取决于阀门开启度和坎板的高度。

图4-21d是浮标闸门排料机构。它是一种简易的自动排料装置，空心的矩形（或梯形）铁箱9横置于排料口处（有的选煤厂在铁箱下缘再焊接上一条扁铁作为闸板，效果更好些），它既是闸门又是浮子。铁箱上焊有拉杆，可在导向滑轮中滑动，借以限定铁箱的运动方向。悬挂在拉杆横梁上的重锤的质量可以增减，以调节所控制的重产物层厚度，重产物层厚度变化时，铁箱随之升落，从而达到调节排矸数量的目的。

图4-21e是液压排料机构。根据浮标检测的床层重产物的厚度，控制液压机构提升（或下降）排料闸板，从而调节重产物排料的开口，达到控制排料量的目的。

X型跳汰机重产物筛上排料装置以前曾采用图4-21a叶轮式排料装置，到20世纪90年代后，X系列跳汰机的排料系统有了很大改进，分大块煤、块煤、末煤和混煤跳汰洗选排料四种形式。

其中入料粒级为250～13mm的大块煤入洗，排料装置为垂直闸门加排气阀，与图4-21c近似，排气阀开口面积与转角呈线性关系。整个自动排料系统由浮标装置、闸板提升机构和排气系统组成，如图4-22所示。

浮标装置主要由浮标、TDZ-1型中频位移传感器组成。浮标为不锈钢焊制的近似椭圆流线型潜体浮标，最大截面直径为$\phi150mm$，全长为400mm。浮标动态特性好，上下运动灵活，能够真实准确地反映切割点基元密度层的位置高度。传感器行程为0～200mm，除上下运动外，不受任何其

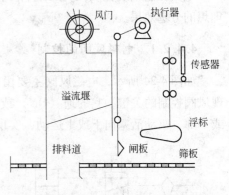

图4-22 垂直闸板排料系统

他附加力作用，输出0～10 mA的电信号与重产物床层厚度保持良好的线性关系。

排料执行机构由闸板和风门两部分组成，排料动力是低压风，在每个跳汰周期的进气期，水流将闸板后边堆积的重物料推入排料道一部分，由闸板的开启度控制重物料堆积的多少，由风门（排气阀）的开启度控制水流冲击力的大小。因此，闸板和风门共同控制排料量。

对于120(100，80)～13mm块煤，80(50)～0mm混煤，13～0mm末煤入洗的排料装置，采用类似巴达克跳汰机的液压水平排料结构，一、二段之间没有溢流堰。如图4-21e所示，该结构由浮标装置、排料闸板及液压系统组成。

改进后的新型浮标装置全部使用不锈钢加工制造（图4-23），导向杆加粗，并采用筒形浮标和超声波传感器检测床层，有效减小信号误差，提高了检测质量和使用寿命。浮标随跳汰机脉动，其所处层位的高度随重物料层厚度的增加而增加，经位移传感器输出相应信号，并以此作为控制执行机构的依据，排料闸板上升时，其排料口逐渐减小，甚至完全关闭，从而减少排料量，直至不排。

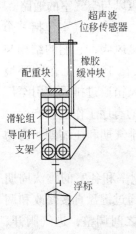

图4-23 不锈钢浮标

3）细粒透筛排料。透筛排料是使床层中分离出来的重产物透过粗粒的矸石层和筛板排入跳汰机的机箱内。如要使全部矿粒都能透筛排料，筛孔尺寸必须大于给料中最大矿粒的粒度，但这又易使过多的矿粒由筛面上漏下去，影响床层稳定分层。为了控制透筛速度，既要使全部应该透过的高密度矿粒能透筛排出，又要防止低密度矿粒混入其中，一般在筛面上人为地铺设一层密度较高、粒度较粗的物料层，称之为人工床层，一般选用石英或长石颗粒，粒度为给料最大粒度的 3 ~ 4 倍。

对于分选末煤，一般采用人工床层透筛排料，有时将筛上排料与人工床层透筛排料相结合。对于分选不分级煤，不铺设人工床层，而利用跳汰床层本身，在下降流的吸啜作用下，对相对细粒进行透筛排料，大部分重产物则由筛上重产物排料机构排出。

4.4.2 跳汰机的工艺控制

电气控制系统在跳汰机工作中占有重要地位，通过对跳汰机各种参数的控制，来获得理想的分选效果。

4.4.2.1 电磁风阀的控制

如图 4-24 所示，电磁风阀主要由电磁换向阀、气缸和盖板等组成。电磁换向阀是实现风阀控制的关键，它的通（ON）或断（OFF）电源决定了高压风进入气缸活塞的上部或下部，驱动活塞向下或上运动，实现关闭或打开盖板。

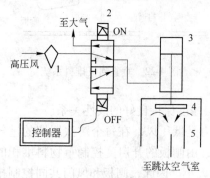

图 4-24 电磁风阀控制原理

1—气源三联体；2—电磁换向阀；3—气缸；

4—盖板；5—低压风箱

电磁换向阀按线圈的工作电压分直流型（DC24V）和交流型（AC220V）。当电磁换向阀得电时，电磁换向阀的阀芯移动，高压风经过气源三联体和电磁换向阀的气路，进入气缸活塞的下部，使气缸的活塞向上运动，从而打开盖板，低压风进入空气室。同理，当电磁换向阀失电时，电磁换向阀的阀芯复位，高压风经过气源三联体和电磁换向阀，进入气缸活塞的上部，使气缸的活塞向下运动，关闭气缸盖板，阻断低压风与空气室的通路。

跳汰机共有 5 个空气室，每个空气室包括一个进气电磁风阀和一个排气电磁风阀，它们的结构与图 4-24 完全相同，不同之处在于两者工作的环境不同，进气电磁风阀的风箱与工作风风包相连，而排气电磁风阀的风箱通过排风管引至厂外。一台跳汰机包括 10 个电磁风阀（新型跳汰机只有 4 个），它们的有序工作能够产生一定的脉动水流波形，从而形成了跳汰机空气室的进气期、膨胀期、排气期和压缩期，为物料的分层和换位创造条件。

跳汰机电磁风阀数控器的电路原理框图如图 4-25 所示，跳汰频率和各室的跳汰周期参数（进气期、膨胀期、排气期和压缩期）由数码管显示，并可以通过键盘直接修改和调整。跳汰频率在 30 ~ 70 次/min 可调，跳汰周期为百分制，0 ~ 50 之间调整，进气阀开、关和排气阀开、关可以任意安排，以适应不同的跳汰制度需要。

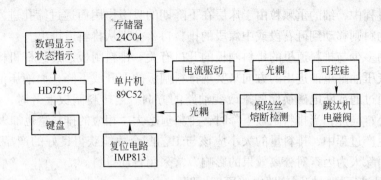

图 4-25 电磁风阀数控器电路原理

4.4.2.2 排料的控制

按照排料机构的不同，跳汰机排料控制包括电机排料控制和液压排料控制两种。实现跳汰机自动排料的控制装置主要有三种类型，第一种是用可编程序控制器（PLC）来实现，可靠性好，但价格较贵，而且还得配专门的显示仪器，比如触摸屏；第二种是用工业控制计算机，同样价格较贵。这两种控制装置对中小型选煤厂或个体私有选煤厂来说难以接受，维护成本也高。第三种是一种性价比很高的跳汰机液压排料控制装置，它是用单片机作为 CPU 进行设计，具有体积小、可靠性高、操作简单方便和易于维护等优点。

图 4-26 为跳汰机液压排料系统示意图，从图 4-26 中可以看出，物料进入跳汰机后，风阀机构控制高压风进出跳汰机筛板下面的空气室，推动水做垂直升降运动，而物料在脉动水流的作用下也做上下起伏运动，一次起伏运动称为一个跳汰周期，经过多个跳汰周期后，物料向前移动，并按照密度分层。

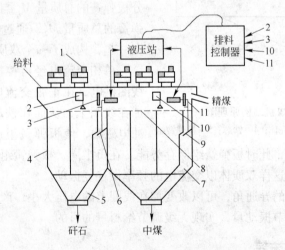

图 4-26 跳汰机液压排料系统示意图

1—风阀；2—矸石段浮标传感器；3—矸石段闸板开度传感器；4—机体；5—矸石排料道；
6—矸石排料闸板；7—中煤排料道；8—筛板；9—中煤排料闸板；
10—中煤段浮标传感器；11—中煤段闸板开度传感器

在分层过程中，细的重颗粒由于床层在下降期的吸嗳作用而透过筛孔进入下机体，粒度较粗的重物料则移动到矸石段或中煤段的排料口，分别从排料道排出。

排料量的多少与排料道里的排料闸板的开口有关。排料闸板通过连杆机构与液压油缸相连，改变液压油缸里油进出的方向来实现排料闸板的上升或下降，而液压油缸里油进出的方向可以通过通或断电磁换向阀来改变油路的方向。当排料闸板上升时，排料口减小，排料量也变小；同样，当排料闸板下降时，排料口增大，相应的排料量也加大。

在实际生产过程中，排料量的大小应该与工艺配合才能获得良好的产品质量和数量。同时，为了消除人为因素对分离效果的影响，常采用自动排料。

图4-27是液压排料控制装置电路原理框图。

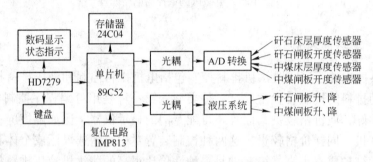

图4-27 液压排料控制装置电路原理框图

4.4.2.3 跳汰机给料量的控制

跳汰机给料使用的是电磁振动给煤机，如图4-28所示，它主要由给料槽和电磁振动器组成。电磁振动器主要包括电磁线圈、铁芯、衔铁和壳体等，线圈、铁芯、壳体和部分板弹簧的总质量 M_1 与槽体、衔铁和部分板弹簧的总质量 M_2，通过板弹簧组弹性地联系在一起，构成了一个双质体振动系统。

单相交流电经可控硅半波整流后向电磁线圈供电，在正弦交流电的正半周，有电压加在线圈上，从而在铁芯和衔铁之间产生脉冲电磁力，使板弹簧组产生弹性变形，铁芯

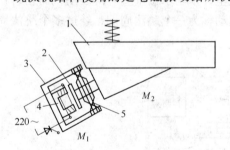

图4-28 给煤机结构原理图

1—槽体；2—衔铁；3—壳体；4—铁芯；5—板弹簧组

和衔铁产生相对运动，此时板弹簧组储存势能。在负半周，板弹簧组释放能量，铁芯和衔铁向相反方向运动，这样双质体以交流电的频率做往复振动。

通过调节可控硅的导通角，可以改变加在线圈上的电压大小，产生的脉冲电磁力也随着变化，从而达到调节振动量，实现无级调节给料量的目的。

4.4.3 跳汰基本工艺流程

物料在跳汰机中的分选结果好坏，除与原料煤性质、跳汰机本身的结构有关外，在很大程度上还取决于跳汰选煤工艺流程和跳汰机操作制度。每一台跳汰机的调整首先是由其在全厂工艺流程中的作用和地位来确定的。

制定跳汰选煤工艺流程的主要依据是：原料煤工艺性质（粒度组成、密度组成及原煤的可选性）、用户对产品的质量要求、跳汰机本身的工艺可能性（跳汰机段数、排料方式和自动化程度等）。

4.4.3.1　分选炼焦煤的跳汰流程

图 4-29a 为原煤混合入选，主选跳汰出两种最终产品，中间产品（用破碎机破碎或不破碎）入跳汰再选。这是跳汰分选炼焦煤的典型流程——主、再选跳汰流程。

图 4-29b 为原煤混合入选，主选跳汰出三种最终产品，有部分中间产品回选，用以分选易选煤。这是一种最简单的跳汰流程。

图 4-29c 为块煤重介和末煤跳汰分级入选，主选中间产品入再选的跳汰分选流程。用以分选块煤的可选性为难选（或极难选）、末煤的可选性为中等易选的原煤。

图 4-29d 为原煤混合入选，设有主、再、三选的跳汰流程，用以分选原煤性质为难选的主焦煤。

图 4-29e 为跳汰分级入选流程，块煤和末煤可选性为中等易选。该流程适用于当块、末煤按同一密度进行分选时，块、末煤同一密度点的灰分相差较大的情况。根据最高产率原则阐明：从两种或两种以上的原料煤中选出一定质量的综合精煤时，必须按各部分精煤分界灰分相等的条件，确定出各种煤的分选密度，才能使综合精煤产率最高。

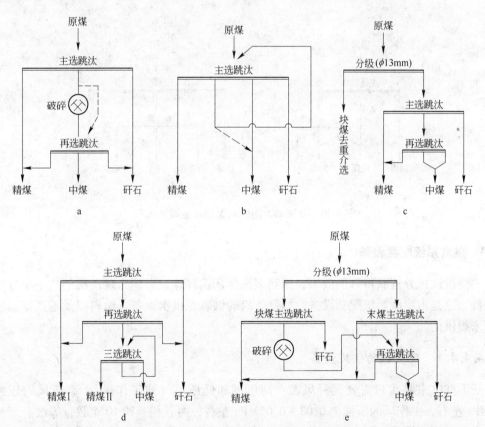

图 4-29　分选炼焦煤的典型跳汰流程

4.4.3.2 分选动力用煤和无烟煤的跳汰流程

图 4-30a 为主选机只出两种最终产品，中间产物回选的跳汰流程，适用于选中间密度物较少的原料煤。

图 4-30b 也为主选出两种最终产品，但与图 4-30a 不同的是中间产品和重产物混合出选混煤的跳汰流程，适用于选高密度、含量少、灰分又较低的原料煤。

图 4-30c 和图 4-30d 是生产多品种的主再选联合流程。图 4-30c 为主选矸石大排放、矸石再选流程。图 4-30d 为主选排纯矸、中间产品再选流程。

我国大部分炼焦煤选煤厂都设有主、再选跳汰流程，随煤质变化流程调整很方便，也有利于根据产品用户要求，生产高质量、多品种产品，区别供应，满足社会与节能的要求。只有在动力煤选煤厂中，跳汰流程较为简单，流程变化较小。

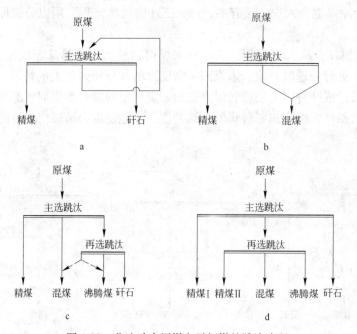

图 4-30　分选动力用煤和无烟煤的跳汰流程

4.4.4 跳汰系统配套设备

要使跳汰机分选获得好的效果，做到多选煤、选好煤，必须为跳汰机创造一个好的分选条件。这是由跳汰系统配套设备，如跳汰机的供风、供水设备、给料以及重产物运输设备等来提供的。

4.4.4.1 跳汰机的供风设备

筛下空气室跳汰机需要两种风源：高压风和低压风（或工作风），高压风的压强为 0.5MPa 左右，工作风的压强为 0.03~0.05MPa 左右，两者相差约 10 个数量等级。

高压风用于推动气缸内活塞的运动，从而通过合适的风阀机构控制工作风进出空气室，在实际应用中高压风的用量很少。工作风是跳汰机产生脉动水流的动力，是松散床层的主要因素。不同类型的跳汰机对风量和风压的要求也有差异。即使同一种跳汰机，由于原料煤性质以及跳汰机处理能力的不同，所需的风量和风压也不一样。

产生高压风的设备一般是空气压缩机，工作风一般选用各种类型的鼓风机来提供，具体类型与跳汰机工作的台数和总用风量有关。由于工作风的耗量很大，所以为了保证一定的风量和风压，从鼓风机出来的低压风需要先进入一定容量的风包后，再与跳汰机连接。跳汰机供风系统参见图4-31。

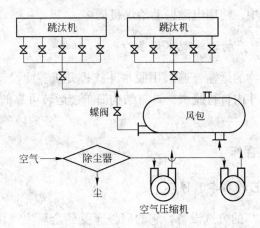

图4-31　跳汰机供风系统图

跳汰机用风量由总蝶阀和单台独立控制阀进行控制，跳汰机各室风量是通过各室风管阀门开启角度进行调整的。在生产中，由于开车台数和选煤量等不可能恒定，所以用风量不是均一的。为了保证在用风量不同的情况下，风压能稳定在规定的范围内波动，有的选煤厂采用风压自动调节装置。

4.4.4.2　跳汰机的供水设备

跳汰选煤要求用水量稳定。水量不足，床层脱离不开，无法提高跳汰机处理量，产品指标难以完成，分选效果变坏。水量过多，不仅使分选效果变坏，还给煤泥水处理带来困难。

跳汰选煤用水须有一定的水压。跳汰用有压顶水在进气期和膨胀期能冲散床层，使物料悬浮，颗粒间有充分的空间来置换位置；在排气期可降低吸啜力，使下降水流缓和，可以减少透筛物料的损失，提高分选效果。

为了达到跳汰机用水量稳定和所需水压的要求，最为普遍的是采用定压水箱。

一些选煤厂还采用倒 U 形管代替定压水箱，它是由定压管、回水管和通气管三部分组成，其工作原理很简单，如图4-32所示。

只有水泵有足够的扬程（H）和流量并保证有一定的回水量，就能使跳汰机用水的压力稳定。采用倒 U 形管供跳汰机用水，设施简便，降低厂房高度，但缺点不少。

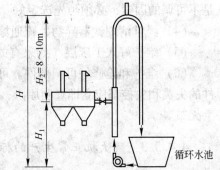

图4-32　倒 U 形管

4.4.4.3　跳汰机的给料设备

跳汰选煤要求给料连续、均匀、稳定，为此，在每台主选机前都设有缓冲仓，其容量一般可容纳跳汰机5~10min处理量。在缓冲仓下由给煤机把物料定量、均匀、连续地给到跳汰机中。

目前选煤厂常用的给煤机有板式给煤机、叶轮式给煤机、电磁振动给煤机、圆盘给煤机和往复式给煤机，其中，使用电磁振动给煤机居多。

4.4.4.4　跳汰选重产物运输脱水设备

跳汰分选出的重产物的运输普遍采用脱水斗式提升机。此设备在运输物料的过程中，可同时对物料进行在料斗内自行脱水，具有结构简单、运转可靠的优点，是湿法分选中重产物运输的最理想设备。

4.4.5　跳汰机的生产与操作

4.4.5.1　跳汰工艺的启车、停车

作为选矿（选煤）厂的分选设备，它的启停车受到全厂生产设备集中启停车的影响。在正常的情况下，选矿（选煤）厂集中控制系统按照逆流煤启车 – 顺煤流停车的原则，同样，跳汰工艺的启车顺序是，先启动附属设备和配套设备，如产品皮带、产品脱水设备、空气压缩机、循环水泵，其次是跳汰机控制系统上电，最后启动（运行）风阀和排料控制系统、给煤机加煤。停车顺序与启车顺序相反。

4.4.5.2　跳汰机有效操作的条件

在实际生产中有许多影响跳汰过程和分选结果的因素，这些因素不是调节因素，却是有效调节的前提条件。

较明显的有以下几个方面：

（1）沿跳汰机宽度给料质量要均匀。入料粒度和质量偏析，跳汰司机无法通过操作解决。

（2）均匀喷水，使原煤在入选前完全润湿，不产生干煤浮团。

（3）跳汰机筛板孔径、开孔率和安装角度等参数对分选结果和处理能力影响极大，又是不可调的因素，必须预先选定好。

（4）经常清理铁器异物，疏通堵塞的筛孔。

（5）维护好人工床层（如果有的话）。

（6）维护和检修好可调部件。可调部件是跳汰司机实现操作技艺的手段，任何可调部件的失灵和失控都应立即查明原因，迅速恢复。否则，跳汰司机将对恶化了的跳汰过程束手无策。

4.4.5.3　跳汰机正常生产的标志

A　正常生产的表观现象

表观现象如下：

（1）跳汰机各段洗水脉动均匀平衡，风阀侧和操作侧水面同步起落。这表明各空气室内压力变化规律协调，跳汰过程正常。

（2）跳汰机内表层水厚小于50mm，最薄者呈现出鱼鳞波（由表层颗粒引起），两侧水速相同或差别不明显。这表明顶水和冲水用量适当，分布均匀。

（3）床层厚度在短时间内无大的起伏。

B　正常生产的触觉探测

跳汰机司机应用探杆等触觉手段检验床层状态，并作为调整依据。

要探明的内容有：

（1）每一个跳汰周期必须切实完成，即下一个跳汰周期开始前床层应密实，否则得不到理想的分选结果。

（2）床层起振有力，上、下分层起振不脱节，上、下分层之间产生空档对细粒分选尤为不利。

（3）床层紧—松—紧的变化节奏明显。

4.4.6　影响跳汰选煤的因素

影响跳汰机分选效果的因素很多，主要有入料性质（煤种、粒度组成、密度组成、形状、硬度、泥化程度）、设备特征（结构特征、筛板倾角、筛孔形状和大小、人工床层、排料方式、风阀形式）和操作管理（给料状况、洗水浓度、周期特性、风量、水量、闸门和透筛排料）。在实际生产过程中，入料性质和设备特征是不可调节的，因此，跳汰机的操作是决定分选效果和选煤厂效益的关键因素，这也是选煤厂重视跳汰岗位的主要原因。

4.4.6.1　原料和给料

入选原料均质化是保证跳汰制度稳定、减少设备过载或负荷不足、提高分选效率等的重要条件。国外对入选原煤均质化非常重视，几乎所有选煤厂都设有大容量贮煤场（仓）和混煤措施，使入选物料质量均匀。

除原料均质化外，给料速度也应均匀，如果给料时多、时少、时断、时续，导致床层不稳定并经常变化，对分选不利。此外，沿跳汰机入料宽度分布不均匀，也会造成床层局部松散度不一样，降低分选效果。

4.4.6.2　频率和振幅

脉动水流的振幅决定床层在上升期间扬起的高度和松散条件，频率决定一个跳汰周期所经历的时间。床层所需扬起的高度与给料粒度和床层厚度有关，粒度大、床层厚，松散床层所要求的空间大、时间长，这时应采用较大的振幅。但振幅也不宜过大，否则床层太散，易造成矸石污染；下降水流吸嗽过强，易造成精煤损失。反之，粒度小、床层薄，应采用较高的频率，因为细粒分层速度慢，采用较高频率时可加速分层过程，提高处理能力。但频率过高会缩短跳汰周期，使床层得不到松散。

跳汰机的频率一般为30~70次/min。电磁风阀跳汰机的频率调整灵活，在控制器上直接设定，频率越低，振幅越大，所以在生产中有"低频大振幅"和"高频小振幅"的操作方式，与原煤中的含矸量等性质有关。

振幅主要通过改变风压、风量（调节风门）、风阀进气和排气时间（电磁风阀）以及频率加以控制。

4.4.6.3 风量和水量

风量可改变脉动水流的振幅，从而调节床层的松散度和透筛吸啜力。通常跳汰机第一段的风量要比第二段大些，同段各分室的风量由入料到排料依次减少。

跳汰选煤用水分顶水和冲水两项。冲水的作用是润湿给料和运输分选物料，冲水用量约为总水量的 20% ~30%。顶水的作用是补充筛下水量，从而增强上升水流，减弱下降水流。增加顶水，能提高床层松散度，减弱吸啜作用和透筛排料。跳汰机分选不分级煤时循环水用量约为 2~3m³/t；选块煤时约为 3~3.5m³/t；选末煤时约为 2~2.5m³/t。

风量和水量的正确配合使用，对分选过程极为重要。虽然在一定范围内增加风量或增加顶水都能提高床层松散度，但加风能提高下降期的吸啜作用，加顶水却能减弱下降期的吸啜作用。因此，应在实际操作中根据具体情况和工作经验灵活运用。

4.4.6.4 风阀周期特性

风阀周期特性决定脉动水流的特性。电控气动风阀调整灵活，可以根据物料的变化创造良好的床层松散、分层条件，获得较好的分选效果。

4.4.6.5 床层状态

床层的运动状态决定矿粒按密度分层的效果。因此，要保持床层处于有利于分选的工作状态且稳定。

床层越厚，床层松散所需的时间越长。若床层太厚，在风压或风量不足的情况下不容易达到要求的松散度。减薄床层，能增强吸啜作用，有利于细粒级分选并得到较纯净的精煤。但如果床层太薄，吸啜作用过强，精煤透筛损失将增加，同时床层不稳定，带来操作困难。

在某一具体条件下所需的床层松散度应该通过实验确定。一般规律是：提高床层松散度可以提高分层速度，但同时又增加矿粒粒度和形状对分层的影响，不利于矿粒按密度分层。所以，分选不分级煤时，床层松散度要小一些；分选分级煤时，床层松散度可适当提高些。床层松散度一般要用探杆凭经验探测，要求在上升水流后期整个床层都能达到适度的松散。如果矸石层松散不好，床层过死或床层上部出现硬盖，都将严重影响产品质量。

4.4.6.6 产物排放

按密度分好层的床层，应及时、连续、合理地排出跳汰机。重产物的排放速度应与床层分层速度、矸石（或中煤）床层的水平移动速度相适应。如果重产物排放不及时产生堆积，将污染精煤，影响精煤质量；如果重产物排放太快，又会出现矸石（或中煤）床层过薄，甚至排空，使整个床层不稳定，从而破坏分层、增加精煤损失。

在保证矸石中精煤损失不超过规定指标的条件下，矸石段排矸量要尽量彻底，使排矸量达到入选矸石量的 70% ~80%，以改善第二段的分选条件。一般情况下，6mm 以上的矸石排出率容易达到要求，因而要着重提高 6mm 以下矸石的排出率。

4.4.7 跳汰机操作经验

跳汰机床层分离的好坏，除了通过技术检查抽样测定煤炭质量情况来判断外，最常用的、也是比较及时的方法是靠跳汰司机多年积累的丰富经验来进行判断。这种方法概括起来就是"听、看、摸、探"。

4.4.7.1 "听"的经验

经验如下：

（1）根据风阀的排气声音来判断床层和矸石层的厚薄情况。

（2）从手攥中煤而产生的声音判断中煤灰分和损失量的大小。

（3）从脱水斗式提升机卸料于溜槽中所产生的声音判断卸出物料粒度组成、质量好坏及数量的多少。

4.4.7.2 "看"的经验

经验如下：

（1）对原料煤性质的判断。这种判断方法主要是通过对给煤机中原料煤的观察与分析来确定。

1）对原料煤中块煤多少的判断。当发现给煤机中原料煤中块煤突然增多，就要采取与其相适应的操作方法。

2）对原料煤中粉煤多的判断。从给煤中发现原料煤中粉煤含量多，如果是短时间，就采取加大喷水或减小给煤量的方法简单处理即可；如果是长时间，就要采用粉煤的操作方法。否则，就影响分选效果。

3）对原料煤干湿程度的判断。发现原料煤中有亮点，同时煤尘飞扬，下料很多很快，这都说明原料煤比较干，对于这种情况，一般采用增加喷水消尘和防止粉煤结团，同时减少给煤量。

4）对原料煤矸石含量的判断。由于矸石多呈现出白色，又比较重，容易判断；有的矸石是黑色，但颜色暗淡无光泽，也很容易判断。

5）对原料煤中含粉矸多的判断。粉矸含量多的煤颜色为褐色，在跳汰机中出现一种棕色的沫子。这种煤一般来说是不易选的。

（2）对跳汰机床层跳动的判断。跳汰机床层跳动情况，直接反映了床层分离的好坏，通常是根据两方面来判断：一是床层的波形；二是床层跳动振幅的大小。

（3）对重产物排放量多少的判断。

判断情况如下：

1）从脱水斗式提升机的漏水情况来判断重产物排放量的多少。

2）从脱水斗式提升机下部箱子水位的上升或下降来判断重产物排放量的多少。

（4）从脱水斗式提升机中物料的颜色、光泽等方面来判断产品质量情况。煤质的好坏可以从颜色与光泽上加以判断，煤质好的颜色发黑、有光泽，煤质差的颜色灰暗、无光泽。在生产中一般是用铲子从斗子中挖取一部分产品进行反复观察后来确定。

（5）判断水层厚度和水流走动情况。水层厚时的特征是：水流平稳且较快，同时溢流口的水层也较厚，就是在床层下降时，水层依然淹没溢流堰；水层薄时，水层滚动就比较慢，而且产生波纹，有时甚至能看到煤层，同时在溢流堰的地方可以清楚地看到煤往外流，看上去好像出煤很多，实际出煤很少。

（6）对精煤情况的判断。从精煤溢流堰溢出的煤水量判断精煤量，并根据精煤分级筛筛上物多少的情况判断精煤块、末量的多少。

4.4.7.3 "摸"的经验

所谓"摸"就是选煤司机用手摸一些产品或床层之后凭手的感觉来判断。

（1）用手抓一部分中煤凭其重量和黏度来判断中煤质量的好坏。如果我们用手摸感到粉煤多同时不黏，这表明中煤质量好。但是，有时中煤中虽然块煤少，粉煤多，但用手一摸黏性很强，这就表明含泥质物多，所以灰分偏高。

（2）用手抓一部分溢流精煤可以判断出精煤的好坏。如果用手摸以后感觉到重量比较轻，粒度组成中灰分低的部分占的数量多，颜色发黑而亮，这表明精煤灰分低。相反，如果抓一把感到略有黏性，这就表明精煤灰分高，质量不好。

（3）将手伸入床层中可以直接判断床层的分层情况。将手伸入床层各部位，摸床层的松散情况及吸吸力和粒度分布情况。

4.4.7.4 "探"的经验

所谓"探"就是用探杆来探测床层的分层情况。

（1）探测床层松散情况。跳汰选煤床层松散情况是分选好坏的重要因素之一。为了了解床层的松散情况，选煤司机用探杆进行探测。此探测的方法是：当床层向上跳动时，将探杆插入床层中，根据平时的感觉，如果很容易将探杆伸入到床层的底部，则说明松散；如果在伸入床层过程中感到困难，则说明床层松散程度差。所需注意的是，探杆插入的速度要一定，不可太快或太慢，否则会使探测结果发生偏差。

凭着探杆的触测，一般床层特征大致可归纳如下：

1）实紧——床层整起整落难松散。用力可将探杆插入床层，床层升降时对探杆有推举力，但无松散之感。

2）空松——床层上下全松。探杆很容易插入床层。探杆探测时床层升时有沙沙之感，床层降时无吸吸之力。

3）硬盖子——床层上部紧，下部松。探杆向床层插入时，感到床层上部很硬，而下部比较松散；在上升时床层整个掘起，床层下降时，向上提起探杆则感到筛板上还有大量煤粒，这是因为风大而使下吸力增加的缘故。

4）缓动——床层行动迟缓，升降慢腾。探杆可用力插入。探杆探测时有床层升降乏力、行动缓慢之感，产生这种现象的主要原因是风水过小。

5）松散——床层上部松而散，下部硬而紧。床层按密度分层层次清楚，这时说明风水及给料相适宜。

（2）探测矸石厚薄情况。在用探杆向矸石层或精煤层、中煤层插入时有个明显的区别：矸石层插入时非常困难，有时矸多无法插进去；而中煤层易插入，精煤层更容易了。

（3）探测床层各部位粒度分布情况。床层中各部位粒度，往往因某些原因分布不均匀。这对分选极为有害。因此必须了解床层各部位粒度分布情况。

（4）探测溢流口溢出的精煤量多少及粒度组成等情况。如果我们用探杆在溢流口处左右来回滑动，就会感觉到有时很顺利，毫无变化，这表明煤少；如果有些阻力，则表明有煤；如果遇到的阻力基本相同，则表明末煤多；如果有间断冲击探杆的情况，这是块煤阻力较大所致。

（5）探测筛板孔眼是否堵塞。探测时将探杆垂直插入床层底部筛板上，用手扶住探杆并允许探杆上下活动，在正常情况下，可以看到，探杆随着床层的上下跳动而跳动；但是，当所探测的地方筛孔被煤粒堵塞时床层虽然上下跳动，而探杆是不会动的。

（6）探测筛板螺丝有无松动和脱落现象。探测时，将探杆插入床层底部的筛板上，并用手按着不动，正常情况下，探杆一点也不跳动。但是，当探杆随着筛板上下跳动，这种感觉十分明显时，这表明筛板松动，应马上停车处理。

探杆是选煤司机用来探测跳汰床层的主要工具，各选煤厂使用探杆的种类和形式很多，规格也不统一，应该注意的是，每个选煤司机使用的探杆要保持一定的规格，不可经常改变。若改变探杆，会使探测发生偏差。因为探杆探测床层时是全凭感觉。对于探杆的使用，必须不断地去体会，去试验总结，只有这样，才能使探杆的探测结果准确无误。

4.5 动筛跳汰机

4.5.1 动筛跳汰机概述

动筛跳汰机是近年兴起的新型洗选设备，主要用于大块煤排矸和动力煤分选。它具有工艺简单、操作简便、节能节水以及投资少和运行成本低等多种优点。自20世纪90年代在我国应用以来，已形成液压式和机械式两大类型、多个系列的多种型号产品，既用于动力煤选煤厂，也可用于炼焦煤选煤厂。

多年来人们提到的跳汰机都是指定筛跳汰机，因为一百多年来在选煤厂应用的都是这种筛板固定水流脉动的跳汰机。其实跳汰机有两大类型，即动筛式和定筛式。动筛跳汰本是先于定筛跳汰的古老选矿方法，1556年格奥尔格·阿格里科拉介绍过"跳汰动筛"，其工作方式是将盛有待选物料的筛筐放在水箱中颠动，后来改用杠杆装置代替手工操作，发展为动筛跳汰箱，即动筛跳汰机的雏形。因该装置过于简单，生产能力与效率有限，只能用于处理块煤物料，难以适应工业要求；而且，19世纪后期随着钢铁工业对炼焦煤的需求，为处理细粒级煤炭，定筛式跳汰机应运而生，特别是使用压缩空气驱动水流的鲍姆式跳汰机的问世，大大推动了选煤业的发展，用压缩空气产生脉动水流的定筛跳汰机成为主流，取代了定筛跳汰机。在这之后，跳汰法借以脱胎的母体——动筛法几乎为人们所遗忘。

尽管定筛跳汰机被广泛应用，但其入选上限一般是50mm或100mm，而毛煤常需预选排除大块矸石。早期用人工手拣，20世纪60～70年代选煤厂采用重介质排矸。然而，近几十年来，随着采煤机械化的大力发展和用户对煤质要求的提高，各煤炭几乎都需加工，特别是块煤需要排矸。在此形势下，适于分选块煤的动筛跳汰法被重新启用。当然，历史不是简单地重复，而是利用现代技术手段，重新开发动筛跳汰机。1985年，德国KHD公司推出液压驱动的ROMJIG动筛跳汰机。这种跳汰机用于分选块煤的效果良好，具有一系列优点：设备结构紧凑，工艺简单，分选效率高，用水量极少，基建投资省，营运费用低。首台设备当年在埃米尔梅里斯矿选煤厂使用。

我国选煤业对这种新型块煤排矸设备极感兴趣。借鉴德国经验，1986 年原东煤公司（全称东北内蒙古煤炭工业联合公司）与煤炭科学研究总院唐山分院合作研制自主品牌的 TD14/2.5 型动筛跳汰机，首台样机于 1989 年在北票矿务局制作，并在冠山矿选煤厂试验成功，获得满意效果，通过技术鉴定。在样机获得满意的工艺效果的基础上，相继开发出改进型产品 TD14/2.8 型和 TD16/3.2 液压动筛跳汰机，分别用于抚顺龙凤矿选煤厂和义马矿务局跃进矿选煤厂。

我国前期制造的液压动筛跳汰机由于国产液压件未过关，故障率较高。经过 10 多年的现场应用和不断改进，TD 系列液压动筛跳汰机已进入成熟期，目前已形成小时能力最大 400t（TD24/4.4 型）的系列产品。

在 20 世纪 90 年代初，原东煤公司总结了动筛跳汰机的开发经验，认为动筛跳汰确实是理想的块煤排矸设备，只是限于我国液压件的质量尚待提高。为了给不同规模和不同用途的选煤厂，特别是为中小型选煤厂和筛选厂改造提供适用的机型，建议研制机械驱动的动筛跳汰机。沈阳煤炭研究所据此意见，从 1993 年开始研制，机械驱动式动筛跳汰机首台样机 GDT 14/2.5 型用于阜新矿务局八道壕选煤厂，1995 年 4 月正式投产，至今运行良好，1995 年底通过技术鉴定。经过不断改进完善，这种具有中国特色的动筛跳汰机因其结构简单，运行可靠，便于维护而受到中小型选煤厂欢迎，目前已推广数十台。1995 年，抚顺老虎台矿选煤厂引进德国 KHD 公司 ROMJIG 型液压动筛跳汰机，运行效果良好。接着兖州兴隆庄煤矿选煤厂采用德国 KHD 公司与泰安煤矿机械厂合作制造的 ROMJIG 型动筛跳汰机，获得满意的技术经济效果。这种型号的动筛跳汰机已有 10 余台在一些大型选煤厂应用。

目前，动筛跳汰机在我国已由研发的成长期走向成熟期，在动力煤选煤厂作为主要分选设备，在炼焦煤选煤厂作为预排矸设备，从而为大力发展选煤提供了节能节水的新型分选设备。

4.5.2 动筛跳汰机的工作原理

动筛跳汰机主要由盛水的机体 1、带有筛板的筛箱 5、驱动装置 2、双道提升轮 3、排料溜槽 4 等组成，见图 4-33。根据驱动装置的不同，动筛跳汰机分为液压驱动式和机械驱动式两类。

动筛跳汰机的筛箱在排料端铰接在固定轴上，另一端与驱动装置（液压缸或曲柄杆）相连接，由后者带动带有筛板的筛箱上、下摇动。原料由给料端喂入，在筛板上铺成床层。当筛箱和筛板向上运动时，物料随筛板上升，物料与筛板没有相对运动，而水介质相对于物料是向下运动的；当筛板快速下降时，物料颗粒因重力和水介质的阻力作用，所产生的加速度小于筛板下降的加速度时，水介质形成相对于动筛筛板的上升流，床层因而悬浮，为床层的松散和颗粒的

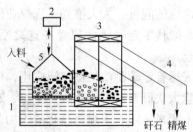

图 4-33　动筛跳汰机工作原理

1—机体；2—驱动装置；3—双道提升轮；
4—排料溜槽；5—筛箱

分离创造了空间，高密度颗粒首先落到筛板上，而低密度颗粒下降速度较慢、留在上层。当颗粒下降速度小于动筛筛板的下降速度时，物料在水中作干扰沉降，并使床层有足够的松散度和松散时间，实现物料按密度有效分层。由于筛板向排料端倾料，加之上、下振动，使得床层在分离的同时向排料端移动。物料床层经过如此的数次跳动后，当其移至排料端时，完成了轻重颗粒的分离，即重物料紧贴筛板，而轻物料位于上层。底层的重物料经排料口落入双道提升轮的前段，而上层的轻物料则越过溢流堰落入双道提升轮的后段。提升轮是个转动的大轮子，中间隔成两部分，每部分都用筛板（提料板）分割成若干隔室，分别用于由水中捞取轻重物料。双道提升轮脱去水分后，将之卸入各自的排料溜槽中即为轻重两种产物。

动筛跳汰机的箱体结构与筛下空气室跳汰机基本相同，但煤在动筛跳汰机中受到的脉动动力与筛下空气室跳汰机完全不同。动筛跳汰机工作时，槽体中水流不脉动，直接靠液压驱动机构或机械驱动机构带动筛板在水介质中以排料端为圆心做上、下往复运动，使筛板上的物料形成周期性的松散。动筛入料端行程 $500 \sim 200$ mm，筛板的运动频率为 $38 \sim 53$ 次/min，可根据不同煤质进行调节。动筛筛板在上升过程中，由于筛板运动快，物料运动慢，煤对于筛板没有相对运动，即物料随筛板以相同的速度做斜向上运动；在筛板下降过程中，由于筛板下降快，物料只受重力和水介质的阻力作用而做垂直向下运动，由于矸石密度大于煤的密度，在下降过程中速度、加速度大于煤的速度、加速度，这样经过筛板对煤的多次周期作用，煤和矸石在水介质中按密度大小分层，从而达到分选目的，最后煤和矸石分别由提升轮提起排至对应的产品通道中。筛板行程越小、频率越低，物料在动筛内周期性运动次数越多，停留时间越长；反之，物料在动筛内周期性运动次数越少，停留时间越短。另外，有极少部分透筛细粒物料汇集到底部槽体排料口，通过斗子提升机提起或排料仓排出。

为获得纯净的产品，需要控制排矸速度，借以保持筛板上的矸石层厚度稳定。在ROMJIG 跳汰机上，是利用重量传感器测出重产物的多少，以此调节叶轮转数，用以控制排矸量。在国产液压动筛跳汰机（如 TD14/2.8，TD16/3.2）上，是在床层中置有浮标，监测矸石层厚度，调节叶轮转数，控制排矸量。

动筛跳汰机的入料虽然是分级后的块煤，但难免带有少量细粒。这些细粒在跳汰过程中将透过筛板落入筛下，需要单独排放。在 ROMJIG 跳汰机上，筛下装有交替开闭的板阀，将透筛物排出机外，并用脱水筛脱水。几种国产动筛跳汰机都是采用斗式提升机排出透筛物并脱水。

动筛跳汰机的主要调节参数是筛箱的振幅和频率，这两项参数视原料煤特征而定。液压驱动的装置，可利用液压阀随时进行调节，而 GDT14/2.5 型机械式动筛跳汰机是采用曲柄摆杆驱动，可在停机时通过改变偏心距和传动轮尺寸来调节振幅和频率。

4.5.3 动筛跳汰分选理论探讨

动筛跳汰机和空气式跳汰机均属水力跳汰选煤，均是在水介质中按密度差别进行分选。两者的区别如下：一是动筛跳汰机入选的物料粒度较大；二是动筛跳汰床层的托起（或下降水流）是靠筛板的向上运动，而空气式跳汰机是靠压缩空气推动水流的运动。

由于空气是可压缩的，故空气式跳汰机脉动水流的特性复杂。又因空气式跳汰机入选的物料粒度较小（一般小于100 mm）、跳汰振幅较小（一般为80~120 mm），物料床层难以彻底松散。为保证床层松散，使不同密度的矿粒在床层中获得相互转换位置所必需的空间和时间，在空气式跳汰机的分选中非常注重进气、排气的变换速度和脉动水流特性，使分选物料在跳汰过程中的上升期、膨胀期、下降期和密集期的合理时间比例中得到最佳的分选效果。而上升期之后的膨胀期尤其必要。

在动筛跳汰分选中，其床层的托起是靠筛板的上升运动。动筛机构上升时，物料相对筛板来说，总体上没有相对运动；动筛机构下降时，水介质形成相对于动筛机构的上升流，这时床层脱离筛板，在水介质中作干扰沉降，实现按密度分层。

动筛跳汰分选中，物料的松散主要是因为入料的粒度较大，而更主要的是床层的振幅大（可达400mm）。从而使物料在每一跳汰周期中获得充足的松散空间和时间。因此，动筛跳汰分选中，动筛的间歇期是不必要的。也正是由于动筛上升过程中，物料与筛板总体上没有相对运动，而动筛下降时是迅速脱离物料，这时物料在水中作干扰沉降。因此，动筛体在上升、下降过程中的运动曲线对煤炭的分选影响不大，而上升与下降的速度比及周期、振幅对分选效果起决定作用。

动筛跳汰机的处理量取决于动筛筛面宽度和物料通过筛面的速度。

由于动筛的运动是绕固定轴摆动，动筛每一次上下运动，既将物料垂直托起，又使物料水平前移。如果忽略洗水的横向波动，可由下式计算此速度：

$$v = l \cdot \sin\theta \cdot T^{-1} \tag{4-12}$$

式中 v——物料通过筛面的速度；

l——物料处动筛的振幅；

θ——动筛的摆角；

T——跳汰周期。

从式（4-12）可见，动筛的处理量与动筛的运动曲线无关，主要取决于动筛的振幅、摆角、跳汰周期及筛面宽度。而在每一周期内，动筛上、下运动的速比是使动筛能否在下降期迅速脱离床层，给床层在水介质中松散、沉降、分层提供足够时间和空间的关键。

4.5.4 动筛跳汰机的应用范围

动筛跳汰机主要用于动力块煤分选、原煤准备车间排矸、从掘进煤和脏杂煤中回收煤炭资源、干旱缺水地区降灰提质、替代重介和选择性破碎机排矸、取代人工拣矸等。

4.5.4.1 井口（或井下）毛煤排矸

据初步统计，全国的煤矿除部分矿井具有排矸车间外，大部分矿井的矸石与原煤一同破碎后销售；另有部分矿井仍采用人工拣矸，劳动强度大、效率低。若用动筛跳汰机对毛煤进行预排矸，不仅可改善原煤质量，降低工人的劳动强度，而且能增加矿井经济效益。

卧式动筛跳汰机是专门为井下毛煤预排矸设计的，它有一条刮板输送机从水槽中排出矸石并加以脱水，轻物料在溢流口排入一个容器，用一个大容积螺旋输送机从侧面排出，并经一台斗式提升机脱水。它可以大大减轻整个运输系统和后续处理系统的负荷，提高矿井实际产量。

4.5.4.2 动力煤（或块煤）分选

我国煤炭总的入选比例低，尤其动力煤更低，只有10%，且品种单一、质量差。市场调查显示，我国炼焦煤洗选加工产品已处于市场饱和状态，洗选加工的发展空间不大，而动力煤洗选加工则存在巨大的发展空间。

2001年我国动力煤消耗约在9亿吨，而动力煤洗选加工产品仅有1亿多吨。这与我国动力煤资源丰富、用量大（占80%）的现实极不适应。电力行业是我国动力煤消耗大户，受国家环保政策的制约，火电厂在"十五"期间必然会增加需求洗选后的煤炭产品。为了确保优质动力煤的生产比重，国家计委和国家经贸委在组织制定的"十五"煤炭洗选加工规划和2015年远景规划中，要求到2005年原煤入洗量为5.5亿吨，到2015年达到7.5亿吨，这些增量主要是动力煤的增量。

动力煤洗选有如下特点：

（1）动力煤及民用煤用户，通常只要求排除矸石，对煤质没有过高要求；

（2）各类用户对煤炭品种有不同要求，如电厂需要末煤，而有些工业和民用锅炉则欢迎块煤等；

（3）市场对煤炭品种的需求时有变化，选煤厂须有相应的应变能力；

（4）动力煤价格稍低，因而经济效益较炼焦煤差。

基于以上特点，对洗选动力煤工艺的要求一般是：

（1）尽可能采用简单的工艺流程；

（2）选用单台处理能力大、节水、节能、运行可靠且便于操作维护的设备；

（3）视原煤质量的不同，多数情况下只是对块煤洗选排矸，分级下限可能是50mm、25mm或13mm；

（4）工艺流程灵活，具有适应市场需求的应变能力；

（5）力求降低基建投资，提高工效，减少运营费用，以降低加工成本，增强市场竞争能力。

从以上动力煤洗选的特点和洗选工艺流程的要求看出，动筛跳汰机是最佳选择。

动筛跳汰机适于处理400~50（25）mm的块煤，单位处理能力大，工艺流程简单，耗水量少，分选效果接近重介选，是动力煤和块煤分选的理想设备，并且其技术成熟，工作可靠稳定。

4.5.4.3 干旱缺水地区的煤炭分选

中国煤炭的入选比例一直较低，原因是多方面的，其中水资源短缺也是造成煤炭入洗比例低的原因之一。中国煤炭资源主要分布在干旱缺水地区，在中国已探明的1万亿吨煤炭保有储量中，晋、陕、蒙三省区占60.3%，新、甘、宁、青等省区占22.3%，位于东部四大缺煤区的19个省区只占17.4%。而传统的选煤方法耗水量大、投资及生产费用高，造成大量的原煤不能入洗，影响了煤矿的经济效益，限制了部分中小煤矿企业的发展。

目前，其他的干法选煤技术由于种种原因尚未有大规模的工业应用，而省水型的动筛跳汰机分选25mm以上块煤已属成熟技术，且有诸多优点。因此，对提高西部干旱缺水地区的煤炭分选比例，采用动筛分选法也是一个良好的技术途径。

动筛跳汰机的结构及由其组成的选煤工艺较为简单，单位面积处理能力大，分选效果好，投入省，营运费用低，各项技术经济指标优越，可以代替人工拣矸，解放劳动力，提高煤矿的机械化水平；用它取代目前应用的各种块煤分选设备，可简化选煤工艺；在干旱缺水地区，动筛跳汰机可作为主洗设备建设选煤厂，达到省水提质增效、改变产品结构的目的，具有广阔的应用推广前景。

4.5.5 动筛跳汰发展前景

自 1989 年我国自行研制的首台 TD 型动筛跳汰机试运行成功以来，迄今已有液压式和机械式两大类多个国产系列和一个引进系列产品，分别应用于炼焦煤选煤厂和动力煤选煤厂（含褐煤），既用于预选排矸，也用作主要分选作业。经过应用和不断改进，国产液压型和机械型动筛跳汰机均由成长期走向成熟期，可满足不同类型和不同规模选煤厂的需求。

根据我国应用动筛跳汰机的经验，动筛跳汰机排矸工艺具有如下特点。

（1）动筛跳汰机工艺简单，无需供风，也不采用顶水和冲水，辅助设备少，生产工艺简单，投资少，工期短，营运成本低。

（2）处理粒度上限高，分选粒度范围宽。动筛跳汰机入料上限达 300～400mm，是大块煤排矸的理想设备。动筛跳汰机入选粒度范围通常在 25～300mm，下限最低可达 13mm，适用于多数动力煤选煤厂，可解决选前煤和矸石混合破碎这一难题；还可用于处理低质煤，或用于井下（露天坑内）选煤。

（3）分选精度高。动筛跳汰机分选块煤时，分选精度不完善度一般小于 0.1，数量效率可达 95% 以上，分选 0.5～300mm 原煤时，分选精度也远远高于普通空气脉动跳汰机，与重介质分选机分选精度相当。

（4）省水省电，是节能节水型设备。循环水用量少，吨煤用量为 0.08～0.1m³。动筛跳汰机的洗水可自身循环，不需另设煤泥水系统，因此能够用于井下原煤排矸。

（5）与采掘机械化程度提高相配套。目前，煤矿采掘机械化程度越来越高，产生了大量矸石，用动筛跳汰方法可排除大部分矸石而不至影响煤质。

（6）可取消人工手选。

（7）对矸石易泥化的矿井更为有利。对分选除泥岩含量高、遇水易泥化的矸石，动筛选矸工艺要优于其他工艺设备。

（8）动筛跳汰机操作简单，便于掌握。

（9）动筛跳汰机单位面积生产能力大，单台设备即可满足年生产能力 300 万吨选煤厂配套的需要。

（10）液压型动筛跳汰机便于在线调节，自动化程度较高，适用于大型选煤厂，机械型动筛跳汰机价格便宜，适用于中小煤矿。

总之，当前在处理非难选和高含矸块煤时，无论是老厂拣矸系统改造，还是新系统设计，动筛跳汰排矸工艺应该是机械排矸的首选方案，它既克服了重介质分选工艺复杂、运行费用高、难以被中小厂所普遍接受的缺点，又弥补了普通跳汰机耗水量大、煤泥水处理工艺复杂的不足，更消除了采用碎选机噪声大、粉尘污染严重、排矸效率低的弊端。

当然，动筛跳汰机与其他分选设备一样，也有其自身的限制条件。例如，由于动筛机构笨重，设备的大型化受限；由于筛板长度的限制，加之调节参数少，不适于处理 20 mm 以下的物料等。因此，用户可根据煤质条件和市场需求，选择适用的选煤工艺。

我国原煤年产量已超过 33 亿吨，是世界上最大的煤炭生产国和消费国，然而商品煤质量不高，造成严重的环境问题，关键就是原煤入选比例低，特别是动力煤洗选更少（不足 10%）。今后随着国家发展政策的调整，在科学发展观的引导下，为了建设环境优美、和谐友好型社会，进一步实施开发洁净煤技术，必将加速发展动力煤洗选。在煤炭的消费构成中，动力煤占 80%，今后即使半数洗选加工，也需要 13 亿吨的处理能力，可见动力煤选煤厂发展空间巨大。由于动筛跳汰具有上述多种优点，必将成为我国发展选煤的独特选择。

随着我国煤炭工业的飞速发展，动筛跳汰机必将越来越广泛地被应用。

首先，综放开采工艺在我国的大面积推广应用，必然给这些矿区带来原煤含矸增加、煤质降低的新问题。这种情况，往往建一个机械排矸车间就可基本解决问题，而动筛跳汰机无疑是机械排矸的最佳工艺。其次，目前我国的动力煤入选率远低于世界平均水平。

随着国家对环保的要求，动力煤入选会有一个较快的发展。但由于各矿区的资金投入和动力煤用户对煤质的要求等各方面的原因，动力煤入选不一定都要上全部入选的常规选煤厂，其中一部分可能只入选大于 25 mm 的粒级煤就可以了。这样上一个以动筛跳汰机为主选设备的简易选煤厂，投资仅为一般大型选煤厂投资的 10% 左右，投资少，见效快。再次，随着企业的现代化进程及劳动力市场结构的变化，选煤厂准备车间仍采用大量劳动力进行人工手选排矸的工艺越显不适应了。不论是新厂建设，还是老厂改造，设置机械排矸车间已成为趋势。另外，露天边角的次杂煤处理，井下有弃矸条件的在井下预排矸等，这些均为动筛跳汰机的应用提供了广阔的前景。

4.5.6 液压动筛跳汰机

4.5.6.1 TD 系列液压动筛跳汰机

煤炭科学研究总院唐山分院研发的 TD 系列动筛跳汰机，采用先进的液压驱动并带有自动排矸控制系统，分选参数和运动特性可在线无级调整。

A 结构特征

TD 系列动筛跳汰机的结构特征如图 4-34 所示。动筛跳汰机由主机、液压系统和电控系统三大部分组成。

a 主机

主要由槽体、动筛机构、提升轮装置、产品溜槽、驱动执行机构等部件组成。

槽体用于盛水介质，同时作为提升轮、动筛机构、油缸托架和油马达等部件的支承体。

动筛机构作为动筛跳汰机的分选槽，在其中部设有溢流堰，在溢流堰前端设有可调闸门，可以调节排矸口大小。在溢流堰下方设有提升轮，由液压马达驱动以控制排矸量。

提升轮装置由提升轮及传动装置组成。提升轮内设有提料板，可将分选好的轻、重产品提起后倒入产品溜槽。

产品流槽设计成双层结构，上层为轻产品，下层为重产品。

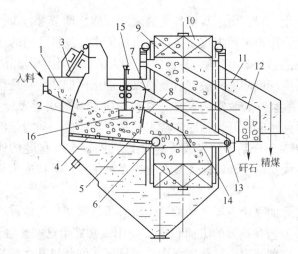

图 4-34 TD 型液压动筛跳汰机结构

1—槽体；2—动筛机构；3—液压油缸；4—筛板；5—闸板；6—排料轮；
7—手轮；8—溢流堰；9—提升轮前段；10—提升轮后段；11—精煤溜槽；
12—矸石溜槽；13—销轴；14—传动链；15—传感器；16—浮标

驱动执行机构的液压油缸安装在油缸托架的主横梁上，用来驱动动筛机构上下运动；液压马达安装在槽体上驱动排料轮转动。通过液压系统和电控系统可调节它们的速率变化，以满足分选要求。

b 液压驱动系统

液压系统主要由油箱、油泵－电机组、主油缸控制阀块、油马达控制阀块、冷却系统等组成。液压系统由液压站提供动力，来完成动筛和排矸装置的运行。

国内自主研发的液压驱动系统采用国际先进的二通插装阀控制技术，又因其主要元件全部采用进口件，因而已经具有相当高的可靠性和先进性，而且价格比进口液压系统要便宜很多。

c 电控系统

电控系统包括设备主控（强电控制）和自动排矸检测控制两大部分，用于控制动筛机构和排矸轮的动作。

电气控制系统是动筛跳汰机的控制核心，通过控制液压系统中的电气部件来实现动筛跳汰机各部件的协调运动，以达到物料分选的目的。

电气控制系统是由信号检测部分、输入/输出接口、LCD 触摸显示屏、PLC 可编程控制器、强电控制回路等几部分组成，主要完成动筛的上下往复运动及运动曲线的控制，矸石床层的检测及控制，主要工艺参数的检测、显示及在线调整，系统故障的声光报警及显示，各动力部件的顺序启停等功能。其中动筛运动曲线的控制和保持矸石床层厚度的稳定是电气控制系统的核心内容。

置于床层中的浮标是测量矸石层高度的传感器，它将实测值送入调节器与设定值比较，通过液压马达驱动排矸轮，实现自动排料。

系统运行通过 1 台触摸式显示屏进行操作来完成动筛运动参数及调节参数的设定和报警信息等内容，形象直观、调节方便，是目前自动控制领域中一种先进的人－机接口方式。系统采用自动/手动交替操作功能，方便操作和检修。

B 技术性能

TD 型液压动筛跳汰机的主要技术特征列于表 4-3。

表 4-3 TD 型液压动筛跳汰机的主要技术特征

型　号	入料粒度 /mm	处理能力 /t·h^{-1}	筛板面积 /m^2	筛板宽度 /m	循环水用量 /m^3·t^{-1}	不完善度 I
TD10/2.0	≤400	80~120	2.0	1.0	0.1~0.3	0.07~0.12
TD12/2.4	≤400	105~150	2.4	1.2	0.1~0.3	0.07~0.12
TD14/2.8	≤400	130~185	2.8	1.4	0.1~0.3	0.07~0.12
TD16/3.2	≤400	160~225	3.2	1.6	0.1~0.3	0.07~0.12
TD18/3.6	≤400	200~275	3.6	1.8	0.1~0.3	0.07~0.12
TD20/4.0	≤400	250~330	4.0	2.0	0.1~0.3	0.07~0.12
TD24/4.4	≤400	310~400	4.4	2.4	0.1~0.3	0.07~0.12

C 应用效果

TD14/2.8 动筛跳汰机在龙凤选煤厂的工业性试验中，检查各粒级的分选效果（见表 4-4）。结果表明，25 mm 以上各粒级的分选效果数量效率在 98% 以上，可能偏差 E 值为 0.06~0.08。

表 4-4 各粒度级在动筛跳汰机中的分选效果

指　标 \ 粒级/mm	150~100	100~50	50~25	25~13	13~0.5
可能偏差 E	0.060	0.070	0.080	0.117	0.353
不完善度 I	0.070	0.079	0.087	0.092	0.293
数量效率/%	99.75	99.28	98.58	—	—

龙凤选煤厂的生产实践说明，动筛跳汰机工艺简单、节水、节电、营运费低。每吨入料只使用 0.08m^3 循环水，这是由于轻产品不是靠冲水运送的缘故。

4.5.6.2 YDT 系列动筛跳汰机

A 结构特征

YDT 系列动筛跳汰机是唐山市神州机械有限公司生产的液压动筛跳汰机，由主机、液压系统和电控系统三大部分组成，见图 4-35。主机主要由槽体、动筛机构、提升轮装置、产品溜槽、排矸装置等部件组成，液压系统主要完成动筛的运动和排矸装置的运行，电控系统包括设备强电控制和自动排矸检测控制两大部分。

YDT 系列动筛跳汰机采用先进的液压驱动和带有自动排矸控制系统的块煤分选和排矸设备，是目前国内选煤行业最新产品。它直接靠外力驱动筛板在水介质中作上下运动，造成物料周期性松散，实现按密度分选。

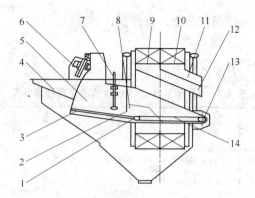

图 4-35 YDT 型液压动筛跳汰机结构

1—排矸轮；2—闸门；3—筛板；4—槽体；5—动筛机构；6—液压油缸；7—浮标；8—溢流堰；
9—提升轮前段；10—提升轮后段；11—精煤溜槽；12—矸石溜槽；13—销轴；14—传动链

B 主要特点

主要特点如下：

（1）处理粒度大，范围宽，入料粒度可达 20 ~ 350mm。

（2）单机处理量大，1 台面积 3.6m² 的动筛跳汰机，单位面积处理量可达 62t/（h·m²），小时处理量可达到 220t，基本上能满足一个 180 万吨选煤厂的块煤排矸。

（3）分选精度高，E_p = 0.07，I = 0.078，分选效率可达 95% ~ 98%。

（4）分选过程中洗水自身循环，耗水量少，循环水用量为 0.3m³/t。

（5）具有系统可靠性高、操作简单、自动化程度高、故障率低等特点。

C 技术性能

YDT 型液压动筛跳汰机的主要技术特征列于表 4-5。

表 4-5 YDT 型液压动筛跳汰机的主要技术特征

型　号	入料粒度/mm	处理量/t·h⁻¹	总功率/kW	主机带荷重量/t	外形尺寸/mm × mm × mm
YDT20/4.0	350 ~ 20	240 ~ 300	88	96	5800 × 6160 × 6630
YDT18/3.6	350 ~ 20	170 ~ 250	78	86	5800 × 6160 × 6630
YDT16/3.2	350 ~ 20	130 ~ 190	74.5	78	5800 × 4870 × 5900
YDT14/2.5	200 ~ 20	80 ~ 130	63.5	58	5400 × 3965 × 6485
YDT10/2.0	100 ~ 20	50 ~ 80	56	39	5480 × 2300 × 5650

4.5.6.3 ROMJIG 型动筛跳汰机

A 结构特征

如图 4-36 所示，ROMJIG 动筛跳汰机主要由槽体、双道提升轮、跳汰物料摇臂、排矸轮、集料斗、液压系统、电控系统等组成。

ROMJIG 动筛跳汰机是我国从德国 KHD 公司引进的，首台安装在抚顺老虎台矿选煤厂，代替人工拣矸，于 1995 年 11 月投产，工作稳定。此后，KHD 公司与我国泰安煤机厂合作制造的产品应用于兖州矿区兴隆庄等选煤厂。

ROMJIG 动筛跳汰机的排矸控制与我国的 TD 型动筛跳汰机不同，它是利用压力传感

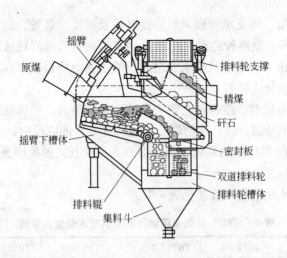

图 4-36　ROMJIG 动筛跳汰机结构

器，测量动筛机构承受的载荷（在床层厚度稳定的条件下，矸石量增多则载荷加重），通过调节器控制液压电机转数，实现排矸量的自动控制。ROMJIG 动筛跳汰机的透筛物经闭液阀门排入煤泥筛脱水回收。

B　技术特征

ROMJIG 动筛跳汰机的技术规格见表 4-6。

表 4-6　ROMJIG 动筛跳汰机的技术规格

项　目	ROMJIG10·500·800	ROMJIG18·500·800	ROMJIG20·500·80
入料粒度/mm	60~300	35~150	50~40
处理能力/t·h⁻¹	170~150	300	350
筛板有效面积/m²	2	3.2	3.6
摇臂振幅/mm	300~500（可调）	300~500（可调）	300~500（可调）
摇臂频率/min⁻¹	30~50（可调）	30~50（可调）	30~50（可调）
提升轮转速/r·min⁻¹	0.7	1.0	1.2
提升轮功率/kW	11	15	—
驱动机构总功率/kW	86.88	95.5	110
我国应用的选煤厂	老虎台	新集二矿	兴隆庄等

4.5.6.4　TDY 系列动筛跳汰机

泰安煤机厂引进德国 KHD 公司 ROMJIG 动筛跳汰机技术，合作制造 TDY 型液压动筛跳汰机。

A　结构特征

TDY 系列动筛跳汰机主要由以下几个部分组成。

（1）机体：由跳汰箱和集料漏斗组成。跳汰箱用于存放水介质，并保持一定水位；集料漏斗用于收集透筛物（≤25 mm 物料），然后由 B400 斗式提升机提出。

（2）提升排料系统：由支承弯板、双道提升轮及其支承装置、提升驱动系统和出料溜槽组成。经分选后的轻、重两种物料（产品）由双道提升轮提出跳汰箱，排到机体外部。

（3）入料系统：由入料溜槽及喷水管组成。喷水管对物料喷水润湿，物料沿溜槽均匀分布，使物料达到最佳分选状态。

（4）动筛机构：由摇臂、排料辊、筛面和液压系统组成。物料在摇臂相对于水介质做上、下往复摆动过程中分层，轻、重物料分别进入提升轮的两段中，达到分选目的。

（5）电器系统：由 PLC 控制系统、传感器、人机交互式触摸屏及其他电器设备组成。

B 技术特征

TDY 系列动筛跳汰机的技术性能见表 4-7。

表 4-7 TDY 系列液压动筛跳汰机技术性能及参数

技术特征	TDY20/4	TDY17.5/3.5	TDY15/3	TDY12.5/2.5	TDY10/2
跳汰面积/m²	4	3.5	3	2.5	2
入料粒度/mm	50～400	50～400	50～400	50～400	50～400
处理能力/t·h⁻¹	−350	−295	−240	−190	−140
跳汰振幅/mm	0～500	0～500	0～500	0～500	0～500
跳汰频率/min⁻¹	30～50	30～50	30～50	30～50	30～50
排料轮直径/m	5	5	5	5	5
筛面宽度/m	2	1.75	1.5	1.25	1
不完善度 I	<0.1	<0.1	<0.1	<0.1	<0.1
循环水量/m³·t⁻¹	0.03	0.03	0.03	0.03	0.03
总盛水量/m³	43	43	43	43	43
总质量（含水）/t	55	52.5	50	47.5	45
总功率/kW	110	110	110	90	90

C 技术特点

技术特点如下：

（1）自动化程度高，机械故障少，操作方便，运行可靠，分选效率高。

（2）动筛的运动特性，更易于物料分层，且频率和振幅在线调整性好。

（3）排矸系统采用压力传感器称量床层和比例流量阀控制，排矸迅速准确，且无卡矸现象。由于其准确适时的排矸特性，床层稳定性好，分选效果好，具有负载保护特性和自动排除卡矸功能。

（4）电控部分采用了高性能先进的可编程控制器，安全可靠，采用触摸屏技术，动态监视，在线调整迅速，可靠。

（5）在液压系统中，整个冷却过程采用国际先进自动温控技术，增强了对各地区温度差异的适应性。

D 与当前国内外同类技术综合比较

与国内生产的同类液压动筛跳汰机相比，TDY20/4 型液压动筛跳汰机设计了自动缓冲闭环控制系统，筛板的运动特性有利于物料分层，提高了机械的保护性和安全性，设有单独的缓冲油路,减少了维护费用,降低了故障率,比例电磁阀进行多重保护,降低了油液的污染;液压油的冷却系统采用温度控制技术,可根据油温实现线性给水量的控制,自动控制油温,不需用电源;床层的排矸使用压力传感器控制技术,检测准确,排料迅速及时、床层稳定性好。对极难选煤设计了床层排料口的溢流堰高度可调结构,增强了对煤质的适应性。

与国内相比:机械部分结构简单、维护方便、故障率低、运行可靠、保护性好、安全性高、自动化程度高;频率和振幅都可在线、远程调整,不需停机,调节方便;整机故障率低;对煤质的适应性好。

4.5.7 机械动筛跳汰机

4.5.7.1 GDT 型动筛跳汰机

A 结构特征

沈阳煤炭研究所自主研发的机械驱动式 GDT 型动筛跳汰机如图 4-37 所示。

该机由机体、筛箱、机械驱动机构、排矸机构和提升轮 5 大部分组成。机体是盛洗水的容器,亦是其他各构件的支撑体。带有筛板的筛箱是设备的核心,其上下往复运动,使物料在反复松散并向前移动过程中,实现按密度分层。筛箱的运动参数直接关系到分选效果。机械驱动机构提供动力,决定动筛机构的运动规律。根据选煤工艺的要求,驱动机构能调节跳汰频率,筛箱振幅和上升、下降的速比。排矸机构按矸石床层的厚度变化,自动调节排矸轮转速的大小,从而保持矸石床层的厚度稳定,实现煤层与矸石层的正确分割。提升轮是将已经分选好的精煤和矸石从洗水中提起,脱水并送入溜槽排出。

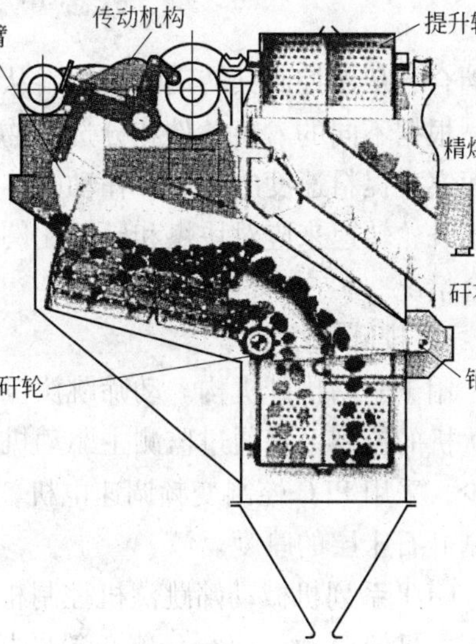

机械动筛跳汰机共有 3 个动力系统,通过 3 个电机直接驱动动筛体、提升轮和排矸轮。

图 4-37 GDT 型动筛跳汰机

a 主驱动系统

主要驱动动筛体,主驱动系统由主驱动电机驱动,通过减速机总成减速,经曲柄轮总成和摆轴总成传动,变化为摆轴的往复摆动,摆轴的摆动通过可调连杆连接动筛体,就形成了动筛体的上、下往复运动。机械驱动机构总成如图 4-38 所示。

机械动筛跳汰机采用曲柄连杆传动机构,通过变频电机直接驱动,机构简单可靠,运动特性好,且上升下降速比、振幅和频率均连续可调。

b 提升系统

用于驱动提升轮,由电机、减速机和提升轮等组成。提升轮分前、后两段,分别盛装由动筛体分离的块煤和矸石。提升机构由驱动电机经减速机总成传动,与提升轮外圆的销

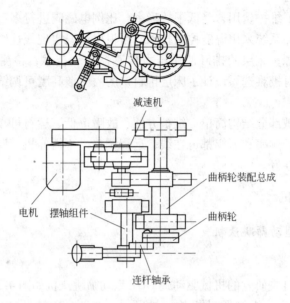

图 4-38　机械驱动机构示意图

排啮合，从而控制其转动，将物料从机体内转动提升出来。

根据不同的入料条件和分选产物比例，提升机构驱动电机可以由变频电机进行控制，从而实现提料速度的控制。在动筛体的分选能力接近上限的情况下，仍然可以通过适当提高提升轮转速来应对块煤和矸石比例相差较大的情况，避免在提升轮内部的煤与矸石二次混合情况。

c　排矸系统

用于驱动排矸机构。动筛跳汰机的排矸效果直接影响着整机分选效果。GDT 机械动筛跳汰机的控制系统通过监测主驱动机构负荷或浮标位移传感机构来判断动筛体内矸石量的多少，采用 PLC 控制变频调速电机，实现了以电信号反馈进行排矸调速的自动控制，实时控制矸石床层的厚度。

GDT 系列机械动筛跳汰机控制柜是动筛跳汰机专用控制设备，用以完成提升轮电机、动筛电机的启动、运行、停止等的控制，以及排矸轮电机启动、调速运行、停止等的控制。其中提升轮电机采用直接驱动，工频运行；动筛电机采用自耦降压启动，工频运行；排矸轮电机采用软启动，变频调速运行。三台电机的控制装置安装在一个柜体内，便于操作人员观察和操作。排矸轮电机的转速随动筛电机电流大小发生变化。

B　工作原理

机械式动筛跳汰机工作时，在驱动机构的带动下，筛箱绕固定销轴上下摆动。原料煤给入后，在筛板上形成床层。当筛箱向上运动时，物料被整层托起，当筛板快速下降时，床层开始松散，为颗粒按密度相互转换位置提供空间，不同密度的颗粒以不同的速度在水中沉落；经过反复上下运动，物料实现按密度大小分层，并随倾斜筛板向前移动，处于上层的轻物料（精煤），从溢流堰的上面流到提升轮右侧隔室中，处于下层的重物料（矸石）从溢流堰的下面通过排矸轮排出落到提升轮左侧隔室中，提升轮旋转，将落入其中的物料提升并分别倒在排精煤溜槽和排矸石溜槽中排出机外。同时，透筛细物料，由槽体下面排料口通过配套的封闭斗式提升机或双层排料闸门排出，这两种方式各有优缺点。

C 技术特征

GTD 型动筛跳汰机技术指标见表4-8。

表4-8 GDT 系列动筛跳汰机技术指标

技术特征	GDT12/2.2	GDT14/2.5	GDT14/2.5G	GDT14/2.8	GDT16/3.2	GDT20/40
入料粒度/mm	20~150	20~150	25~350	25~350	25~350	25~350
排矸方式	浮标闸门	浮标闸门	排矸轮	排矸轮	排矸轮	排矸轮
入料端振幅/mm	200~400	200~400	200~400	200~400	200~400	200~400
跳汰频率/min^{-1}	20~60	20~60	20~60	20~60	20~60	20~60
频率调节	皮带轮	皮带轮	皮带轮	变频调速	变频调速	变频调速
筛面面积/m^2	2.2	2.5	2.5	2.8	3.2	4.0
处理量/t·h^{-1}	50~60	70~80	90~120	100~120	120~150	240~300
不完善度 I	0.11~0.13	0.11~0.13	0.11~0.13	0.11~0.13	0.11~0.13	0.11~0.13
循环水用量/m^3·h^{-1}	≤0.3	≤0.3	≤0.3	≤0.3	≤0.3	≤0.3
总功率/kW	48	48	53.5	53.5	61.5	95.5
整机质量/t	38	44	48	50	55	75

D 主要特点

经过几年的不断改进完善，并吸取当前机电一体化的新技术，GDT 系列机械动筛跳汰机已具有以下特点：

（1）动筛机构的频率、振幅及升、降速度比均可连续调节，调节的宽度与液压动筛跳汰机一样，且同样简便。

（2）通过位移传感器探测矸石床层厚度来控制排矸电机的转数，实现自动排矸，可靠、精确。对来料的均匀性要求不像液压动筛跳汰机的压力传感器那样苛刻，适应性更强。

（3）筛下物的排放取消了双层闸门，外配脱水斗式提升机，避免了双层闸门的磨损严重、漏水、故障率高等不足。

（4）机械驱动机构简单、可靠，适合目前我国工人的操作、管理水平，便于操作、维护，使用寿命长，故障率低。

（5）控制系统简单，便于全厂集中控制。

（6）设备投资少，使用维护成本低，对场地、环境的适应性强。

E 操作与调节

为使动筛跳汰机能平稳工作，获得理想的分选效果，要求给煤量均匀，不要时断时续，同时沿动筛宽度方向也应均匀，不能集中于中部给料。物料应给到分选槽体入料口的斜板上，滑入水中时不得有冲、砸水的现象。同时要严格控制入料的粒度，不得有大于350mm 的大块、铁器、杂物等进入跳汰机中。

机械动筛跳汰机的频率是可调的，它是通过更换皮带轮或变频调速器来调节动筛上下运动的频率，用手轮调节摆杆的长度来实现筛面振幅的无级调节。

动筛跳汰机在开车前，先向槽体里补充水，当水注满槽体后，关小水阀，至溢流口保持较小的溢流量，空车启动，运转正常后，排矸轮电机调到手动挡，逐渐向动筛给料，由间断给料到连续给料。待筛板形成一定厚度的床层，上、下溜槽都有料排出时，动筛即进入全自动运行状态。在运行过程中，要注意检查入料、排料是否畅通，有无堵塞现象；传动系统各部件运转是否正常，有无卡阻现象；各轴承和电器元件有无过热现象；各仪器和控制环节均是否能正常工作等。

4.5.7.2　DTKJ - LX 型机械式动筛跳汰机

A　结构特征

DTKJ - LX 型机械式动筛跳汰机的结构如图 4-39 所示。

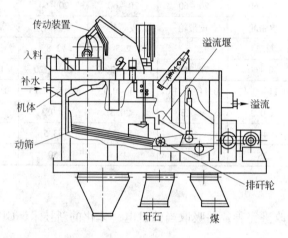

图 4-39　DTKJ - LX 型机械式动筛跳汰机

在总结动筛跳汰机多年使用经验的基础上，辽宁中煤洗选设备公司推出 DTKJ - LX 系列动筛跳汰机，适用于准备车间 50 ~ 350mm 毛煤排矸。可代替块煤重介质分选机排矸和人工拣矸，也可用于 25 ~ 150mm 块煤分选，或处理次杂煤和井下排矸。

该机机体由 16Mn 钢板与槽钢组焊而成，箱体两侧有检修孔。视需要可以采用斗式提升机，也可用立轮提升机排出轻、重产品。用浮标检测床层变化并控制排料速度，浮筒的最大升降幅度为 500mm。排矸轮为六角形，内圆环链带动回转，并随同筛板运动。

该机传动装置由摆线针轮减速机、曲柄连杆机构、滑块等部件组成。筛板的振幅和上下运动的速比利用改变连杆长度来实现。如果需要，该机可使筛板在上升末期或下降末期有停歇时间，类似于空气驱动跳汰机的膨胀期与休止期。要使筛板在最高位置停留，在滑块座内装上橡胶垫块和缓冲垫即可。排矸轮系统设有拉紧装置，可在筛体上部随时调节，减少卡链、掉链事故。

DTKJ - LX 型机械式动筛跳汰机的主要特点是：

（1）传动装置简单紧凑，便于调节工作参数，质量只有现用传动机构的 1/3；

（2）工作参数可按工艺要求在宽范围内调节，可在线调节振动频率，并可为振幅和运动周期特性提供多种选择；

（3）动筛体配有导轮和缓冲减振以及事故限位装置，克服了偏摆失衡的问题，运行平稳可靠；

（4）排矸轮链条设有张紧装置，可在箱体外部调节链条松紧，解决了掉链事故处理难题；

（5）浮筒耐用，无渗漏和变形，能确保床层检测系统稳定运行；

（6）动筛跳汰机的产品（精煤、矸石）排运方式，可按现场布置要求分别采用立轮、斗式提升机或大倾角刮板机等，对在老厂房中添置设备极为重要。

B　技术特征

该系列动筛跳汰机的技术特征见表4-9。

表 4-9　DTKJ－LX 系列动筛跳汰机的主要技术特征

机械型号	DTKJ-LX 1.0/1.7	DTKJ-LX 1.0/2.2	DTKJ-LX 1.25/2.5	DTKJ-LX 1.4/2.8	DTKJ-LX 1.6/3.2
主要用途	主洗设备	主洗设备	主洗/代替手选	代替手选	代替手选
产品排运方式	斗式提升机	斗式提升机	斗式提升机/立轮	斗式提升机/立轮	斗式提升机/立轮
入料粒度/mm	200~25	200~25	200~25	300~50（25）	350~50（25）
振动频率/min^{-1}	30~63	30~63	30~63	30~63	30~63
给料端振幅/mm	200~390	200~390	200~390	200~390	200~390
筛板面积/m^2	1.7	2.2	2.5	2.8	3.2
筛板倾角/(°)	5~10	5~10	5~10	5~10	5~10
处理量/t·h^{-1}	50~70	60~90	70~100	100~120	120~150
总功率/kW	24.2	34	41	52	60
总质量/t	18	24	32	38	44

4.5.8　动筛跳汰机的应用效果

目前国内实际使用的动筛跳汰机主要有三种：德国 KHD 公司生产的 ROMJIG 型液压式动筛跳汰机、国产液压式动筛跳汰机和国产机械式动筛跳汰机，国产动筛跳汰机是在借鉴德国液压动筛跳汰机的基础上研制开发的，其核心部件液压站等从德国进口。

从工艺布置看，为达到稳定的分选效果，国产动筛跳汰机需要均匀给料，如果来煤量不稳定，须在动筛跳汰机前设缓冲仓。而德国产动筛跳汰机分选效果基本不受给料量的影响，可不设缓冲仓，仅沿入口宽度均匀给料即可，如此可简化工艺布置。

从使用效果分析，德国产动筛跳汰机不论是其性能还是分选指标均优于国产动筛跳汰机。但不论是进口的还是国产的动筛跳汰机用于块煤排矸及分选，都能满足设计要求，既能代替人工手选，降低工人劳动强度，又能取得较好的分选效果。

4.5.8.1　工艺流程

在炼焦煤选煤厂，动筛跳汰机用于准备车间代替人工拣矸，如抚顺的老虎台矿选煤厂和龙凤矿选煤厂。

在动力煤选煤厂，利用动筛跳汰机作为主要分选设备，如阜新的八道壕矿选煤厂和义马的跃进矿选煤厂。这两个矿是利用动筛跳汰机将筛选厂改造为选煤厂，生产洗块煤产品。

动筛跳汰机的提升轮在提升产品的同时具有脱水作用，所以矸石不再设脱水设备。而块精煤如果粒度合格，亦可不再脱水；如果严格要求块煤的限下物含量，则可设筛分机筛除细粒并再次脱水。因此，动筛跳汰的工艺流程是很简单的。

4.5.8.2　工艺效果

上述4个选煤厂都是利用动筛跳汰机处理含矸量极高的低质块煤，灰分接近或大于50%，液压驱动的动筛跳汰机单位面积处理量在 28~50t/h 之间，在入料粒度范围很宽（25~300mm）的条件下，获得了满意结果。不完善度 I 值都在 0.09 以下，而其中龙凤矿选煤厂达到 0.053。以数量效率计算，均在95%以上。抚顺两个选煤厂，精煤中 +1.8 密度级含量不超过 2.5%，其中老虎台矿选煤厂只有 0.26%。矸石中 -1.8 级含量在 2% 以下。使用机械驱动动筛跳汰机的八道壕矿选煤厂，为获得灰分较低的精煤，将分选密度降至 1.645，精煤灰分为 21.65%。

4.5.8.3　设备运行的可靠性

从使用中的液压动筛跳汰机来看，引进设备工作可靠，国产设备可靠性有待于进一步提高。主要问题是：个别液压件质量尚不理想；当入料量急剧增加、工艺参数来不及变化时，浮标易压住。国产动筛跳汰机尽管质量有待提高，但已可用于生产；日常的零星事故，现场可以处理，宜在实践过程中不断改进和完善。

4.5.8.4　投入与效益

动筛跳汰机处理的大粒度块煤，产品带水极少，可不必单独设置脱水设备，产生的煤泥也很少，易于处理。因此动筛工艺流程简单，工程投入较重介质选煤少得多。

由主机价格来看，机械驱动式动筛跳汰机最低；国产液压式动筛跳汰机的现价比前者略高。而进口设备价格大约是国内产品的8倍。

4.5.9　跳汰机的比较

4.5.9.1　动筛跳汰机与定筛跳汰机的比较

这两种跳汰机在工作原理上的主要区别是脉动水流产生的方式不同。

动筛跳汰机是靠外力直接驱动筛板在水介质中作上下运动，造成物料周期性松散，实现按密度分选。定筛跳汰机是靠活塞或压缩空气直接推动水介质，由于水介质的运动，造成床层周期性地紧实 - 松散 - 紧实，使床层从无序向有序状态转变，实现按密度分层。

相对于定筛跳汰机而言，动筛跳汰机不用冲水和顶水；而且动筛跳汰的松散度由动筛的运动特性决定而不是风水制度。

4.5.9.2　机械式与液压式动筛跳汰机的比较

（1）结构不同。机械式动筛跳汰机与液压式动筛跳汰机在结构上的主要区别在于筛箱的驱动系统。机械式动筛跳汰机不靠液压系统驱动筛箱，而是通过电机、皮带轮、减速器、曲柄摆杆等一系列机械机构实现驱动。

机械动筛跳汰机的传动系统零部件少，结构简单，维护简便可靠，生产费用低。液压动筛跳汰机需冷却水系统，液压件多而复杂，维护保养复杂，故障率高，费用高。

机械动筛跳汰机比同处理量的液压动筛跳汰机体积大，占用空间大，在入料粒度小于50mm，特别是25mm左右时，比液压动筛跳汰机更容易跑煤。

机械动筛跳汰机一般投资为液压动筛跳汰机的一半，但从实际使用来看，对 +50mm以上物料分选，其分选精度基本相同。

（2）参数调节方法不同。各种运动参数的调节，液压式动筛跳汰机比机械式动筛跳汰机方便，液压动筛跳汰机动筛板的振幅和频率可以在线调节，电液系统保护齐全，但两种跳汰机的运动参数调节范围相同。而且在实际生产中，各项运动参数很少变动，所以机械式动筛跳汰机在应用中并无明显不便。

机械式动筛跳汰机的跳汰频率可通过更换皮带轮调节，或采用变频调速电机实现。两种方式各有利弊，用户应酌情选择。采用更换皮带轮调频造价低，但调频时必须停机，且比较麻烦；采用调速电机可在线调节，调频简单且连续，但造价略高。

机械式动筛跳汰机的筛箱振幅的调节，是通过手轮调节摆杆长度来实现的。可以连续调节，调节范围与液压动筛相同，但需停机进行。机械式动筛跳汰机调节筛箱上升与下降速比，是通过改变连杆长度来实现的。

（3）自动化程度不同。从控制理论上看，液压容易实现自动控制，便于实现高自动化控制。通过传感器能精确检测到各执行元件的动态运行参数，而机械动筛跳汰机则无法做到。

液压动筛跳汰机能够在线显示床层的动态运行曲线，可根据煤质情况调整床层的运行特性，使其运行按选煤理论曲线运行，保证了分层精度，同时它可以调整床层上行及下行的速度和速比，运行速度稳定；机械动筛跳汰机是通过曲轴摆杆机构将圆周运动变换成直线运动，角速度是恒定的，筛床在各点的运行是变化的，它不能调整上行、下行运行速度和良好的分层速比，更无法调整筛床的动态运行曲线，因此不能保证高分选精度，一旦煤质发生变化，无法做到完善地及时调整，对煤质的适应性差。

（4）排矸控制方式不同。排矸装置是随动筛跳汰机入料的含矸量变化而频繁调节排放量的关键机构。

德国的液压动筛是通过床层上升时，矸石层对床层产生的重力变化值确定矸石排放量和排放时间，这一信号是通过压力传感器检测获得，它采用的是压力传感、比例控制技术完成，信号的采集是在液压管路上进行的，这种方式能及时准确，床层稳定性好。同时因为是闭环控制，对煤质适应性强。我国的液压动筛跳汰机，是采用浮标传感器来调节排矸轮的转速。当入料粒度大时，往往阻碍浮标的上下运动，使传感器不能真实反映矸石床层厚度。

机械式动筛跳汰机的排矸装置有两种，一种是自平衡式浮标闸门，可用于入料上限100~150mm 的情况。该闸门结构简单，运行可靠，但不能检测到准确的排矸信号，因此无法准确稳定床层；另一种是排矸轮结构，通过测量主驱动电机电流反映矸石床层的厚度，从而控制排矸轮电机的转速。这种装置用于入料粒度大的情况。

无论是采用质量传感器还是利用主电机的电流测值，都是通过测定筛箱的负荷，即筛板上全部物料层质量而间接确定矸石层厚度，因为当料层全厚度一定时，矸石层越厚则负荷越重。显而易见，这种测量方法，只是在物料层厚度保持为一定的常数时，测值才有意义。为此，需在动筛跳汰机前设缓冲仓，以保证给料均匀稳定。

（5）矸石带煤比率不同。机械动筛跳汰机的分选精度低于液压动筛跳汰机，因此机械动筛跳汰机的矸石带走煤的比率比液压动筛跳汰机高。机械动筛跳汰机带走煤比率为5%左右，液压动筛跳汰机带走煤比率小于1%。

（6）噪声不同。液压动筛跳汰机采用电液压软缓冲控制，对设备的冲击力小，噪声低；机械动筛跳汰机采用曲轴摆杆机构的运行方式，无法做到良好的抗机械冲击性，因此噪声大。

总之，从动筛跳汰机特性和实际生产的使用情况等比较表明，液压动筛跳汰机和机械动筛跳汰机各有优缺点，在设计选型时应该根据实际情况，比如设备的安装位置空间、总投资、技术力量、原煤特性和用户对产品质量要求等综合考虑，选用合适的动筛跳汰设备。

4.6 动筛跳汰机生产实践

4.6.1 动筛跳汰基本工艺流程

基本工艺流程如下：

（1）代替手选、选择性破碎机以及重介质分选机，用于炼焦煤选煤厂和动力煤选煤厂准备车间的大块排矸（图4-40）。

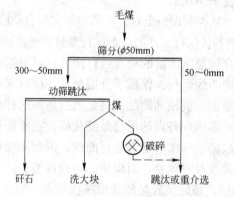

图 4-40 用于大块排矸的原则工艺流程

（2）代替重介质分选机和定筛跳汰机，用于动力煤选煤厂洗选块煤（图4-41）。

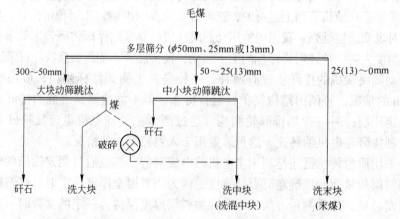

图 4-41 动力煤选煤厂的原则工艺流程

4.6.2 动筛跳汰机的工艺因素

动筛跳汰机在我国的应用已显示出良好的性能，但是相比定筛跳汰机，它仍是一种新事物，人们对其认识还不充分，在应用中也遇到一些问题，主要有以下一些工艺因素。

（1）入料不匀造成矸石带煤。动筛跳汰机的排矸口尺寸较大，并且床层是在上下往复运动、带有一定角度的筛板上，这些是与定筛跳汰机不同的。尽管动筛跳汰机都是靠控制排矸轮的转数实现自动排矸，但是排矸轮不转时，矸石仍可随着动筛的上下运动少量外排。如果动筛的入料很不均匀，有间断无料且动筛不能及时停止的情况，就会造成矸石床层太薄，突然来料后，会有部分块煤补充床层，造成外排的矸石中带煤。

德国的液压动筛这种情况就更为突出，因这种动筛跳汰机不像国产动筛跳汰机使用浮标位移传感器，使用的是压力传感器，是根据动筛的质量判断矸石床层的厚度，以此来调节排矸轮的转速。

来料不均、入料的增多，传感器会当作矸石床层加厚而加速排矸，造成矸石带煤。因此，在选煤厂设计中，动筛跳汰机前最好设置一缓冲仓，以保证均匀给料。

（2）入料粒度范围太宽影响选煤效果。动筛跳汰机的入料粒度范围较宽，从试验室试验结果和一些应用实践，13～400mm 的粒度均可入选。但是单台动筛跳汰机入料粒度太宽，选煤效果会受到影响。

因为动筛跳汰机是一种单段跳汰机，且筛面不是很长，入料粒度宽了在处理量达不到额定处理量时，选煤效果还比较好，但当处理量大时，物料在水中的位置交换不充分，效果就不甚理想，矸石中易夹碎煤。目前应用的实践表明，25～200 mm 或者 40～350 mm 这两种粒度宽度，选煤效果比较理想，也容易达到最大处理能力。因此，选煤厂设计时，除应按上述确定入料宽度外，还应注意分级筛后尽量避免块煤的二次破碎。

（3）筛下物外排方式。动筛跳汰机的轻、重产品均由提升轮脱水外排，比较容易处理，但透筛物的排放则需因地制宜、优化选择，透筛物量一般很少。

有的选煤厂动筛跳汰机的选精块直接销售，矸石卖给砖厂制砖（矸石中允许含少量煤），透筛物可经脱水斗式提升机脱水后掺到矸石中；有的厂选精块破碎后再入选，则透筛物可掺到块精煤中；在不影响末煤质量的情况下，大多数厂是掺到末煤当中的。

不论哪种情况，目前国产动筛跳汰机均是用脱水斗式提升机脱水外排，效果较好。而德国的液压动筛跳汰机是用双层闸门外排，它的主要缺点是双层闸门磨损较快，需经常维修。但对于厂房空间所限，设置斗式提升机有困难的情况，采用这种双层闸门，然后用泵和管道外排会更节省空间。

（4）煤泥水的处理。动筛跳汰机用水量很少，并且洗水浓度对选煤效果影响不是很大，故煤泥水处理比较简单。德国的动筛跳汰机筛下物采用双层闸门排料，每次排放的筛下物和煤泥一起排出，故它的洗水不用澄清，只是补加即可。国产动筛筛下物用脱水斗式提升机提起，煤泥仍有部分留在机体内，所以脱水斗式提升机下部须留设一阀门，下面设置一沉淀池，以便定期排放过浓的洗水，经过沉淀后的洗水，可返回动筛使用，沉淀池应能装下动筛跳汰机中的全部洗水，以便动筛检修时放水。

4.6.3 动筛跳汰机常见故障与对策

动筛跳汰机在选煤厂的应用效果较为理想，但设备的机械、液压部分构造复杂，易出现故障，设备维修量较大。

4.6.3.1 液压系统

A 液压油温升过高

运行过程中，液压油温升过高，最高温度达 55℃（正常为 15 ~ 55℃），并且持续不降，最终导致系统自动停机。其原因可能是：

（1）冷却流的流量少；

（2）油冷却器热交换能力下降；

（3）冷却循环水水温过高；

（4）液压系统内部的磨损或者油路不畅通。

解决措施：

（1）适当调节冷却流控制阀（压力不允许超过 1MPa），加大冷却流量，将油温控制在中等状态（一般为 20 ~ 40℃）；

（2）清洗冷却器内壁附着的污垢，恢复其热交换能力；

（3）经常检查、更换冷却水，或者使冷却循环水箱保持溢流状态，降低冷却水温；

（4）这种状况主要是由于液压油不清洁或者油液变质造成的，必须进行：检查化验油液的质量，如果油液的化学品质超标，则必须更换液压油，如果是油液杂质过多超标，则必须对液压系统的管路、油箱、油液进行彻底清洁；检查滤油器阻塞情况并及时清洗或更换滤芯；重新加注液压油时用 5μm 精度的加油滤油小车过滤加油，以保证油质纯净。

B 主油泵温升过快过高

油泵泵体温度达 80℃，并且伴随出现异常噪声，与主油泵连接的出油管法兰螺栓由于受热发生松动，导致油液泄漏。其原因可能是：

（1）泵内零部件磨损；

（2）系统内油温过高；

（3）油路不畅通或者堵塞，导致油泵的负荷增大，造成泵体温升异常。

解决措施：

（1）拆开泵体，检查更换磨损的零部件；

（2）采取前述的减低液压油温的措施；

（3）清洁油液，彻底清洗油管路，清洗或更换油过滤器滤芯，保证油路畅通。

C 液压油冲洗、冷却电机过热

其原因可能是：

（1）电机性能下降；

（2）电机负荷过大。

解决措施：

（1）检修或更换电机；

（2）检查油泵，如果磨损，必须维修或者更换，如果油泵完好则检查冲洗、冷却油路是否堵塞，对油路进行清洁处理。

D 缓冲油缸损坏频繁

缓冲油缸的功能是缓冲筛体下落产生的强烈冲击和震动。缓冲油缸上升速度较慢，压力较小，无上限保护；其下限除受自身缓冲和弹簧保护外，还靠主提升油缸的下限限位接近开关以及动筛机槽体横梁与筛体之间所加设的胶垫来保护。原缓冲油缸减震系统示意图见图4-42。

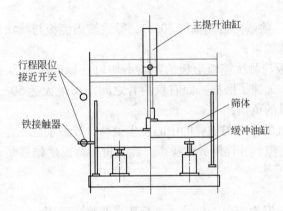

图4-42 油缸减震系统示意图

由于筛体冲击较大，缓冲油缸达不到缓冲能力，造成下列事故的发生：

（1）油缸损坏，筛体侧板与槽体横梁剧烈撞击，使筛体侧板甚至横梁产生变形，增加筛体的运行阻力；

（2）各密封件因磨损而出现漏油现象；

（3）油缸活杆因磨损而出现划痕，不能实现有效密封，使系统液压油大量泄漏，而且由于其表面对光滑度要求极高，因此无法修复；

（4）缓冲油缸底部与底座的连接对丝损坏，使缸体无法紧固，运行时缸体颤动，油缸活杆易折断。

解决措施：缓冲油缸更换为橡胶垫。将动筛跳汰机的2个缓冲油缸更换为5个锥形橡胶垫，如图4-43所示。

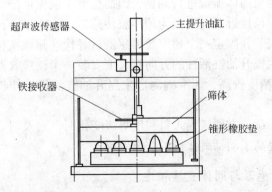

图4-43 改造后的油缸减震系统示意图

原主提筛系统的筛体提升由主提升油缸控制,完全靠筛体自重下落。改造后,为避免筛体对机体的冲击,更换了控制主提升油缸的电磁阀组件,同时,增设了控制主提升油缸下落的电磁阀组件,从而改变了筛体的工作方式。并增设部分油管,通过液压系统实现对筛体提升与下落的完全控制。动筛跳汰机运行时,筛体在设定的范围内运动,筛体与橡胶垫不接触;停机时筛体下落,筛体与底部的橡胶垫相接触,实现缓冲保护作用。

4.6.3.2 动筛机构

出现的问题有:

(1) 摇臂(筛面)前端向右侧偏移 30mm,导致筛面侧板与跳汰箱侧板之间两侧距离不相等,影响跳汰分选效果;

(2) 筛面前弧形板与跳汰箱弧形板的距离不均匀(标准距离为 10 ~ 20mm),左侧部分两者发生相互摩擦,加速了磨损,而右侧两者之间距离最大达 50mm,导致筛下漏料增多,加重了斗式提升机的负担;

(3) 摇臂驱动油缸的中心与摇臂的中心发生偏移,导致油缸工作状态不佳,球形铰链受周期性冲击,产生间隙,并伴随异常噪声。经分析摇臂发生偏移是动筛机构发生上述一系列问题的主要原因。

解决措施如下:

(1) 检查筛面是否发生变形、松动,进行适当调整、紧固;

(2) 检查摇臂的销轴及铜套,如果磨损进行更换;

(3) 调整排矸轮驱动链条的松紧程度,一般以其自然下垂 1 ~ 2 cm 为宜;

(4) 调整摇臂驱动油缸使其运动中心与摇臂的运动中心重合,并且经常检查、紧固连接装置。

4.6.3.3 筛体振幅调节不便

筛体的振幅,即主提升油缸的行程。当入料的粒度等级发生变化时,为保证洗选效果,必须对筛体的振幅进行调节。

由于设备采用行程限位接近开关来控制振幅的大小,所以要改变筛体振幅,必须改变上下两个行程限位接近开关之间的距离。调节过程中筛体的振幅大小不易控制,更无精度可言,而且调节工作必须在停机状态下进行,十分不便,无法实现根据入料的粒度等级变化及时、有效、准确地对筛体振幅进行调整,因而也就不能保证洗选效果。

解决措施:行程限位接近开关更换为超声波传感器。

在主提升油缸上安装并固定一个超声波传感器,替代动筛跳汰机一侧的两个行程限位接近开关,并在固定主提升油缸活杆的万向接头上安装一个铁接收器(信号反射板,见图4-43)。因超声波测量精度较高,能准确测出主提升油缸活杆的伸长量,进而准确测出筛体的振幅。

改造后,筛体振幅调节方便,当入料粒度等级变化时,可及时、有效、准确地调整筛体振幅,进而保证和提高了动筛跳汰机的洗选效果。

4.6.3.4 压力传感器与阀体直接相连

压力传感器的主要作用是测量筛体的压力值,并反馈给 PLC,从而实现对排矸轮的控制。因此，压力传感器反馈值的真实性直接关系到动筛跳汰机的洗选效果。压力传感器的安装位置如图4-44所示。

由于压力传感器与控制主提升油缸的阀体直接相连，所以停机后，液压系统卸油时，空气就会经电磁阀阀体进入压力传感器内。当再次运行动筛跳汰机时，因空气的存在会使压力传感器的测量值出现偏差，进而影响系统对排矸轮的控制，使洗选效果得不到有效保证，经常出现煤中带矸石或矸石中有煤的现象，给企业造成经济损失和不良社会影响。

解决措施：改变压力传感器与阀体的连接方式。

为了杜绝空气进入压力传感器，在压力传感器与阀体之间增设了一段"U"形管路，如图4-45所示。压力传感器端低于阀体出口，保证了停机卸油时其内的液压油不回流，从而使压力传感器内始终充满液压油，保证了压力传感器能够真实、准确地测量出筛体的压力值。

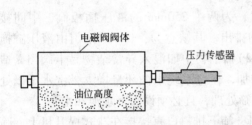

图4-44 压力传感器的安装位置

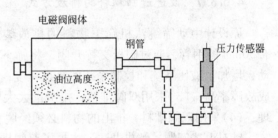

图4-45 改造后压力传感器的安装位置示意图

4.6.3.5 主提升油缸活杆与缸头脱节

主提升油缸活杆与缸头通过对丝相连接，缸头用螺丝固定在筛体上，如图4-46所示。动筛跳汰机运行一段时间后，由于受到振动作用，主提升油缸活杆发生转动，与缸头形成相对位移。严重时活杆在缸头上退丝，与缸头脱节，进而使筛体不能提升，造成动筛跳汰机故障，影响生产的正常进行，甚至影响矿井的提升，而且修复工作量较大，严重浪费人力。

解决措施：主提升油缸活杆与缸头处加装防退丝措施。

如图4-47所示，将主提升油缸缸头中间内丝处开一宽10mm、高100mm的敞口，敞口处两侧的缸头部分通过四个螺栓进行连接。紧固四个螺栓就可以将主提升油缸的活杆固定在缸头上，使主提升油缸活杆与缸头之间不会产生相对位移，进而杜绝了主提升油缸活杆在缸头上退丝的事故。

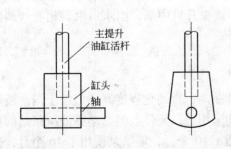

图4-46 主提升油缸活杆与缸头连接问题

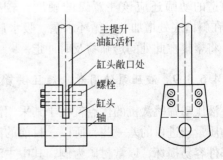

图4-47 主提升油缸活杆与缸头连接改进

4.6.3.6 筛板与筛板框架结构为一整体

动筛跳汰机的筛板与筛板框架为一整体,筛板表面磨损后必须整体进行更换,而筛板框架却基本完好。筛板框架占整体质量的75%以上,筛框因筛板的损坏而不能继续使用,造成严重浪费,因其材质为不锈钢材料,价格昂贵,所以每次筛板损坏都需投入大量的资金。

解决措施:分离筛板与筛板框架。

针对筛板与筛框为一体的问题,根据原筛板的尺寸,加工制作了新筛板。新筛板与筛框分离,并将两块大筛板分割为四块小筛板。筛板整体结构为两层,下层为锰钢框架,上层为不锈钢筛板。筛板通过螺丝固定在筛框上,当筛板磨损后,可以十分方便地更换上筛板,筛框不需更换,可继续使用,不仅节约了大量资金,而且国产筛板进货渠道便捷、周期短。

4.6.3.7 改进透筛物料的排放方式

原设计中动筛跳汰机筛下物料的排放装置,为两个250mm的液压插板阀,中间接 ϕ250mm 的钢管,通过阀板交替开闭,将筛下物排出。其缺点为:(1)双闸门由液压缸拖动,增加了液压系统和控制系统的复杂程度;(2)筛下物中如混入异常杂物易卡阀门,造成故障率高;(3)采用双阀排料,排水量大大增加,使全系统水循环量增大,洗水难以处理;(4)采用双阀排料,排出的物料必须经脱水筛处理,且必须设筛下水池和水泵。

针对上述问题,解决办法:去掉了双阀排料,筛下排料口直接接在斗式提升机上,筛下末煤由斗式提升机捞出并自行脱水,脱水后与二次筛的筛下物混合,由于二次筛的筛下物干燥且量大,而斗式提升机排料少(约为二次筛的筛下物量的10%),这样大量的干煤与少量的湿煤掺在一起,无需再作其他处理。这样既省去了脱水筛、水池、水泵等设备,又省去了许多工艺环节。

4.6.3.8 物料卡住排矸通道

动筛跳汰机对分选的粒度范围要求高,粒度范围为50~350mm,小于50mm的物料不能超过20%。因为透筛物过多不能及时排出会撑住摇臂,使其回不到下止点,造成事故,大于350mm的物粒则易卡住排矸通道。

为保证动筛跳汰机的入料粒度,应做好以下几方面的工作:(1)提高分级筛的筛分效果,最好采用弧形筛以降低物料在筛面上的厚度,保证透筛率;(2)注意反手选(拣出有用矿石的手法)的分选效果,在反手选过程中必须将大于350 mm大块物料捡出;(3)旧厂改造的动筛还应该注意煤的硬度,较脆的煤必须减少转载环节和各转载点的落差;(4)在斜槽底处增加一台循环水泵,吸水口连接斗式提升机中部,出水口沿斜槽底倾斜向下,将聚集在此处的透筛物及时冲走。

4.6.3.9 液压泵使用寿命短且供货周期长

液压动筛跳汰机的优点就在于其采用液压元件驱动,自动化程度高,但由于国产液压件的质量较进口的差一些,所以,目前的液压件均采用进口元件。但是动筛液压泵站的核心部件容易损坏,以常村矿为例,其中主油泵使用了10个月,辅助泵使用了16个月,循环泵使用了15个月,平均每天运转16.9h,这些配件的供货周期均在3个月以上,制约其正常运行。液压元件的寿命除与产品制造质量有关外，还与液压油的清洁程度、维护工的检修质量有关。

在日常的维护中应该注意以下问题：（1）当过滤器堵塞后必须及时清洗。（2）更换液压油管时必须保证油管清洁，煤泥或其他杂物进入系统会对液压元件造成破坏，尤其是比例阀。（3）斜盘式轴向柱塞泵损坏的主要原因是，滑履与斜盘过渡磨损或滑履被异物卡阻造成滑履破损，滑履破损会对液压油造成污染（液压油中混有粒度大小不一的铜屑）。遇到这种情况则必须将液压管路在阀块前短接，开启冷却泵进行过滤循环，循环结束后还必须打开比例阀的回油口，开动液压泵用压力油冲洗比例阀。（4）每隔一年过滤或更换新的液压油（建议使用 46 号抗磨液压油），清理油箱底部的沉淀物后，用面团认真清理油箱四壁。

4.6.3.10 排矸系统检修维护不便

排矸系统的主要工作部件，排矸轮和驱动链是发生故障最多的部位，它们位于槽体中，槽体内空间狭窄，且正常运行中上述部件被水淹没，所以这些部位的检修和维护比较困难。

排矸系统处于槽体内部的部件是圆环链、从动链轮、张紧链轮和排矸轮；常出现的故障是圆环链损坏、排矸轮卡住、排矸轮轴头开焊、提升轮矸石段隔板损坏。解决的办法是：每隔 3d 检查一次或视设备工作情况定期检修这些部位；清理圆环链上的杂物；将排矸轮轴与侧板的连接的方式由焊接改为键连接，当排矸轮被矸石卡住时，则须放水人工处理。

4.6.4 动筛跳汰系统设计要点

动筛跳汰排矸系统的设计，应结合目前的市场形势和煤矿的特点，合理配置相应的设施，减少不必要的投入。

4.6.4.1 制定动筛跳汰工艺

主要考虑以下几个方面：（1）块原煤的可选性，夹矸情况、矸石纯度、煤岩特性等将直接影响选矸工艺效果。当块煤密度组成中中间密度物含量较低，矸石纯度高，或泥岩含量大、易泥化时较适宜采用动筛分选。（2）应充分考虑原煤的粒度组成，块煤含量一般不低于20%。（3）无论是新厂设计，还是老厂选矸系统改造，在确定选矸工艺时，应结合现有 −50mm（−25mm）级原煤分选工艺，充分利用不同设备的分选优势，合理安排产品结构，发挥最大经济效益。（4）对于老厂的筛分拣矸车间的改造，原手选皮带可考虑保留或部分保留，可用于 +300mm 级反手选，以用于控制动筛跳汰机的上限物料。

4.6.4.2 合理选择设备能力和型号

当选定动筛跳汰工艺后，设备能力和型号的选择十分重要。

动筛跳汰机作为排矸系统的主要设备，直接影响排矸效果及其投资。液压动筛跳汰机排矸效果较好，国外制造或引进技术国内制造的液压动筛跳汰机价格较高，资金状况充裕的用户可以选用；机械动筛跳汰机经过多年的改进和完善，已逐步走向成熟，因其性能可靠、质优价廉、机械和电控系统简单、生产管理方便、排矸效果良好等特点已逐步得到用户的认可和欢迎。

在设计选型时需要注意：

（1）跳汰机的处理能力不仅与入选原煤的粒度级别有关，还与入选原煤的可选性、粒度组成、密度组成、煤泥含量、物理特性等因素有关，选型时要考虑这些因素。

（2）由于影响动筛跳汰机排矸效果的因素很多，因此在设备选型时，尽可能地按设备原有能力的下限来考虑，留有余地，以确保选矸效果。

（3）已有设备使用经验表明，理想的入料粒度为 250~25mm。入料粒度小于 25mm 时，影响水流通过物料的速度；入料粒度大于 250mm 时，易卡排矸轮，并对床层稳定性有影响。当入料粒度为 250~50mm，且动筛跳汰机排矸的不完善度 I（0.09~0.11）最小时，处理能力更大。

（4）跳汰面积的选择也很重要。以 TDY 型液压动筛跳汰机为例，无论怎样选择动筛跳汰机的处理能力，它的外形尺寸和筛面长度都是一样的，只是筛宽不同，并且价格相差也不是很大。因此选择筛面的大小，不仅仅要看处理能力，还要看入料粒度的大小来决定设备的跳汰面积，因此，在可能的条件下尽可能选大筛面面积为宜，以确保排矸效果。

4.6.4.3　合理工艺布置

合理的工艺布置方法如下：

（1）块原煤缓冲仓的设置。一般来讲，为了保证动筛跳汰机入料的均匀性，需要在动筛跳汰机前设置缓冲仓。但是，在实际应用中，是否有必要设置缓冲仓，视原煤给料系统的配置情况，并结合该矿井煤的硬度综合考虑。

动筛跳汰排矸是原煤生产系统的一个组成部分，必须和矿井生产同步，矿井产多少块煤，动筛系统就要处理多少块煤。动筛系统设备的不均衡系数与矿井提升及原煤生产运输设备的不均衡系数相同。若动筛系统生产与矿井生产不同步而矿井必须生产时，动筛前必须设置块原煤缓冲仓，其容量应不小于矿井一个班提升毛煤的块原煤量。当块原煤仓满而动筛系统仍不能生产时，矿井只有停产。因此，为了保证矿井能够连续一个班或更长时间生产，就要设置大容量块原煤仓。但大容量块原煤仓跌落高度大、块煤易摔碎、造价高，不宜设置过大，这又和矿井生产的要求相矛盾。解决这一问题的方法是不设置块原煤仓，而设置人工手选系统，与动筛排矸系统互为备用，从而保证矿井长时间的连续生产。

如果矿井煤的硬度低，易碎，经过缓冲仓后，更增加了煤的破碎，当其进入动筛跳汰机后，增加了煤泥量，煤泥水浓度不易掌握，对煤泥水的处理影响较大，并且物料粒度稳定性差，因此也不宜设置缓冲仓。

目前国内有动筛系统的煤矿多数设置了块原煤缓冲仓，用户反映仓容量普遍偏小，意义不是特别大；而未设置块原煤缓冲仓的动筛系统，例如枣庄矿业（集团）公司付村煤矿、田陈煤矿，并没有因此而影响动筛洗选效果。

（2）动筛跳汰机的块精煤、矸石出口为同侧，布置块精煤、矸石溜槽时，应上、下一体布置。一端与动筛跳汰机连接，另一端根据块精煤、矸石各自系统的布置要求，分别与各自系统连接。若块精煤需再分级时，为减少中间环节，简化工艺布置，可在块精煤溜槽上，增加箅条，分出另一品种。其余品种的分级可在动筛排矸车间外完成，亦可采用分级筛后破碎，再筛分等措施。

（3）动筛跳汰机设备外形尺寸较大，质量大，因此在动筛排矸车间布置上，要充分考虑土建梁、柱对设备的影响及动筛跳汰机设备对土建结构的影响，预留孔洞对设备安装的影响，土建梁、柱对各溜槽的影响，起吊高度、重量对厂房层高及起重机的影响等。

4.6.4.4 筛板长度、宽度、角度的确定

筛板长度与入料可选性、选后产品的质量要求及分选精度有关。可选性越难，要求受到的脉动次数越多，筛板就应越长。我国300～25mm粒级原煤排矸时，可选性绝大部分属于易选或中等易选。在半工业性试验中发现，当筛板长度在1200mm时，矸石床层已经形成，并能获得良好的分选效果。分选150～25mm粒级的工业样机试验结果也表明，1800mm的筛板长度分选已完善。考虑到增加单位面积处理量，并能分选可选性较差的块原煤，筛板长度可适当加长，如2000mm以上。

筛板的宽度是影响处理能力的重要参数之一。国外常用槽宽计算单机处理能力，若按目前国外指标选取，筛板的有效宽度要达2000mm以上，这样整机体积及液压系统将是庞大的。确定宽度的指导思想是尽量取小值，通过其他参数提高处理量。

筛板角度是保证洗选效果和处理能力的关键参数。角度越小，床层移动速度越慢，分选精度越高，而处理量越小。另外，若入料中矸石含量越大，则需要的筛板角度越大。根据半工业性试验、150～25mm和300～50mm粒级工业样机试验数据，考虑弥补因筛机宽度降低而减少的处理量，并兼顾分选精度，应将筛板角度提高到7°以上。

4.6.4.5 溢流堰高度

溢流堰高度决定着床层厚度。空气脉动跳汰机的床层厚度是最大入料粒度 D 的5～8倍，一般在450mm左右。动筛跳汰机的入料上限为300mm，床层厚度若按（5～8）D 取，将很大。床层越厚，设备越高，驱动系统越复杂，提升轮直径越大，设备及基建投资也就越大。床层厚度影响着分层与分离效果，在切割线附近，床层密度变化率越小，分离误差越小。从这一点考虑，应增加溢流堰高度。根据试验，如果入料上限为300～400mm，床层厚度不得小于750mm。为能调整床层厚度，在动筛机构中增设了床层厚度调整装置。当入料粒度组成偏细时，降低床层厚度；入料组成偏粗时，升高床层厚度。

4.6.4.6 提升轮直径

提升轮直径由动筛机构的宽度、处理量及床层厚度确定，另外，还与产品水分有关。动筛机构越宽，床层越厚，提升轮内径越大；处理量越大，提升轮外径越大。根据所确定的筛板宽度、溢流堰高度和处理量，取提升轮外径不小于4200mm。

4.6.4.7 手选带式输送机的设置

采用动筛跳汰排矸代替人工拣矸并不能取消手选带式输送机。虽然动筛跳汰机理论入料粒度上限为350mm，但实践证明大于300mm粒度的矸石容易卡住动筛跳汰机排料口而影响分选。因此，设置手选带式输送机作为检查性手选，拣出入料中大于300mm粒度矸石和铁器、木块等杂物，以控制动筛入料粒度是十分必要的。

4.6.4.8 除杂设备的设置

大木块应在检查性手选处拣出。对于小木块的处理，若用户对煤炭质量要求严格，万吨

含杂率有严格规定时，应专门在动筛跳汰机前设置除杂设备，清除各种杂物；否则可利用动筛跳汰机的溢流口漂出部分杂物，虽然效果不是特别理想，但基本可以保证混煤的质量。

4.6.4.9　动筛跳汰机产品的处理

块原煤通过动筛跳汰机排矸，其产品有块精煤、块矸和透筛物。块煤可不经破碎直接销售，也可破碎到50mm以下与50~0mm原煤掺混后作为低灰混煤销售；块矸经矸石仓储存后运至矸石山或进行综合利用；动筛透筛物经脱水后可掺入50~0mm原煤销售。

4.6.4.10　运输设备的选择

由于动筛跳汰排矸系统处理的是块原煤，因此，除非场地限制，产品运输设备不宜采用大倾角带式输送机和刮板输送机。选用带式输送机比较适宜，输送机带宽应不小于1000mm，皮带倾角应不大于15°。透筛物一般采用脱水斗式提升机进行提升、脱水处理。

4.6.4.11　煤泥水的处理

动筛系统煤泥水主要包括动筛跳汰机的溢流水、动筛跳汰机或斗式提升机的事故放水、车间清洗地板水等。因煤泥水量不大，一般设置集中水池收集该部分煤泥水，用泵打至合适场所处理。

4.6.5　动筛跳汰机自动排矸

4.6.5.1　机械式动筛跳汰机的排料控制

当原煤给入动筛筛板后，经机械传动，随筛板在水中振动，由于煤和矸石的密度差别大，悬浮在水中的矸石下沉速度较快，煤的下沉速度较慢，在筛板的连续振动下，在筛体出口处形成矸石层在下，煤层在上。在筛体的出口处有一个挡板和一个排矸轮，煤从挡板溢流堰上面排出。矸石在挡板下面由排矸轮排出，如果排矸轮转速低，会出现煤中夹矸现象。当排矸轮转速高时，排矸速度快，矸石层变薄，煤可能从矸石通道排出，产生矸中带煤现象。

根据机械动筛跳汰机对排矸电机的要求，当矸石层厚度低于排矸口高度时，排矸轮电机转速为零；当矸石层厚度超过排矸口高度时，启动排矸轮电机，并随矸石层的厚度增大，排矸轮电机转速加快；当矸石层厚度达到挡板上边沿时，排矸轮转速最快。因此只要检测出矸石层厚度，即可确定排矸轮转速，并取得良好的选煤效果。

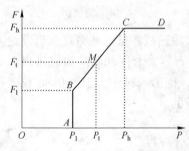

图 4-48　排矸电机的工作特性曲线

新型自动排矸控制系统是按检测驱动机构电机的输出功率来间接反映出筛体内负载情况，即矸石层的高度。随矸石层的增高，驱动排矸电机的功率也相应增加。

为满足动筛跳汰机自动排矸的要求，为排矸电机设计的工作特性曲线如图4-48所示。图4-48中，P_t为供给变频器输出值，该值取值范围为0~10V之间；变频器的频率输出在0~50Hz之间变化，排矸轮转速正比于该值；P_h 为检测动筛电机功率的传感器上限，即矸石层的最大高度；P_l 为检测动筛电机功率的传感器下限，即矸石层的最低排矸高度；F_l 为电机正常运行时的下限频率。

实际运行时，电机的原运行曲线应在 OA-AB-BC-CD 之间，即当动筛电机功率低于 P_l 时，电机转速为 0，即在 OA 段无矸石排出；当动筛电机功率在 P_l ~ P_h 之间时，电机运行在 BC 段，这时变频器的输出频率在 F_l ~ 50Hz 之间变化。当动筛电机功率为 P_t 时，对应的变频器输出频率为 F_t，在 M 点；当动筛电机功率超过 P_h 时，运行在 CD 段，变频器的输出频率为 50Hz，全速运行。

4.6.5.2 液压式动筛跳汰机的排料

跳汰过程主要由物料的分层及产品的分离两部分组成，其脉动过程主要实现物料的分层，脉动过程的合理与否决定物料的分层效果；而跳汰机的排料也是十分重要的，它直接影响到产品的质量、物料床层的稳定，并对设备的处理量起到一定的影响。

床层物料的分层主要是通过主提升液压缸驱动摇臂上下起伏，从而使床层上的物料按密度进行分层，在筛板的末端使分层达到理想效果。摇臂的下部是床层筛板，通过两侧臂连接摇臂支架，在床层筛板的前端是排料辊，排料辊固定在摇臂支架上，可以对物料进行排料。

床层物料的分离主要是以筛板前端的精煤堰为分界线对产品中的精煤及矸石进行分离，精煤通过精煤堰上方进入双道提升轮精煤侧，矸石由排料轮向前刮动进入双道提升轮矸石侧，在双道提升轮旋转下使精煤矸石从上部入口的精煤矸石溜槽排出，其中排料轮由槽体外部的液压马达通过链条带动。

图 4-49 为液压动筛跳汰机排料控制示意图。动筛跳汰机由主泵提供主提升液压缸的压力，并由主提升缸带动床层进行起伏，DGW–11K 型摇臂压力传感器对主提升油缸部位油压的测量，实际上同时反映了床层上的物料质量，而物料的质量主要由物料中沉物及浮物的比例来决定，从而为分离提供了理论参考点。压力传感器采集的信号经 VT3002 卡进行模拟量的放大和调整，转变为 4 ~ 20mA 后，输入 PLC 模拟量输入模块，同时由操作者从 PV600 上位计算机输入的操作参数进行控制，经 CPU 中程序的处理后，由 PLC 模拟量输出模块输出 0 ~ 10V 的电压，并由 VT5005 卡放大处理后对液压马达进行控制，在液压马达的带动下，经传动装置后排料轮对沉物即矸石产物进行刮动排料，并在不同的床层、浮物沉物情况下，对排料量由液压马达最终动态控制，从而稳定了床层分选密度的分界线，达到其分选效果。

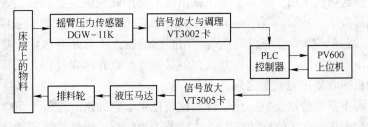

图 4-49　液压动筛跳汰机排料控制示意图

5 ‖ 重介质选煤

5.1 重介质选煤概述

重介质选煤是用一定密度的流体作为介质进行分选的过程，分选密度介于组成入料的轻、重物料密度之间。密度低于分选密度的物料漂浮成为精煤，而密度高于分选密度的物料下沉成为矸石或中煤。由此可见，分选介质的特性决定物料的去向和分离的效果，长期以来，许多学者对介质的种类和工艺性质做了大量研究，构成了重介质选煤技术发展的一个重要部分。

5.1.1 重介质选煤的发展

5.1.1.1 分选介质的发展

在重介质选煤发展历史上曾用过两类重介质。

一类是密度大于水的有机重液和无机盐溶液，其成分组成均匀。可用的有机重液有：三氯乙烷（$C_2H_3Cl_3$，密度 1460kg/m^3）、四氯化碳（CCl_4，密度 1600kg/m^3）、五氯乙烷（C_2HCl_5，密度 1680kg/m^3）、二溴乙烷（$C_2H_4Br_2$，密度 2170kg/m^3）、三溴甲烷（$CHBr_3$，密度 2810kg/m^3）等。用过的无机盐溶液有氯化铁、氯化锰、氯化钡和氯化钙等金属的氯化物水溶液。在 1942 年曾有多达 25 个选煤厂用氯化钙溶液选煤。采用有机液体或无机盐溶液选煤，因其黏度小，常常可以取得较好的分选效率。但是有机重液和无机盐溶液价格高、回收复用困难，导致生产成本昂贵，很快就退出了工业性生产的历史舞台。目前，该方法主要用于实验室分析煤的密度组成以及检验重力分选设备的实际分选效果。

另一类重介质是重悬浮液。一般是由较高密度的固体，经细粉碎后与水配制成的一定浓度的悬浮液，比如 1917 年有人采用 0.25~0.35mm 的砂子与水混合作为选煤介质，利用水砂分选机选煤，目前少数国家仍在应用。因水砂悬浮液的密度不够高，同时为了使砂子保持悬浮状态，所以采用了上升介质流。

在强斯水砂选煤法之后，世界上很快就出现了利用磁铁矿、重晶石、黄铁矿和黄土之类重介质的选煤方法。1922 年第一次出现了用磁铁矿粉和水混合配置成悬浮液进行选煤试验（康可林选煤法），1936 年特鲁姆在荷兰用磨细的磁铁矿悬浮液选煤，并利用磁铁矿的沉降在分选机中形成不同的密度进行分选，但是磁铁矿重介选煤过程真正得到广泛应用只是在采用磁选机回收复用磁铁矿之后。

磁铁矿来源丰富，价格便宜，化学性质比较稳定。它的密度接近于 5000 kg/m^3，用其配制的悬浮液的密度可在 1200~2000kg/m^3 的范围内调节。磁铁矿属于铁磁性矿物，容易用磁选机回收复用。用磨细的磁铁矿粉配制的重介质是一种半稳定的悬浮液。当磁铁矿粉粒度较细（如 -0.074mm）、并有少量煤泥和矸石泥化物存在时，可以达到比较适宜的稳定性和黏度。在分选设备中只要有少量的扰动就可以保持相对稳定。以上特性使得磁铁矿悬浮液适合于各种煤炭的分选。目前，国内外重介质选煤几乎都采用磁铁矿悬浮液作为分选介质。

5.1.1.2　分选设备的发展

早期所用的重介质选煤设备是各种形状的分选槽，或叫重力分选机。通常只用于块煤分选。1945 年荷兰国营煤矿开发出分选末煤的重介质旋流器（DSM 旋流器），使重介质选煤方法能延伸到末煤。尽管当时块煤、末煤需要在不同的设备中分选，这一发明仍然成为重介质选煤发展史中的一个重要里程碑。

1956 年美国 Dynawhirlpool 开发出中心给料的圆筒形重介质旋流器。在此基础上，1985 年英国煤炭局开发出直径 1.2m 的中心给料圆筒形重介质旋流器 LARCODEMS，单台通过能力达 250～300t/h。更重要的是使重介质选煤入料粒度上限达到 100mm，这样就可以实现全粒级（块和末）煤炭在 1 台重介质分选机中分选。

1967 年在原苏联出现了三产品重介质旋流器，它利用第一段旋流器的余压将其重产物送入第二段进行再次分选。因为重介质悬浮液经历了一段浓缩，提高了密度，所以在第二段旋流器能选出较纯的矸石。这样可以用一套重介质系统，单一密度的合格介质分选出 3 个产品。至此，有可能使传统的两粒级双密度的、复杂的重介质分选工艺简化为单密度全粒级重介质分选工艺，这就大大简化了重介质选煤工艺流程。

三产品重介质旋流器的出现对重介质选煤的发展是一大促进，同时，其他辅助设备（如介质泵、耐磨材料、阀门以及重介质密度自动控制系统）的发展也对重介质选煤技术的发展起到了重要的作用。

我国从 20 世纪 50 年代中期开始试验重介质选煤方法。起初采用黄土和高炉灰之类作为加重质，成效不大。到 20 世纪 50 年代末 60 年代初开始研究采用磁铁矿粉作为加重质选煤，1959 年煤炭科学研究总院唐山分院在通化铁厂选煤厂建立了用斜轮分选机处理槽洗中煤和 6～100 mm 块煤的工业性生产系统，1960 年北京矿业学院（现今的中国矿业大学）与阜新海州露天矿合作建成斜轮重介质分选系统，1966 年唐山分院与彩屯选煤厂合作建成了重介质旋流器分选系统。此后重介质选煤的理论研究、设备开发、设计和生产在国内逐步发展起来。到 1983 年国内先后建立了 28 座重介质选煤厂（车间），其中包括 4 座采用国外引进设备并主要由国外设计的大型选煤厂，即：吕家坨选煤厂（240 万吨/年）、大武口选煤厂（300 万吨/年）、范各庄选煤厂（400 万吨/年）和兴隆庄选煤厂（300 万吨/年）。到 1986 年，我国重介质选煤占各种选煤方法的比重为 23% 左右。

1986 年中国矿业大学与重庆南桐矿务局合作，研究使用中心给料的圆筒重介质旋流器脱硫，1990 年通过了原煤炭工业部的鉴定。1991 年中国矿业大学与重庆中梁山矿务局合作，在煤炭部的支持下，对中梁山选煤厂进行技术改造，1993 年建成"难选高硫煤脱硫降灰示范工程"，在国内首次采用了"跳汰初选—中心给料的圆筒形重介质旋流器精选—煤泥旋流微泡浮选柱分选"的联合脱硫新工艺。1995 年通过了煤炭工业部组织的工程验收和技术鉴定，开始了中心（无压）给料圆筒形重介质旋流器在我国选煤生产中的应用。

三产品重介质旋流器在我国选煤工艺中获得了特别快的发展和广泛的应用。1989 年山西晋阳选煤厂引进原苏联的圆筒-圆锥形有压给料的三产品重介质旋流器 Γ710/500，在生产中展现出了它提高分选质量和简化工艺流程的优越性。1992年煤炭科学研究总院唐山分院与黑龙江鸡西滴道矿选煤厂合作试验成功我国第一台无压给料三产品重介质旋流器（NWSX700/500型），并通过了技术鉴定，获得了专利，随之逐渐推广。1999年作为"九五"国家科技重点攻关项目，由煤炭科学研究总院唐山分院和贵州盘江老屋基选煤厂合作试验成功了我国第一台大型无压给料三产品重介质旋流器（3NWX1200/850A型）。在国内逐渐形成了各种规格的有压给料及无压给料三产品重介质旋流器系列。在推广应用中进一步改进，在2004年国华科技公司已生产出国内外最大型的3GDMC1400/1000型无压给料三产品重介质旋流器。这为我国重介质选煤技术的发展、选煤工艺流程的简化和选煤厂大型化奠定了基础，对我国选煤技术水平的提高做出了重要贡献。

20世纪90年代是我国重介质选煤技术和入选量快速发展的年代，其中发展最快的是重介质旋流器选煤技术，特别是中心给料圆筒形重介质旋流器以及三产品重介质旋流器的大型化与推广应用。

提倡采用高效率的重介质选煤方法，激烈的市场竞争也促进了重介质选煤技术的发展。20世纪90年代后期，中国煤炭市场曾出现相对供大于求的情况，低质量煤炭产品的销售受到了更大的制约。在政策和市场的推动下，国内的研究、设计单位和相关院校，在重介设备、工艺流程和厂房结构配置等方面做了许多研究工作，使我国重介质选煤技术取得长足进步。特别是煤炭科学研究总院唐山分院在圆筒形二产品和扫选型三产品旋流器的大型化方面做了大量的工作。改进后的重介质选煤工艺使建厂投资和运行费用都有更大幅度的降低，也使生产管理和分选效率有了明显的改善。与此同时，重介质选煤的辅助设备和耐磨材料的生产技术也取得了长足进步，为我国重介质选煤技术的大规模工业化推广提供了成熟的外部条件。

5.1.2 重介质选煤的优点

5.1.2.1 重介质选煤的分选效率高

在合适的条件下，重介质选煤能达到很高的分选精度，可以获得高的分选效率。与其他选煤方法相比，重介质分选是精度最高，即可能偏差 E 值最小的分选方法，因此可以应用于难选和极难选煤的分选。分选精度高就意味着在相同产品质量条件下精煤的产率高。

重介质选煤可以用于分选各种可选性和不同粒度的原煤。我国三产品重介质旋流器第一段最大的直径也已经达到1.4m，单台处理能力500t/h，入料上限可达80~100mm，不需要使用复杂的双密度介质分选的重介质工艺。入选原煤可预先脱泥或不脱泥。

用重介质分选排矸是另一种选择。有一些煤矿产出的原煤含矸量大，人工拣矸劳动强度大，可选择重介质块煤排矸。有些动力煤选去矸石以后就能够达到商品煤的质量要求，也可用重介选排矸。

重介质选煤普遍用于跳汰选煤厂的技术改造。有用于跳汰精煤再选，也有用于跳汰中煤再选。前者重介质入选量大，多半对难选煤采用，后者重介质入选量小，多对中等可选性煤采用。上述情况现在一般都采用重介质旋流器。而且上述两种工艺方案与原煤重介质分选相比较，不仅重介系统的处理量大为减少，而且因大部分矸石已由跳汰排除，重介质旋流器的磨损减轻，使用寿命倍增。这种改造投资较少，工期短，甚至选煤厂可以不停产改造。

　　重介质选煤用于高硫煤脱硫是最有效的。要尽可能脱除煤中的黄铁矿硫，首先要把煤破碎到一定粒度，以便解离出单体黄铁矿。破碎粒度视黄铁矿在煤中的分布状态而定。一般要破碎到 –13mm 或 –6mm，必要时可能更细。然后按低密度分选，选出含硫较低的精煤。因为对于许多以无机硫为主的煤，硫含量随密度升高。一般情况下密度大于 1400（或 1500）kg/m³ 以上时，硫分随密度上升很快，所以分选密度必须小于 1400（或 1500）kg/m³，此时，煤的可选性都很难选。对这种粉煤含量大又极难选的煤，高分选精度的重介质旋流器可以发挥独特的作用。而且希望旋流器能达到的有效分选粒度下限尽可能细，例如 0.25（或 0.15）mm，以减轻浮选对煤泥脱硫的负担。因此，高硫煤脱硫宜采用中小直径的重介质旋流器。重庆中梁山矿务局选煤厂和天府矿务局磨心坡选煤厂都是成功的例子。这两个厂都是采用 φ400 mm 中心给料圆筒形重介质旋流器脱硫，分选料度下限可达到 0.15 ~ 0.10mm，不仅可以使浮选入料的硫含量基本达标，灰分也比原生煤泥降低 5%，并且入浮煤泥量比原跳汰流程减少约 1/3。

　　生产超净煤也是重介质旋流器的特长。和高硫煤分选相仿，要生产出灰分小于 2.0%（或 3.0%）的精煤，一定程度的粉碎和低密度分选（例如小于 1400kg/m³ 甚至小于 1300kg/m³）是必需的，所以煤变得更难选，分选精度要求更高（例如 $E_p < 0.02$），分选密度的稳定性也要求很高，而此类任务必然是非重介质旋流器莫属了。当然，旋流器设备和生产工艺需要相应的精心设计和严格的管理。宁夏太西选煤厂的重介质旋流器超低灰煤生产线就是一个成功的例子。

5.1.2.2　重介质选煤的分选原理明显，有利于实现自动化

　　与跳汰选煤相比较，重介质选煤的分选原理要清楚得多。尽管到目前为止，由于悬浮液运动的复杂性，有关重介质旋流器分选作用机理方面的研究还在进行，更精确的两相流或多相流参数之间的相互作用关系还在探索中，但影响分选密度和分选精度的参数已比较明确，作用关系也比较明显，因此，实现自动化就比较容易。目前，重介选的悬浮液密度、液位、黏度、磁性物含量等都已实现自动控制。在国外和国内都已有用电子计算机进行全自动控制的重介选煤厂。如我国引进的全重介的平朔安太堡、成庄、三汇坝、马脊梁等许多选煤厂已实现了包括介质系统在内的全厂计算机自动控制。重庆中梁山选煤厂精煤重介系统和其他全重介选煤系统全部采用国产仪器和设备，依靠国内技术，也实现了高精度自动化稳定运行。

5.1.2.3　重介质选煤的产出与投入比高

　　从技术经济的观点看，一般认为，重介选投资大，运行费用高，但仔细的分析结果表明，其差额很小，甚至还有人曾提出比跳汰选投资和运行成本更低的重介系统设计。如果将重介选的高精度分选作用所带来的精煤产率的提高计入，则从长远的观点看，不仅是对难选煤和极难选煤，就是对一些易选煤也能体现出重介选的高效益，这也是一些选煤大国大量对易选煤采用重介选的重要原因之一。

5.1.2.4　重介质选煤分选密度调节的范围宽

　　跳汰选的分选密度范围一般在 1500 ~ 1900 kg/m³ 之间，对少数煤种可达 1400 kg/m³

的分选密度,换句话说,跳汰机由于种种原因,对多数煤种难以排出纯矸石,当精煤灰分要求较低时,跳汰机的分选效率会迅速降低,而且精煤质量不稳定。但是对于重介质选煤,分选密度在 1300 ~ 2200kg/m³ 范围内,都能高效率分选。换句话说就是能选出很纯的矸石和灰分很低的精煤。分选密度通过密度自动调控装置容易调整,精确度和稳定性可控制在 ± (5 ~ 10) kg/m³ 以内,这是其他选煤方法不可比拟的。

5.2 重悬浮液的性质

重介质选煤是在规定密度的重介质中将煤与矸石分开。当重介质的密度超过规定值时,精煤灰分将超过要求的指标;而密度低于规定值时,则使浮物在沉物中的损失量增大。因此,介质性质直接影响分选效果。

工业上使用的选煤用重介质为重悬浮液。重悬浮液是用磨得很细的高密度的固体(如磁铁矿、重晶石、沙、黄土、浮选尾矿等)微粒与水配制成的悬浮状态的两相流体。所用固体微粒称为加重质,水称为加重剂。重悬浮液价格便宜,无毒无腐蚀性,特别是用磁铁矿粉与水配制的重悬浮液,加重质具有磁性容易回收,配制的悬浮液密度范围较宽。所以目前在选煤工业上得到广泛的应用。

选煤用的重悬浮液既要达到要求的悬浮液密度,又要使悬浮液有一定的稳定性,同时要有较好的流动性(黏度不能过高)。而加重质的性质直接决定悬浮液的性质,当悬浮液密度一定时,加重质的粒度越粗,则悬浮液黏度越低,加重质沉降速度越快,回收越容易,但悬浮液不稳定;加重质的粒度越细,加重质沉降速度越慢,悬浮液稳定性越好,但黏度增加,加重质回收困难;另外,加重质的密度越高,悬浮液容积浓度就越低,稳定性也越差。因此为得到较高的分选效果,必须对加重质和悬浮液的性质作进一步的探讨。

5.2.1 加重质的粒度

加重质的粒度大小确定了它在水中沉降速度的快慢,代表着悬浮液的稳定性。因此,悬浮液的稳定性和黏度是随加重质颗粒平均直径减小而增加。

目前选煤厂普遍采用磁铁矿粉做加重质。如果磁铁矿和水的混合物是静止的,那么磁铁矿粉会很快沉淀,不能形成悬浮液。只有当磁铁矿粒度很细,分选机中有水平——上升(或下降)介质流运动的情况下,磁铁矿粒才能悬浮起来,在分选机内形成一个密度较均匀的分选区。同样,磁铁矿粒度过细,会使悬浮液的黏度过高,不但使分选效果降低,还会恶化悬浮液的净化回收条件。在确定合理的磁铁矿粉粒度时,还应考虑分选设备的形式和悬浮浓密度的高低等因素。

生产实践表明,重介质块煤分选机要求磁铁矿中粒度小于 0.028mm 级含量应不低于 50%,而对于末煤重介质旋流器,则要求磁铁矿中粒度小于 0.028mm 级含量应不低于 90%。磁铁矿粒度与悬浮液密度的关系是密度低的比密度高的要更细些。

5.2.2 悬浮液的密度

悬浮液的密度与加重质的密度及其容积浓度有关。悬浮液的密度 ρ_{su} 等于加重剂和加重质密度的加权平均值,可由下列公式求得:

$$\rho_{su} = \lambda(\delta - \rho) + \rho \tag{5-1}$$

式中 λ——悬浮液中加重质的体积分数，%；

δ——加重质的密度，g/cm^3；

ρ——水的密度，g/cm^3。

当以加重质的质量来计算悬浮液密度时，上式可改写成下列计算式：

$$\rho_{su} = \frac{m(\delta - \rho)}{\delta V} + \rho \tag{5-2}$$

式中 m——加重质的质量，g；

V——悬浮液体积，cm^3；

ρ——水的密度，g/cm^3。

采用磁铁矿粉作加重质时，磁铁矿密度范围为 $4.30 \sim 5.00 g/cm^3$，用此配制的悬浮液容积浓度一般上限不超过 35%，下限不低于 15%。超过最大值时，悬浮液黏度增高失去流动性，入选物料在悬浮液中不能自由运动；低于最小值时，又会造成悬浮液中加重质迅速沉降，使悬浮液密度不稳定，分选效果变坏。

悬浮液密度应介于被分选的高密度物料与低密度物料的密度之间，一般在 $1.30 \sim 2.00 g/cm^3$ 之间。低密度的悬浮液用来选精煤，高密度的悬浮液用来排矸。

在实际选煤过程中，悬浮液分为三种：合格悬浮液，或称工作悬浮液（给入分选设备的具有给定密度的悬浮液）、稀悬浮液（在产品脱介筛第二段加了喷水后筛下获得的密度低于分选密度的悬浮液）、循环悬浮液（在产品脱介筛第一段筛下获得的，密度接近或等于分选密度的悬浮液）。在生产实践中，必须严格测定和控制工作悬浮液的密度。由于选煤过程中的实际分选密度与给入分选设备的工作悬浮液密度有差异，这个差值大小除与原料煤的粒度组成有关外，还与分选设备、分选条件等因素有关，因此，工作悬浮液的密度需根据分选设备、分选条件、原料煤粒度组成以及分选产品的质量要求来确定。

配制工作悬浮液密度时所需磁铁矿的质量和煤泥的质量可按下列公式计算：

$$m = \frac{(\rho_{su} - \rho)\delta \delta_c \beta}{\delta(\delta_c - \rho) - \beta(\delta_c - \delta)\rho} \cdot V_{su} \tag{5-3}$$

$$m_c = \frac{1 - \beta}{\beta} \cdot m \tag{5-4}$$

式中 m，m_c——分别为磁铁矿和煤泥的质量，g；

ρ_{su}，ρ，δ，δ_c——分别为悬浮液、水、磁铁矿、煤泥的密度，g/cm^3；

V_{su}——悬浮液的体积，cm^3；

β——悬浮液中磁性物含量。

磁性物含量是指悬浮液中磁铁矿粉质量与固体总质量之比，$\beta = \dfrac{m}{m + m_c}$。

磁性物含量可用磁选管测定。

悬浮液中的煤泥含量有一定的范围，一般情况下，悬浮液密度小于 $1.7 g/cm^3$ 时，其含量可达 35% ~45%，当悬浮液密度大于 $1.7 g/cm^3$ 时，其含量在 15% ~25%，总的范围为 15% ~45%。

5.2.3 悬浮液的流变黏度

悬浮液的流变黏度是表征悬浮液流动变形的一个重要的特性参数。

当液体流动时，其内部质点沿流层间的接触面相对运动而产生内摩擦力的性质，称为流体的黏性。所以黏性是流体的一个重要物理性质，以黏滞系数 μ 这个物理量来度量。黏滞系数又称动力黏性系数，简称动力黏度或黏度。黏度 μ 越大，液体流动时的阻力就越大。

选煤用悬浮液的黏度取决于水的黏度与加重质所引起的附加黏度，表现为液体与液体、固体与固体、液体与固体之间的内摩擦力。因此，悬浮液的黏度 μ_b 比水的黏度 μ 大，悬浮液流动时的阻力也就大。

在一定的温度和压力下，均质液体的黏度 μ 是一个常数，悬浮液的黏度 μ_b 一般情况下也是常数，与流体的流速梯度无关。但是，当悬浮液中固体的容积浓度过大时，固体粒子外面的水化膜彼此聚合成具有一定机械强度的网状结构物并将大量的水充填在网状结构物的空腔中，这就是形成了结构化。结构化的悬浮液会使黏度显著增大。根据试验，用磁铁矿粉配制的悬浮液中，加重质的容积浓度超过30%时，悬浮液才会产生结构化。

悬浮液黏度越大，物料在悬浮液中运动所受的阻力就越大，按密度分层越慢。尤其是结构化的悬浮液，对沉降末速小的细粒级煤是很难分选的。

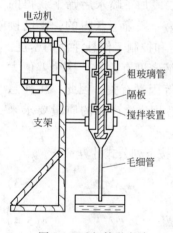

图 5-1 毛细管黏度计

对重介悬浮液黏度的测定是在实验室中进行的，常用搅拌式毛细管黏度计或圆筒式旋转黏度计对悬浮液的流变特性进行研究。用毛细管黏度计时，黏度随着压差的增加而降低；采用旋转黏度计时，黏度随转子旋转速度的增加或是随转子配重的增加而降低，这种黏度称为流变黏度。流变黏度不仅与物体的性质有关，而且与实验条件（仪器的尺寸、预搅拌、预热等）有关。

图 5-1 为带搅拌器的毛细管黏度计的结构图。由直径约40mm 的粗玻璃管、直径为 1.5 ~ 2.5mm 的毛细管、隔板及装在粗玻璃管中的搅拌器（转速 200 ~ 500 次/min）组成。隔板的作用是防止悬浮液在粗管中随搅拌器一起旋转。测定时将悬浮液放在粗玻璃管中，开动搅拌器，测定一定体积的悬浮液流出毛细管的时间，计算悬浮液的黏度。

用同一黏度计在相同条件下操作，分别测出已知黏度的液体（如水）和欲测悬浮液的流出时间（t 及 t_{su}），由于两者流量不变，当 $Re < 1200$ 时，则：

$$\mu_b = \frac{\rho_{su} t_{su}}{\rho t} \cdot \mu \tag{5-5}$$

或悬浮液相对黏度：

$$\frac{\mu_b}{\mu} = \frac{\rho_{su} t_{su}}{\rho t} \tag{5-6}$$

式中 μ_b ——悬浮液的黏度，Pa·s；

ρ_{su}——悬浮液的密度，g/cm^3；

μ——水或其他液体的黏度，$Pa \cdot s$；

ρ——水或其他液体的密度，g/cm^3；

t_{su}——悬浮液流出一定体积所需的时间，s；

t——水或其他液体流出一定体积所需的时间，s。

因此，当测出 t 和 t_{su} 即可求出悬浮液的黏度。

5.2.4 悬浮液的稳定性

5.2.4.1 稳定性的测定

就重介质选煤而论，悬浮液的稳定性是指悬浮液在分选设备中各点的密度在一定时间内保持不变的能力。悬浮液的稳定性不仅与加重质和加重剂的性质有关，而且还与悬浮液所处的状态（静止还是流动）有关。因此，必须区分静态稳定性和动态稳定性两个概念。

在一定条件下，动态稳定性和静态稳定性是成正比的。但是同一悬浮液的静态稳定性和动态稳定性指标可能相差很大。例如，当悬浮液按一定方向和速度流动时，可以使静态稳定性很差的悬浮液变为动态稳定的悬浮液。悬浮液在分选设备中能否保持动态稳定，是衡量悬浮液能否用于分选的主要指标，因为它直接影响分选效果。静态稳定性只能作为一个参考，用来比较不同悬浮液的性质。

评价悬浮液稳定性的方法很多，目前尚无统一标准，常用的测定方法可分为两类：

（1）按照加重质的沉降速度测定稳定性；

（2）按照悬浮液密度的变化测定稳定性。

第一类方法包括按悬浮液澄清层的形成速度测定法和按沉淀层的形成速度测定法。在实验室条件下，观察量筒中澄清水层高度的变化，当澄清水层达到某一稳定值后，计算出澄清速度，从而可测定悬浮液的稳定性。用上述相似的方法，也可以按沉淀物形成的速度来测定悬浮液的稳定性。这时，稳定性的数值以沉淀物在单位时间内的下沉距离来表示。

第二类方法的具体测定方法较多，其主要区别在于测定条件和稳定性指标的不同。例如，杨西等人建议用直径为 37.5mm 的量筒，按悬浮液静止 1min 后上层（距液面 100mm）的密度变化测定静态稳定性。悬浮液稳定性系数 θ（%）用下式计算：

$$\theta = \frac{\rho'_{su}}{\rho_{su}} \times 100 \tag{5-7}$$

式中 θ——悬浮液稳定性系数；

ρ'_{su}——静止后上层悬浮液的密度，g/cm^3；

ρ_{su}——悬浮液的平均密度，g/cm^3。

如果在静止 1min 后悬浮液密度不变，则得 $\theta = 100\%$，当静止 1min 后加重质在上层完全下沉时，则得 $\theta = 0$。

用上述方法对小于 0.06mm 的各种加重质进行了测定，其结果见表 5-1。

表 5-1 选煤用悬浮液的稳定性系数

密度/g·cm⁻³	矸石	赤铁矿	重晶石	铁屑	磁铁矿
1.3	89.8	81.5	77.2	9.9	29.8
1.4	91.9	86.5	90.0	14.3	57.5
1.5	100.0	92.8	94.8	32.9	79.0
1.6	100.0	97.7	96.8	56.0	87.1
1.7	100.0	100.0	97.0	76.0	91.0
1.8	100.0	100.0	100.0	83.0	94.0

由表 5-1 看出,磁铁矿悬浮液在密度较低时,即使磁铁矿粉小于 0.06mm,稳定性仍然不好。

这种测定方法简单易行,也便于实际应用。但缺点是所得稳定性系数 θ 只说明悬浮液静止 1min 以后的密度变化,无法看出悬浮液密度在不同静止时间后的变化。

5.2.4.2 提高稳定性方法

提高悬浮液稳定性的方法可分为两类:即提高静态稳定性的方法和提高动态稳定性的方法。

提高悬浮液静态稳定性的方法有:

(1) 减小加重质的粒度;

(2) 选择密度低的加重质;

(3) 提高加重质的容积浓度;

(4) 掺入煤泥和黏土;

(5) 应用化学药剂。

减小加重质的粒度是提高悬浮液静态稳定性的有效方法。但是,用过细的加重质配制悬浮液会带来生产费用的增加和悬浮液黏度的急剧上升。

用降低加重质密度和提高加重质的容积浓度也可提高悬浮液的稳定性,但同样会使悬浮液的黏度增加。

往悬浮液中掺入黏土或煤泥可以有效地提高悬浮液的静态稳定性。例如,在 −0.06mm 的磁铁矿粉中掺入 20% 的矸石粉,然后配制成密度为 1.4 g/cm³ 的悬浮液,其稳定性系数可由原来的 12% 增加到 70%。在同样的情况下,只要掺入 2% 的黏土也可以得到同样的效果。实际上,工作悬浮液中混入煤泥和黏土的现象是不可避免的。然而,必须根据具体情况控制煤泥和黏土含量,不能使其过高,否则悬浮液的流变性将显著变坏。

应用化学药剂来提高悬浮液的稳定性是一种成本昂贵的方法,其作用机理是改变加重质粒子的表面能量和电荷,可能使用的药剂有六聚偏磷酸钠、水玻璃、焦磷酸钠、磺化剂及碱性溶液中的木质等,这种方法在生产上很少使用。

提高悬浮液动态稳定性的方法有:

(1) 利用机械搅拌;

(2) 利用水平液流;

(3) 利用垂直液流;

（4）利用水平-垂直复合液流。

利用机械搅拌是增加悬浮液动态稳定性的有效方法。在绝大多数分选机中，运输装置（如提升机、刮板等）的运动都能起到机械搅拌的作用。

水平涡流不妨碍加重质的下沉。但是，如果悬浮液通过分选机的时间很慢，则悬浮液密度有可能随分选机的长度方向发生变化。由于水平流速从液面往下一定距离以外越来越小，所以沿分选槽的高度方向加重质不可避免地要发生沉淀现象。

上冲液流与水平流不同，上冲流速度与加重质的沉降速度正好相反。因此，当上冲流速度等于或大于加重质中最大颗粒的下沉速度时，悬浮液即可达到动稳定状态。

利用复合液流来提高悬浮液的动态稳定性是20世纪50年代以来一项重要的改革。利用复合液流不但易于提高悬浮液的稳定性，而且合理的液流制度还能提高分选效率和分选机的处理量。

常用的复合液流是水平-上升液流和水平-下降液流。利用复合液流的特点在于，可以单独地调整悬浮液沿分选机长度方向和高度方向的动态稳定性。因此，可以设计成更有利于分选的分选槽形式。

生产实践证明，水平液流在提高分选机上层悬浮液稳定性方面是有效的，分选机下部的悬浮液稳定性则以利用垂直液流最为有效。垂直液流的方向可以向上也可以向下。

仅用水平液流，悬浮液沿高度方向无法保持稳定；利用水平-上升和水平-下降复合液流时，在一定的流速下，悬浮液可以达到动态稳定，其极限条件如表5-2所示。

表5-2　保持悬浮液动态稳定性的极限条件

液流形式	水平液流		垂直液流		合 计
	流量/cm³·s⁻¹	流速/cm·s⁻¹	流量/cm³·s⁻¹	流速/cm·s⁻¹	总流量/cm³·s⁻¹
水平-上升流	330	1.1	1500	0.75	1830
水平-下降流	330	1.1	1000	0.5	1330

从表5-2看出，采用水平-下降液流时，悬浮液的总流量比采用水平-上升液流时小，说明下降液流对提高悬浮液的动态稳定性具有更明显的效果。

比较各种提高悬浮液稳定性的方法，可以得出以下结论：

（1）选择适宜的加重质粒度，同时控制悬浮液中的煤泥含量，在不引起悬浮液流变特性变坏的情况下，尽量提高悬浮液的静态稳定性。

（2）利用复合液流提高悬浮液的动态稳定性。但液流的速度要控制在不影响分选精度的范围内。

5.3　重介质选煤基本原理

重介质选煤法是当前分选效果最佳的一种重力选煤方法，它的基本原理是阿基米德原理，即浸没在介质中的物体受到的浮力等于物体所排开的同体积的介质的重力。

5.3.1　重力场中的分选原理

在静止的悬浮液中，作用在颗粒上的力有重力 G 和浮力 G_0。因此，悬浮液中颗粒所

受的合力 F 为：

$$F = G - G_0 \tag{5-8}$$

而 $G = V\delta g$，$G_0 = V\rho g$，则：

$$F = G - G_0 = V\delta g - V\rho g = V(\delta - \rho)g \tag{5-9}$$

式中　V——颗粒的体积，m^3；

　　　δ——颗粒的密度，kg/m^3；

　　　ρ——悬浮液密度，kg/m^3；

　　　g——重力加速度，m/s^2。

当 $\delta > \rho$ 时，颗粒下沉；$\delta < \rho$ 时，颗粒上浮；$\delta = \rho$ 时，颗粒处于悬浮状态。

5.3.2　离心力场中的分选原理

重介质旋流器选煤是利用阿基米德原理在离心力场中完成的。在离心力场中，质量为 m 的颗粒所受的离心力 F_c 为：

$$F_c = m\frac{v^2}{r} \tag{5-10}$$

式中　v——颗粒的切向速度；

　　　r——颗粒的旋转半径。

在重介质旋流器中，颗粒所受离心力为：

$$F_c = V\delta\frac{v^2}{r} \tag{5-11}$$

悬浮液给物料的向心推力 F_0 为：

$$F_0 = V\rho\frac{v^2}{r} \tag{5-12}$$

颗粒在悬浮液中半径为 r 处所受的合力 F 为：

$$F = F_c - F_0 = V(\delta - \rho)\frac{v^2}{r} \tag{5-13}$$

式中　V——颗粒的体积。

上式表明：当 $\delta > \rho$ 时，F 为正值，颗粒被甩向外螺旋流；当 $\delta < \rho$ 时，F 为负值，颗粒移向内螺旋流。从而把密度大于介质的颗粒和密度小于介质的颗粒分开。

5.4　重介质分选机

随着重介选煤工艺的发展，重介质分选设备的种类也越来越多，而且为了保证产品的质量均匀和便于生产管理，这些设备正向着大型化和高效化方向发展。按照重介质分选设备的某一特征的不同可以有不同的分类方法。

根据物料分选环境的不同，重介质分选设备可分为重介质分选机和重介质旋流器，对于重介质分选机，物料是在重力场中按分选介质的密度实现分层，而且重力加速度 g 是恒定的；而物料在重介质旋流器中的分选环境为离心力场，离心加速度是变化的，与物料的旋转速度和旋转半径有关。按分选设备排出产品的数目分，有两产品和三产品重介质分选设备。按分选粒度的不同有块煤、末煤和不分级煤重介质分选设备，其中块煤常采用重介质分选机分选，而末煤则使用重介质旋流器较多。这一节介绍重介质分选机。

重介质分选机是在重力场中实现重介选煤的设备，它的种类很多，分类方法也不一致。按分选槽的深度，可分为深槽式及浅槽式重介质分选机；按排料方式分，有提升轮排料、空气提升排料、刮板排料、带式排料和链式排料等重介质分选机；按分选介质的流动方向分，有上升流、下降流和复合流分选机；按产品的数目分，有两产品和三产品重介质分选机。

5.4.1 斜轮重介质分选机

斜轮重介质分选机由20世纪50年代初法国韦诺-皮克公司研制，原名叫德鲁鲍依重介质分选机。我国制造的斜轮重介质分选机型号为 LZX 型，广泛用于选块煤，也可以用于分选大块原煤代替人工拣矸石，解放繁重的体力劳动，提高产品质量。

斜轮重介质分选机的构造如图 5-2 所示，主要由容纳悬浮液的分选槽 1、排出重产物的倾斜提升轮 2、排出轻产物的排煤轮 3 和传动装置等组成。

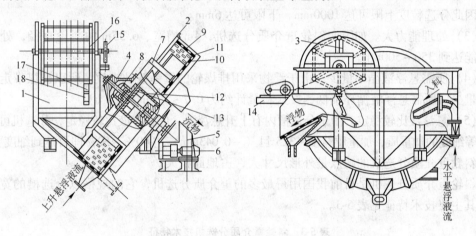

图 5-2　斜轮重介质分选机
1—分选槽；2—提升轮；3—排煤轮；4—提升轮轴；5—减速装置；6—电动机；
7—提升轮骨架；8—转轮盖；9—立式筛板；10—筛底；11—叶板；12—支座；
13—轴承座；14—电动机；15—链轮；16—骨架；17—橡胶带；18—重锤

分选槽 1 是由多块钢板焊接而成的多边形箱体，上部呈矩形，底部槽体的两壁为两块倾角为40°或45°的钢板，顺煤流方向安装。提升轮 2 装在分选槽旁侧的机壳内，传动部分设在分选槽下部，包括提升轮轴 4、圆柱圆锥齿轮减速器 5 和电动机 6，提升轮轴 4 经减速器 5 由电动机 6 带动旋转。提升轮下部与分选槽底相通，提升轮骨架 7 用螺栓与转轮盖 8 固定在一起，转轮盖用键安装在轴上。提升轮轮盘的边帮和盘底分别由数块立式筛板 9 和筛底 10 组成。在提升轮整个圆面上，沿径向装有冲孔筛板制成的若干块叶板 11，主要用来刮取和提取沉物。提升轮的轴由支座 12 支撑，支座是用螺栓固定在机壳支架上，轴的上部装有单列推力球面轴承和双列向心球面滚子轴承各一个，两轴承用定位套定位，轴承座 13 用螺栓与支座相连。轴的下部仅装一个双列向心球面滚子轴承，轴端通过滑动联轴节与减速器的出轴连接。排煤轮 3 呈六角形，其轴是焊接件，轴两端装有轴头，电动机 14 通过链轮 15 带动其转动，轴两端装有六边形骨架 16，在对应角处分别有 6 根卸料轴相连，每根卸料轴上装有若干用橡胶带 17 吊挂的重锤 18，轻产物靠排煤轮转动时重锤逐次拨出分选槽。

该分选机兼有水平和上升介质流，在给料端下部位于分选带的高度引入水平悬浮液流，在分选槽的下部引入上升悬浮液流。水平悬浮液流不断给分选带补充合格悬浮液，防止分选带密度降低，上升悬浮液流造成微弱的上升水速，防止悬浮液沉淀。

原煤进入分选机后，按密度分为浮物和沉物两部分。浮物被水平流运送至溢流堰，由排煤轮 3 刮出，经条缝式固定筛或弧形筛初步脱水脱介后进入下一个脱介作业。沉物沉到分选槽底部，由提升轮上的叶板 11 提升至排料口排出。提升轮及叶板上的孔眼将沉物携带的悬浮液脱出，进行一次预先脱介作业。

斜轮重介质分选机的主要优点是：

（1）分选精度和分选效率高。由于重产物的提升轮在分选槽底部旁侧运动，在悬浮液中处于分选过程中的物料可不被干扰，可能偏差 E_p 可达 $0.02 \sim 0.03$。

（2）分选粒度范围宽。该机分选槽面可以做得比较开阔，提升轮直径可达到 8m 或更大，因此分选粒度上限可达 1000mm，下限可达 6mm。

（3）处理能力大。如国产斜轮重介质分选机，4m 槽宽、6.55m 的斜轮直径，处理能力就能达到 350 ~ 500t/h。

（4）所需悬浮液循环量少。由于浮物采用排煤轮的重锤拨动排放，所以被煤带走的悬浮液量少，所需悬浮液循环量低，按入料量计约为 $0.7 \sim 1.0 m^3/(t \cdot h)$。

（5）悬浮液比较稳定。由于分选槽内有上升悬浮液，使悬浮液比较稳定，分选机可以使用中等细度的加重质，加重质粒度 -325 目（ -0.043mm）占 40% ~ 50% 即可达到细度要求。

斜轮重介质分选机的缺点是外形尺寸大，占地面积大。

斜轮重介质分选机是目前我国用得最多的重介质分选机，它的规格以分选槽的宽度表示，其主要技术特征见表 5-3。

表 5-3　斜轮重介质分选机技术特征

	型　号	LZX-1.2	LZX-1.6	LZX-2.0	LZX-2.6	LZX-3.2	LZX-4.0	LZX-5.0
处理能力	原煤处理量/t·h⁻¹	65 ~ 95	100 ~ 150	150 ~ 200	200 ~ 300	250 ~ 350	350 ~ 500	450 ~ 600
	最大排煤量/t·h⁻¹	45	88	110	143	232	325	662
	最大排矸量/t·h⁻¹	190	147	202	196	277	429	560
分选槽	宽度/mm	1200	1600	2000	2600	3200	4000	5000
	容积/m³	2.0	5.5	8.0	13.0	19.0	30.0	64.0
排矸轮	直径 D/mm	3200	4000	4500	4500	5500	6660	7800
	转速/r·min⁻¹	5.0	2.3	2.3	1.6	1.6	1.6	1.0
	电动机功率/kW	7.5	7.5	7.5	10.0	10.0	10.0	22.0
排煤轮	直径 d/mm	1100	1650	1650	2000	2000	2200	2200
	转速/r·min⁻¹	9.0	7.0	7.0	6.0	5.8	5.3	5.3
	电动机功率/kW	2.2	2.2	2.2	2.2	4.0	4.0	4.0
外形尺寸	长 L/mm	4440	5130	5770	5740	6720	6990	10200
	宽 W/mm	3310	4350	4990	5590	6450	7730	8350
	高 H/mm	3600	4460	4690	5430	5780	6690	7450
设备重量/t		11.5	17.5	22.0	24.5	33.5	43.0	99.0

5.4.2 立轮重介质分选机

立轮重介质分选机类型较多，国内外应用也较广泛，如西德的太司卡（Teska）、波兰的滴萨（Disa）和我国的 JL 型立轮分选机。不同立轮重介质分选机的主要部件提升轮和分选槽的结构大体相同，但提升轮的传动方式不同。如太司卡分选机采用圆圈链条链轮传动，滴萨分选机采用悬挂式胶带传动，我国 JL 型分选机采用棒齿圈传动。

立轮重介质分选机和斜轮重介质分选机的主要区别是排矸轮垂直安装并与悬浮液流动方向成 90°，其他结构基本相似。与斜轮重介质分选机相比，立轮重介质分选机具有结构简单、占地面积小、传动机构简单等优点。

5.4.2.1 太司卡立轮重介质分选机

太司卡立轮分选机是西德洪堡特-维达格公司 1958 年研制的（图 5-3）。

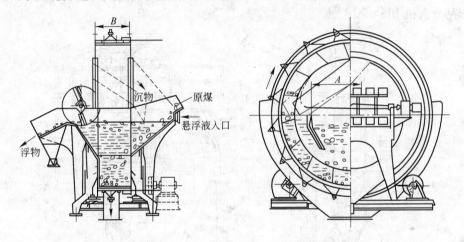

图 5-3 太司卡立轮重介质分选机

原煤从分选槽给料端给入，悬浮液从给料溜槽下方给入，形成水平流和下降流进行分选。浮物随水平流至溢流堰处由刮板刮出，沉物下沉至分选槽底部由叶板提升至顶部经溜槽排出。

该机的结构特点是采用链轮链条传动，传动机构设在机体底部。提升轮支撑在四个拖轮上，经固定在提升轮外壳上的链轮和链条带动提升轮回转，一般每分钟 1 转。提升轮外壳分两层，内层用筛板分成许多间隔用于脱介和分割提升沉物，外壳则设有若干个悬浮液排放嘴，提升轮直径为 6.5m 的分选机有 20 个排放嘴，排放嘴用于排放沉物中带走的悬浮液，位于分选槽底部的悬浮液也经过排放嘴流至循环（合格）介质桶中，这部分在分选机中形成了下降介质流，其流量占总悬浮液的 20%（包括从密封圈间隙流出的一小部分悬浮液）。提升轮与分选槽之间的密封装置是由充气橡胶圈涨紧和橡胶块用螺栓紧固的双重密封方式。

该分选机主要优点是采用下降介质流的方式保持分选机悬浮液稳定，因此可采用较粗的磁铁矿粉（0.06 ~ 0.2mm 占 90%）做加重质，同样可以得到良好的分选效果，同时避免因为粗颗粒在分选槽中沉淀而影响提升轮旋转。主要缺点是介质循环量大，按入料计为 $1.2m^3/(t \cdot h)$；提升轮的高度大，需要检修高度高，因而增加厂房高度；密封装置所用的胶块磨损快，1~2 年需要更换一次。

西德两产品太司卡型重介质分选机主要技术规格为槽宽有 1.5m、2.25m、3.0m、3.5m 四种。提升轮直径有 3.2m、4.0m、4.3m、4.7m、5.4m、5.6m、6.2m，最大为 7.2m。入料粒度最大可达 1.2m，下限可达 4.8mm，处理能力按浮煤计算为 110~360t/h。

当分选密度 ±0.1 含量在 30%~40% 时，$E_p = 0.02~0.03$，数量效率在 98%~99%；当分选密度 ±0.1 含量在 70%~90% 左右时，$E_p = 0.03~0.05$，数量效率为 70%~80%。介质消耗量较少，一般在 50~100g/t 入料之间。

5.4.2.2 滴萨重介质分选机

滴萨（DISA）重介质分选机是波兰 1970 年设计制造的。我国在吕家坨、大武口选煤厂已经使用过。该机的结构特点是提升轮采用置于分选槽中的环形皮带传动，以水平介质流和上升介质流进行分选，它包括 DISA-1S 型（图 5-4）、DISA-2S 型、DISA-2SD 型和三产品分选机 DISA-3S 型。

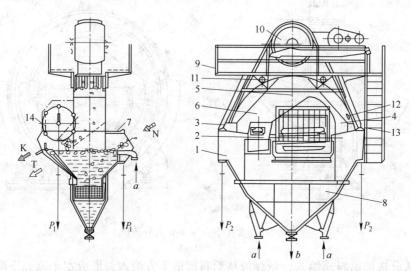

图 5-4 DISA-1S 型重介质分选机

1—分选槽；2—分选槽侧部；3—承重结构；4—提升轮；5—支撑中心线；6—排矸溜槽；7—入料口盖板；8—分选槽底部；9—操作平台；10—提升轮传动装置；11—定位辊；12—导向辊；13—传动皮带；14—浮物刮板
N—入料；K—浮物；T—沉物；a—悬浮液入料口；b—悬浮液排放口；P_1，P_2—作用在基础的重力

DISA-1S 型重介质分选机的排矸溜槽位于分选槽的侧面，由于排矸槽的位置低，若再选也采用立轮分选机，那么主、再选分选机的布置必须有一定的高差。

DISA 型立轮重介质分选机的主要优点是占地面积小，布置紧凑。缺点是由于采用环形皮带传动，排矸轮悬挂在皮带传输带上，运转时会摆动，易使块状物料漏到下槽体而发生堵塞、压轮等故障。此外，皮带的磨损较严重，一般 3~6 个月更换一次。

5.4.2.3 JL 型立轮重介质分选机

JL 型立轮重介质分选机是 20 世纪 80 年代初我国自己设计制造的，其技术特征如表 5-4 所示。

表5-4 JL型立轮重介质分选机技术特征

型 号	JL1225	JL1630	JL2036	JL2542	JL3250	JL4060
分选槽宽度/mm	1200	1600	2000	2500	3200	4000
入料粒度/mm	13~150	13~150	13~150	13~150	13~300	13~300
处理能力/t·h^{-1}	95	125	180	250	350	450
提升轮外径/mm	2500	3000	3600	4200	5000	6000
提升轮内径/mm	2000	2400	3800	3400	4000	4800
提升轮宽度/mm	1000	1000	1000	1000	1000	1000
提料板个数	12	14	16	18	20	22
提升轮转速/r·min^{-1}	2.39	1.99	1.71	1.40	1.19	0.99
提升轮功率/kW	2.2	3	4	5.5	7.5	13
排煤轮功率/kW	0.6	0.8	0.8	1.1	1.5	1.5
分选槽长度/mm	2600	2700	2800	2900	3000	3100
分选槽容积/m^3	4	6	9	11	15	21
机重/t	8	11	16	19	26	36

如图5-5所示,该分选机主要由分选槽、排矸轮、排煤轮、机架、托轮装置和传动系统等部分组成。JL型分选机的排矸轮两侧均装有棒齿,采用棒齿传动,使排矸轮受力均匀,运转平稳。在排矸轮两侧,还装有轨道圈,用来把排矸轮架在4个托轮上。此外,为了运输方便,排矸轮体采用组装式的。JL型分选机从结构、传动、运转和维护等方面都优于滴萨DISA型分选机。

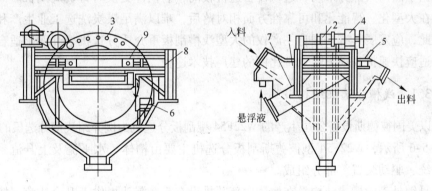

图5-5 JL型立轮重介质分选机
1—分选槽;2—排矸轮;3—棒齿圈;4—排矸轮传动系统;5—排煤轮;
6—排煤轮传动系统;7—矸石溜槽;8—机架;9—托轮装置

JL型分选机工作原理与斜轮分选机相同。在分选槽入料口下设有矩形悬浮液进料管形成水平流,使浮物从入料口向溢流口移动,在分选槽底部设有上升悬浮液管形成上流,用以保持悬浮液密度稳定。原煤经分选后获浮物和沉物两种产物,分别由排煤轮和排矸轮排出或提升后进入脱介筛脱介。

5.4.3 浅槽分选机

浅槽分选机,即浅槽刮板重介质分选机,也称刮板式分选机,为块煤重介质分选设备。

浅槽刮板重介质分选机早在20世纪40年代就开始使用，在欧美各国得到推广和不断完善，从开始时的DSM型分选机、麦克纳利-特朗普分选机、巴沃依分选机、利巴分选机，到最近比较流行的丹尼尔、彼德斯分选机，形式在不断地改进。我国研究浅槽始于20世纪50年代，但进展比较缓慢。

我国大规模应用浅槽分选机是始于平朔安太堡选煤厂，20世纪90年代，安太堡选煤厂首次从美国引进了丹尼尔重介质分选机，用于分选13~150mm级块煤，处理量1500万t/a。由于该设备具有易操作、易维护、低投资和高效率等特点，在我国很快得到认可。目前我国新建选煤厂块煤无烟煤工艺多采用浅槽工艺，典型的有晋城多个无烟煤选煤厂，大都使用浅槽作为主选设备。

进入21世纪，彼德斯浅槽分选机开始在神东地区使用，2002年，孙家沟选煤厂首次在神东地区使用浅槽分选机分选块煤。在此之后，神东地区新建选煤厂基本为块煤重介质浅槽工艺，一种是以孙家沟、哈拉沟、石气台、黑岱沟选煤厂为代表的工艺：大于13mm级块煤采用重介浅槽分选，13~1.5（1）mm级末煤采用有压两产品重介旋流器分选，小于1.5（1）mm级采用煤泥螺旋分选机或分级旋流器粗煤泥回收的联合工艺；另一种是以上湾、榆家梁、锦界、韩家村选煤厂为代表的工艺：采用大于13（25）mm重介浅槽分选，小于13（25）mm不分选，直接作为商品煤出售的浅槽排矸工艺。

浅槽工艺在我国选煤行业具有广阔的市场前景，当前以彼德斯浅槽分选机为代表的国外设备占据了国内大部分市场，进口设备造价较高，磨损件更换时订货周期长。而国产浅槽分选机在大型化、智能化和可靠性方面相对落后，难以满足煤炭洗选工业生产和发展的需求。因此，应发展具有中国自主产权的大型浅槽刮板重介质分选机，开辟出适合我国国情特点、适应快速提高动力煤入洗比例的建厂技术途径。

5.4.3.1 浅槽分选机结构

下面以美国彼德斯设备公司生产的W22F54型刮板分选机为例介绍浅槽分选机的结构。

如图5-6所示，W22F54型彼德斯刮板分选机主要由槽体、水平流及上升流系统、排矸刮板系统、驱动装置等部分组成。

槽体是钢外壳的槽式结构，在槽体底部并排设有5个漏斗提供上升介质流，槽内漏斗上整体铺设一层带孔的耐磨衬板，通过沉头螺栓与槽体底板固定；入料口设在槽体侧板的一方，与脱泥筛的出料溜槽相连，入料口的下方并排设有8个水平流进口，由此泵入水平流以保证物料层向排料方向运行，并维持槽内液面的高度；在与入料口相对的槽体的另一侧为溢流槽，轻物料通过溢流槽口进入溜槽和后续工序。

排矸刮板系统由头轮组、尾轮组、两组随动轮组、刮板、链条、连接板、导轨等组成。刮板通过连接板固定在两侧链条之间，链条挂在头轮组、尾轮组及随动轮组两侧的链轮上，链条的下端嵌入导轨滑槽内；头轮组、尾轮组、随动轮组均由轴、两片链轮、轮毂、滚动轴承组成，通过轴承座固定在槽体侧板的相应位置上；为调整刮板链条垂度，尾轮组轴承座装在滑块上，利用液压张紧油缸调整尾轮的位置，进而张紧链条。

驱动装置则由电机、减速机、三角带等组成。

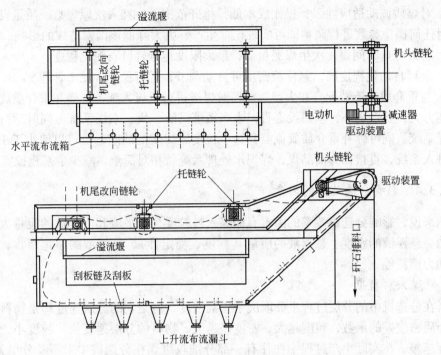

图 5-6　W22F54 型彼德斯刮板分选机结构图

5.4.3.2　浅槽分选机的工作原理

如图 5-6 所示,分选机内悬浮液通过两个部位给入分选槽体内。从下部布流漏斗给入的悬浮液(占循环悬浮液的 10% ~ 20%)为上升流,通过带孔的布流板进入槽内,以使悬浮液分散均匀。上升流的作用是保持悬浮液密度稳定、均匀,同时有分散入料的作用。从侧面布流箱给入的悬浮液(占循环悬浮液的 80% ~ 90%)为水平流,通过布料箱的反击和限制,可以使水平流全宽、均匀地进入分选槽内。水平流的作用是保持槽体上部悬浮液密度稳定,同时形成由入料端向排料端的水平介质流,对上浮精煤起运输的作用。

当入料原煤给入分选槽后,在调节挡板的作用下全部浸入悬浮液中。此时在浮力的作用下开始出现分层。精煤等低密度物浮在上层,在水平流和排煤轮共同作用下,由排料端排出;矸石等高密度物沉到分选槽底部,在刮板链及刮板的作用下,从机头溜槽排出成为矸石产品。重物料在下沉的过程中,与矸石混杂的低密度物,由于上升流的作用,充分分散后继续上浮。

浅槽分选机的分选下限可达 6mm。分选机槽宽为 1.8 ~ 3.3m,最大处理能力可达 475t/h。

5.4.3.3　浅槽分选机的特点

特点具体如下:

(1)浅槽分选机结构简单、处理量大,每米槽宽处理量达到 100t/h。

(2)分选精度及产品回收率高,适用于难选煤的分选,E_p 值为 0.05 以下。

(3)分选密度与分选粒度范围宽,分选密度调整范围 1.30 ~ 1.90g/cm³,对原煤的粒度要求为 6 ~ 300mm,最佳分选粒度为 13 ~ 150mm。

（4）对煤质波动适应性强，操作成本低，排矸范围大，在入洗原煤数、质量发生变化时不需对任何操作参数进行调整即可实现正常生产，大大降低该因素造成的影响。

（5）有效分选时间短，次生煤泥量低，最大限度地减轻矸石泥化程度。

（6）全厂自动化程度高，悬浮液密度可自动调节，运行稳定，便于管理。

（7）与重介质旋流器配合在大型选煤厂对煤炭进行全级入洗，浅槽和重介质旋流器单机处理能力大，且系统小，基建投资省，生产系统灵活，块、末煤系统可同时运行，也可只开块煤系统。既可弥补重介质旋流器只选小粒度级煤炭的缺陷，也可以使小于13mm的末煤不进入系统，直接作为商品煤，煤泥水处理系统就相对简单，减少了基建投资。

5.4.3.4 影响分选效率的因素

归纳来说，影响分选机效率的因素有原煤入料粒度、水平流和上升流的流量大小、槽体的结构、悬浮液的密度、悬浮液的质量（黏度、稳定性）、悬浮液的净化回收、设备的保养和动力消耗等。

A 原煤入料粒度

物料在分选机中的分层过程主要取决于它的密度，但是它的分层速度却是物料粒度及物料与介质密度差的函数，粒度越大，密度差越大，物料的分层速度快，粒度小，物料的分层速度越慢。在实际生产过程中往往有一部分细粒级煤在分选机中来不及分层就排出，降低了分选效率。其中入料煤泥的增多最能影响其效率，同时带介严重，影响介质回收。

一般块煤重介质分选下限为13mm。当分选密度较小如 $\delta_p < 1.45 \text{g/cm}^3$ 时，悬浮液的黏度较小，重介质分选下限可降至8mm（甚至6mm）。当分选密度较高时，例如当 $\delta_p > 1.60 \text{g/cm}^3$ 时，重介质悬浮液固体浓度高，结构化明显，静止黏度较高，以致一些较细的颗粒即使是矸石，也只浮在重介质的表面上。所以细粒级物料在块煤分选机中得不到有效的分选，大部分进入精煤，污染精煤质量。因此，在块煤分选系统中预先有效地脱出细粒级是非常必要的。

B 水平流和上升流

因悬浮液密度是决定分选机实际分选密度的最主要指标。上升介质流过大（如表面出现"翻花"现象），则会影响重产物的下沉，过小则会出现分选槽内介质明显分层，两者都会降低分选效果。水流流过小则轻产物流动缓慢，影响分选机的处理能力，过大则会缩短物料的有效分选时间，降低分选精度。

C 浅槽的结构

物料在分选槽中完成分层过程，合理选择长宽比。分选槽是分选机的重要部件，其长度必须保证物料有足够的分层时间，宽度尽量满足入选物料上限的要求。

机械方面，链速过高，整个导轨、链条和链轮等运转件磨损过快，节距变长后易出现脱链、跳链故障，使用周期短，配件投入高。同时，刮板在刮除槽内沉物的同时，悬浮液带走量较高，槽内悬浮液的扰动剧烈，造成强涡流，影响分选。

链板脱介孔直径设计小且分布不合理，随沉物带走的悬浮液就会得不到及时脱除，大量介质刮出分选槽进入介质净化回收系统，侧面增加了密度控制系统操作的难度。

矸石上升行程设计不合理，就会出现大量悬浮液还没有来得及从脱介孔漏出，便随沉物进入矸石脱介筛，增大了介质净化回收的工作量，也增加了介耗。

D 悬浮液的密度和悬浮液的质量

影响悬浮液密度、黏度及稳定性最关键的因素主要是加重质容积浓度和加重质的密度和粒度。悬浮液的黏度随着加重质容积浓度增高而增高，当容积浓度超过临界值时，矿粒在其中沉降速度急剧降低，设备生产能力直接减小，分选效率变低。悬浮液密度愈高，加重质密度也要愈高，粒度愈小，黏度将愈大。加重质的形状愈接近球形，黏度愈小。

悬浮液密度直接关系分选质量和分选效率，密度设定过大，部分重物料会由于浮力作用上浮而混在精煤流中最终进入产品仓，导致破坏产品质量；相反，悬浮液密度过低，则会使部分精煤、夹矸煤下沉而混入矸石流中排出，造成产品的流失，最终造成经济上的损失。

E 悬浮液的净化和回收

分选机分选的效率不是单纯的看分选的结果，而是宏观上要做到动力消耗最少且用最少量的合格悬浮液分选出最好的结果，悬浮液介质的浪费也会从侧面造成分选效率的降低，所以，介质的净化和回收也是能够提高分选工艺的效率的途径之一。

以稀悬浮液介质为例，大量的稀介质是通过磁选机回收的，磁选机工作状态的好坏对磁选矿损失很大，一般要保证磁选机的回收率在99.8%以上。另外，堵漏事故会大量损失磁铁矿，因此还要做到设备、管道、溜槽三不漏。此外，除磁选尾矿排出外，其他煤泥水一律不应向外排放，冲地板水或设备漏水都应回收。

F 设备维护和动力消耗

设备得到合理的维护保养，能够大大提高设备的性能和减少设备的检修次数和检修强度，无论是从生产时间上、检修和维护的人力消耗上，还是从设备配件的更换使用上都是一种成本的节约和效益的创造。就彼德斯重介浅槽分选工艺来看，由于低密度物的运输和溢流完全依靠浅槽内水平流的横冲力，所以要求的循环介质量较大，造成介质循环泵和精煤脱介环节的能力较大，功耗相对较高。而且，完全依靠水平流的冲动排料，造成较大粒度的物料无法分选，所以其分选上限较低，最大为200mm。

5.5 重介质旋流器

5.5.1 重介质旋流器选煤概述

重介质旋流器选煤是目前重力选煤方法中效率最高的一种。它是用重悬浮液或重液作为介质，在外加压力产生的离心场和密度场中，把煤和矸石进行分离的一种特定结构的设备，它是从分级浓缩旋流器演变而来的。

美国于1891年公布了分级浓缩旋流器专利；荷兰国家矿山局（Duth State Mines）于1945年在分级旋流器的基础上，研制成功第一台圆柱圆锥形重介质旋流器，用黄土作加重质配制悬浮液进行了选煤中间试验。因为黄土作加重质不能配成高密度悬浮液，而且回收净化困难，所以在工业生产上未能得到实际应用。只有在采用了磁铁矿粉作为加重质之后，才使这一技术在工业上得到推广。随后美、德、英、法等国相继购买了这一专利，并在工业使用中，对圆柱圆锥形重介质旋流器做了不同的改进，派生出一批新的、不同型号的重介质旋流器。如1956年美国维尔莫特（Wilmont）公司成功研制的第一台中心无压给煤圆筒形重介质旋流器，简称DWP；20世纪60年代英国成功研制有压给料圆筒形重介质旋流器，即沃赛尔（Vorsyl）旋流器；1966年苏联研制成用两台旋流器相串联组成三产品重介质旋流器；1976年日本田川机械厂研制成倒立式圆柱圆锥形重介质旋流器，即涡流（Swirl）旋流器；20世纪 80 年代初意大利学者研制成用两台圆筒形旋流器轴线串联组成（Tri – Flo）三产品重介质旋流器；20 世纪 80 年代中期英国煤炭局在吸收 DWP 和沃赛尔两种旋流器的特点，推出直径为 1200mm 的中心给料圆筒形重介质旋流器，用于分选粒度为 100 ~ 0.5mm 的原煤。

中国煤炭科学研究总院唐山分院于 1958 年在吉林省通化矿务局铁厂选煤厂建成第一个重介选煤车间。1966 年又在辽宁省彩屯煤矿选煤厂建成重介质旋流器选煤车间，采用煤炭科学研究总院唐山分院研究设计的 ϕ500mm 圆柱圆锥形旋流器分选 6 ~ 0.5mm 级原煤。1969 年又在河南省平顶山矿务局建成一座 350 万 t/a 的田庄选煤厂，采用 ϕ500mm 重介质旋流器处理 13 ~ 0.5mm 级原煤。随后，有多处选煤厂使用重介质旋流器再选跳汰机的中煤。煤炭科学研究总院唐山分院相继又研制成 ϕ600、ϕ700mm 二产品圆柱圆锥形重介质旋流器。在此基础上，于 80 ~ 90 年代对重介质旋流器选煤工艺与设备进行了一系列的改革和创新。先后推出重介质旋流器分选 50 ~ 0mm 不脱泥原煤的工艺；有压给料二产品和三产品重介质旋流器；无压给料二产品和三产品重介质旋流器；DBZ 型重介质旋流器；分选粉煤的小直径重介质旋流器以及"单一低密度介质、双段自控选三产品（四产品）的重介质旋流器"选煤新工艺。到 1995 年，中国已有 30 几个选煤厂装备有上述各类重介质旋流器约 130 台。

重介质旋流器具有体积小、本身无运动部件、处理量大、分选效率高等特点，故应用范围比较广泛。特别是对难选、极难选原煤，细粒级较多的氧化煤、高硫煤的分选和脱硫有显著的效果和经济效益。因此，国内外都在广泛推广应用。同时，对重介质旋流器的分选机理与实践继续进行深入的研究。例如，重介质旋流器内速度场和密度场的模拟测试；重介质旋流器结构改革及分选悬浮液流变特性对分选效果的影响等，特别是近年来在降低重介质旋流器的分选下限、改革重介质旋流器的分选工艺方面有新的突破。这些研究都将进一步推动重介质旋流器选煤技术向高新阶段发展。

5.5.2 重介质旋流器分类

重介质旋流器分类方法较多，下面介绍几种常规的分类方法：

（1）按其外形结构可分为：圆柱（圆筒）形、圆柱（圆筒）圆锥形重介质旋流器。

（2）按其选后产品的种类可分为：二产品重介质旋流器、三产品重介质旋流器。

（3）按给入旋流器的物料方式可分为：周边（有压）给原煤和介质的重介质旋流器，中心（无压）给原煤、周边（有压）给介质的重介质旋流器。

（4）按旋流器的安装方式可分为：正（直）立式、倒立式和卧式三种。

（5）按分选物料的粒度分：煤泥重介质旋流器、末煤重介质旋流器和不分级原煤重介质旋流器。

5.5.3 重介质旋流器结构

国内外广泛采用的是图 5-7 所示的圆筒-圆锥形重介质旋流器，主体包括圆筒（或圆柱）部分和圆锥部分，主要的结构参数有圆筒部分的长度、溢流（管）口直径、底流口直径、锥角、锥比等。

（1）圆筒部分的长度。在旋流器的直径和锥角确定后，旋流器的容积和长度主要决定于圆筒部分的长度。当圆筒部分增长时，其容积和长度都增加。因此入选物料在旋流器中的停留时间增长，实际分选密度提高。但圆筒长度太长，会使精煤质量变坏；反之圆筒部分过短，会引起圆筒部分的介质流不稳，实际分选密度降低，使部分精煤损失到尾煤中。

（2）圆锥角的大小。增大锥角将使悬浮液的浓缩作用增强，分离密度增大，悬浮液的密度分布更不均匀，分选效果降低。故一般重介质旋流器的锥角并不大，在15°～30°之间，选煤用重介质旋流器的锥角一般为20°。

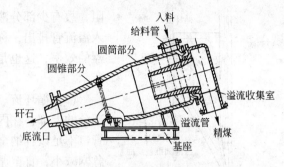

图5-7 重介质旋流器结构示意图

（3）溢流口直径。增大溢流口直径可使"分离锥面"向外扩大，增大分离密度；溢流口过大时会造成圆筒部分溢流速度过大，影响溢流的稳定。虽然精煤产量增加，但质量降低，因此应根据入选煤的性质而定，易选煤溢流口应大些。一般情况可取 $0.3D \sim 0.5D$（D 为旋流器直径）。

（4）底流口的直径。缩小底流口直径同样会使"分离锥面"向外扩大，使分离密度增大，底流口过小时会造成颗粒在底流口挤压，使矸石易混入精煤中，严重时引起底流口堵塞。而底流口过大时，会引起精煤损失。一般底流门直径为 $0.24D \sim 0.30D$。

（5）锥比。锥比是指底流口直径与溢流口直径之比。改变锥比的大小可调节分离密度或是轻、重产物的产率，锥比的选择与旋流器的直径、入选煤性质、介质性质等因素有关。当旋流器直径较小、原料煤可选性较难时，锥比应小一点；反之锥比可大点。当锥比增大时，可得到较纯净的精煤；当锥比减小时可得到较纯净的重产物（底流）。加重质的粒度较粗时，锥比可大些。锥比一般为 $0.6 \sim 0.8$ 为宜。

（6）入料口直径。当入料口过小时，入料粒度上限受限制，易发生堵塞现象；入料口过大时，旋流器切线速度减小。一般入料口直径在 $0.2D \sim 0.3D$ 范围内选取。旋流器的入料口、溢流口、底流口的直径比应该大致为 $0.25 : 0.40 : 0.30$。

（7）溢流管插入深度。溢流管插入深度对分选有一定影响，根据我国圆筒圆锥形重介质旋流器使用情况看，插入深度在 $320 \sim 400\text{mm}$ 范围为宜。

重介质旋流器的溢流口与底流口的直径可以在一定范围内调节，溢流管的长度也是可以调节的。但入料口直径一般是固定不变的，形状有多种多样，如圆形、方形、长方形。入料管一般是倾斜的，有的是抛物线形，有的是摆线形。总的要求，应该考虑使矿浆按切线方向进入旋流器，阻力要小，且易于制造。

5.5.4 重介质旋流器内部流态

如图5-7所示，重介质旋流器的基本分选过程是：原煤和悬浮液的混合物以一定的压力由入料口沿切线方向进入旋流器圆筒部分后，形成强大的旋流。一般是沿着旋流器圆筒体和圆锥体内壁形成一个向下的外螺旋流；同时围绕旋流器轴心形成一个向上的内螺旋流，轴心形成负压实为空气柱。在内外螺旋流的作用下，使煤与矸石分离。矸石随外螺旋流下降至底流口排出，煤随内螺旋流通过溢流管进入溢流收集室从精煤溢流口排出。

在垂直方向上，内、外螺旋流运动方向相反，而旋转方向相同。除内、外螺旋流外，旋流器内还有其他流动形式。

（1）短路流。给入旋流器的液流，由于旋流器壁附近和内部存在低压区，加之液流受

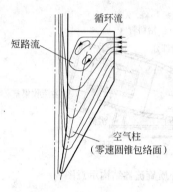

图 5-8　旋流器中的短路流
和循环流

阻，故有少部分液流经隔板下部和溢流管外壁向下流动，进入溢流管排出，称为短路流。它未经分选，因而降低了旋流器的效率，这也是这种旋流器装设溢流管的原因，如图 5-8 所示。

（2）循环流。研究表明，循环流基本上位于旋流器圆筒部分的上部，在内壁与溢流管外壁之间，这可能是由于溢流管口不足以容纳全部上升溢流。随着液流的向下运动，旋涡急剧减小，直至循环流全部消失，如图 5-8 所示。

（3）空气柱。由于旋流器内存在着液流的外侧下降、内侧向上，因而旋流器内必形成一个零速圆锥包络面，其上各点的轴向速度为零（图 5-8）。

液流的旋涡运动吸入大量空气，它与溶解的空气一起，由悬浮液的液相中分离出来，形成沿旋流器全长的中央空气柱，如图 5-8 所示。空气柱的直径约为溢流管直径的 0.5 ~ 0.8 倍，它也与旋流器直径和底流口直径有关。它随着溢流管和底流管直径的变化而变化。当空气柱附近的液体旋转速度受到阻挡时，空气柱直径就会减小或消失。

一般认为，形成空气柱是涡流稳定的标志，因此，要有足够的给料速率和压力以保持其稳定。

5.5.5　重介质旋流器的安装

旋流器的安装方式有正立、倒立和倾斜三种。我国使用的重介质旋流器都是采用倾斜安装（图 5-7），旋流器轴线与水平线的夹角约为 10°，其优点是：便于旋流器入料、溢流和底流管路系统的安装。当设备停止运转时，物料能顺利地从旋流器中排出来。对低压重介质旋流器更应倾斜安装，因为正立垂直安装时，溢流口与底流口高差引起压力变化，底流口所受压力比溢流口大，从而矿浆大量从底流口排出，影响旋流器的正常工作。

5.5.6　重介质旋流器的给料方式

重介质旋流器给料方式有三种。

第一种是将煤与悬浮液混合后用泵沿切线方向打入旋流器，入料口压力可达 0.1MPa 以上。但由于给料过程中精煤的粉碎较严重，对设备磨损也严重，故使用较少。

第二种是用定压箱给料。煤和悬浮液在定压箱中混合后靠自重进入旋流器，定压箱的液面高出旋流器入料口一定高度（视旋流器直径大小而定），一般 500mm 直径的旋流器其定压箱高度不低于 5m，以保证入料口压力不低于 0.04MPa。

第三种给料方式是无压给料，悬浮液用泵以切线方向给入圆筒旋流器下部而物料靠自重从圆筒顶部中心给入，这种方式用于圆筒形重介质旋流器，称为无压给料旋流器。

图 5-9 是国产的无压给料旋流器，分别由中国矿业大学（图 5-9a）和煤炭科学研究院唐山分院（图 5-9b）研制，两者的区别是重产物反压力的调节方式不同，中国矿业大学研制的圆筒形重介质旋流器采用反压力调节筒 3，可在线调节重产物口的反压力，从而微调旋流器的分选密度。而煤炭科学研究院唐山分院研制的圆筒形重介质旋流器则采用旋涡排矸装置 4 调节重产物的反压力。

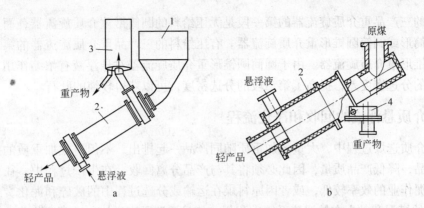

图 5-9　国产无压给料旋流器

1—给料斗；2—圆筒形重介质旋流器；3—反压力调节筒；4—旋涡排矸装置

　　三产品重介质旋流器是由两个两产品重介质旋流器组合而成，它是用一个密度的悬浮液实现双密度的分选，选出三个产品。三产品重介质旋流器的给料方式也有煤和介质分开给料的所谓无压给料方式（图 5-10）和煤介混合用泵给入的所谓有压给料方式（图 5-11）两种。

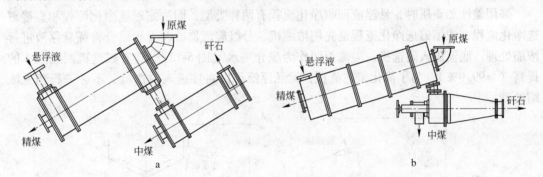

图 5-10　国产无压给料三产品旋流器

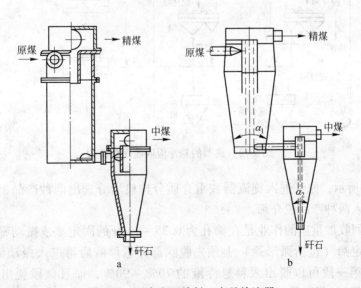

图 5-11　国产有压给料三产品旋流器

无压给料的三产品重介质旋流器的第一段是无压给料的圆筒形重介质旋流器，而其第二段可以是圆筒形或圆筒圆锥形重介质旋流器。有压给料的三产品重介质旋流器的第二段多采用圆筒圆锥形重介质旋流器。由于圆筒圆锥形重介质旋流器对悬浮液有浓缩作用，从而增加了两段的分选密度差，提高了第二段的分选密度，可以获得较纯的矸石。

5.6　重介质悬浮液的回收和净化流程

在重介质选煤过程中，大量的加重质随同产品一起排出，不但造成加重质的损失，而且污染产品，降低产品质量，因此必须将其与产品分离回收。在生产过程中，往往因准备筛分或脱泥作业的效率较低，或者因原料煤在运输或分选过程中的破碎和泥化，致使大量 −0.5mm 的煤泥和黏土在悬浮液系统中积累，使悬浮液黏度增加，进而恶化分选效果，因此必须将其净化。悬浮液的回收净化是重介质选煤流程中的一个组成部分。它的主要任务是从稀悬浮液和排放水中收集和回收加重质，减少加重质的损失；并从悬浮液中排出煤泥和黏土，保证悬浮液性质稳定，从而保证良好的分选效果。

5.6.1　悬浮液回收净化系统

采用磁性加重质时，悬浮液回收净化流程有两种类型，即浓缩磁选净化流程和直接磁选净化流程，浓缩磁选净化流程是先用浓缩机、分级旋流器或两者相结合将稀悬浮液进行浓缩处理，底流进入磁选机，溢流返回作为脱介喷水（图 5-12）。随着磁选机回收效率的提高（≥99.9%），为了简化工艺流程，稀悬浮液可以直接进入磁选机，不必进行预先浓缩处理。

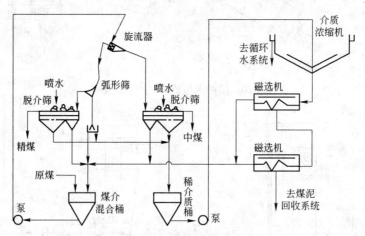

图 5-12　典型的悬浮液回收净化流程

如图 5-12 所示，原煤进入旋流器或重介质分选机后分选出两种产品，产品和悬浮液混合物分别进入两种产品脱介筛。

从产品中回收加重质的作业是在筛孔为 0.35 ~ 1mm 的固定筛或振动筛上进行的。通常产品先在固定筛（包括弧形筛）上预先脱除部分悬浮液后再进入振动筛。一般来说，产品在振动筛第一段可以脱出入料悬浮液的 70% ~ 90%，而且该段脱出的悬浮液可以返回合格介质桶循环使用。第一段脱除悬浮液后产品仍黏有加重质，产品粒度越细、黏附量越大；分选介质密度愈高，黏附量也越大。一般每吨产品在 $10 \sim 100kg$ 之间。因此，在振动筛的第二段要加喷水冲洗掉这部分加重质。冲洗过程用水有循环水和清水两种，矸石可用循环水冲洗；精煤先用循环水，而后必须用清水冲洗，以免增加灰分。冲洗水量因粒度不同而异，一般每吨产品用水量在 $0.5 \sim 3m^3$ 之间，块煤喷水量一般为 $1m^3/t$，末煤喷水量为 $1.5 \sim 3m^3/t$。

弧形筛和脱介筛第一段筛下物为循环悬浮液，其密度接近合格悬浮液的密度，可直接返回合格悬浮液桶复用；第二段筛下物因加入喷水浓度很低，为稀悬浮液，其中含有加重质和煤泥、黏土，一般用浓缩机（也可用磁力脱水槽或低压旋流器）浓缩，浓缩机溢流可作脱介筛第一段喷水，浓缩机的底流进入两段磁选机，磁选精矿进入合格介质桶与循环悬浮液混合组成合格悬浮液，用泵输送到分选机中循环使用。

从悬浮液中排出煤泥和黏土，是悬浮液的净化作业。通常是通过分流箱分出一部分循环悬浮液进入稀悬浮液系统，经磁选回收加重质而使多余的煤泥和黏土从磁选尾矿排出，这部分循环悬浮液称为分流悬浮液，简称分流。在用重介质旋流器分选不脱泥原料煤和三产品块煤分选机以及在用重介质分选机分选含有易泥化矸石的原料煤时，分流量就应该大些，若是最终产品带走的煤泥与入料的煤泥在数量上达到平衡，悬浮液黏度又在允许范围以内时，就没有必要分流了。

5.6.2　悬浮液中煤泥量的动平衡

进入悬浮液系统的煤泥有原料煤带入的煤泥和分选过程中产生的次生煤泥。从悬浮液系统中排出的煤泥有：产品带走的煤泥、稀介质和分流悬浮液进到磁选机后以尾矿形式排除的煤泥。当原料煤的数质量、选煤工艺流程及分流量等各项参数不变时，按照数质量平衡原则，煤泥不可能在系统中无限积存，也不可能在系统中无限减少。进入系统的煤泥量应与从系统排除的煤泥量相平衡。

当某一参数改变时，煤泥量就不平衡了，煤泥量在合格悬浮液中增加或减小，但到一定值后又在新的基础上平衡了。例如，当分流量增加后，进入系统的煤泥量没变，但从磁选尾矿排除的煤泥量增加了，于是从系统中排除的煤泥量大于进入系统的煤泥量，合格悬浮液中的煤泥含量逐渐减少，合格悬浮液的黏度也逐渐减小。这样，脱介筛的脱介效果将会改善，进入第二段稀悬浮液中的煤泥量也将会逐渐减少。最后由产品带走的煤泥量也逐渐减少。结果是从系统中排除的煤泥量逐渐与进入系统的煤泥量趋于平衡，也就是在合格悬浮液中煤泥含量减少的基础之上达到了新的动平衡。

所以，当原料煤的煤泥含量变化或分流量变化时，合格悬浮液中的煤泥含量就会发生变化。通常调节煤泥量的办法是用改变分流量大小或者用提高或降低选前分级、脱泥作业的效率来调节。

5.6.3　悬浮液回收与净化的主要设备

5.6.3.1　弧形筛

弧形筛是筛面沿纵向（物料运动方向）呈弧形，筛条横向排列的一种条缝筛，是一种经济实用的固液分离设备。它具有结构紧凑、安装操作维护简便、无转动部件和运行可靠等特点。

弧形筛是产品脱介的第一台设备，大部分合格悬浮液经过弧形筛后基本全部脱出。重介选煤中所使用的弧形筛筛缝有0.5mm、0.75mm和1.0mm等规格，具体要根据工艺来确定。

5.6.3.2　脱介筛

多用普通直线振动筛或共振筛，筛面采用缝条筛面，筛孔为0.25~1.0mm。一般沿物料运动方向分2~3段，脱介用的喷水加在中部或筛子的最后一段，第1段或第2段筛下悬浮液进入合格介质桶。有的脱介筛为多层筛，比如分级粒度为13mm，+13mm的块精煤直接到精煤产品皮带，小于13mm的末精煤到离心脱水机。

5.6.3.3　浓缩设备

浓缩设备有耙式浓缩机、磁力脱水槽、水力旋流器、倾斜板浓密箱及螺旋分级机等。

5.6.3.4　磁选机

图5-13　磁选机的工作原理

磁选机是根据各种矿物磁性的不同，在磁选机的磁场中受到不同的作用力使矿物达到分选的一种选矿机械。

在重介质选煤流程中，磁选机是用来回收稀悬浮液中的磁性物质（如磁铁矿），其工作原理是借助圆筒中的磁系把稀悬浮液中的磁铁矿颗粒吸附到圆筒表面，并随圆筒转动到一定位置后离开磁场，磁力消失了，磁性颗粒在重力和离心力作用下落到精矿槽成为精矿，非磁性物不受磁系吸引由下部排出成为尾矿，如图5-13所示。

重介质系统中的磁选机的回收率必须很高，但对磁选精矿的品位要求不高。当入料量、入料浓度和磁性物含量发生变化时，磁选机在一定的范围内适应性要强。

重介质系统中回收磁铁矿的磁选机是弱磁场磁选机，大部分都是筒式磁选机。其槽体结构有顺流型、逆流型和半逆流型三种，如图5-14所示。

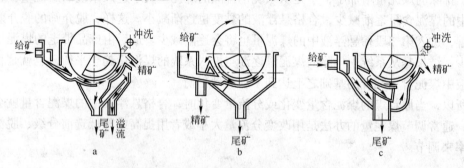

图5-14　磁选机工作原理示意图
a—顺流型；b—逆流型；c—半逆流型

顺流型磁选机的给料方向和圆桶旋转方向或精矿排出方向一致，逆流型磁选机给矿方向和圆筒旋转方向或精矿排出方向相反，半逆流型磁选机尾矿移动方向和圆筒的旋转方向相反，但精矿排出方向和圆筒旋转方向相同。

5.6.3.5　介质桶

介质桶包括合格介质桶、浓介质桶、稀介质桶和煤介混合桶等，有的选煤厂的合格介质桶又分为原煤合格介质桶和煤泥合格介质桶。介质桶是为了储存和缓冲悬浮液，以及调节悬浮液密度而设置的，根据重介选煤工艺的不同所包含的介质桶的类型也不一样。介质桶通常上部呈圆筒形，下部为圆锥形，锥角为60°，桶底为锥形便于沉淀加重质。开机时，先采用0.6～0.8MPa的压缩空气搅拌，转入正常生产后，便靠悬浮液自身循环，起搅拌作用，以维持悬浮液的稳定。

5.6.4　降低加重质损失的措施

重介质选煤所用的磁铁矿粉是钢铁原料，介质消耗过大，不仅在经济上损失，浪费了国家资源，还影响重介系统生产的正常、稳定。所以，加重质的消耗量始终是评价重介质选煤的一项主要技术经济指标。

由重介选产品带走的和磁选机尾矿损失的磁铁矿之和折合成每吨原料煤的损失量称为磁铁矿的技术损失；由运输转载添加方式不佳等管理不善的损失称为管理损失。两者总和为实际损失。根据国内外较好水平要求，块煤重介的实际损失应低于每吨原料煤0.5kg。末煤重介的实际损失应低于每吨原料煤1.0kg，即块煤重介比末煤重介损失的要小。另外，悬浮液密度低的比密度高的损失也要小些。

对于已正常生产的选煤厂来说，如果不改变工艺流程和设备，也不采用新的加重质，那么介质消耗量大体上也是一定的。如在一段时间内，介质消耗量突然增加，应从以下几方面去找原因：如管理损失比例大时，要从磁铁矿储存、转运、添加方式方法等方面进行检查，加强管理；如技术损失大时，要检查各工艺环节，产品带走的比例大，要改善脱介筛工作效果，若磁选机尾矿损失大，要提高磁选机回收率，如因分流量突然加大而造成的磁选机损失大，就应该控制分流量。

根据生产实践经验，可以从下列几方面着手降低磁铁矿的损失：

(1) 改善脱介筛的工作效果。采用高效率的脱介筛和开孔率大的筛网。在脱介筛前设固定筛或弧形筛。

(2) 采用稀介质直接磁选工艺。彩电选煤厂实践证明，采用稀介质直接磁选并加强管理，可使介质消耗明显下降，介质消耗由原来每吨煤2.23kg降低到每吨煤0.77kg以下。

(3) 保证磁选机的回收率。一般要保证磁选机的回收率在99.8%以上，大量的稀介质是通过磁选机回收的，磁选机工作的好坏对磁铁矿损失影响很大。

(4) 保证各设备液位平衡，防止堵、漏等事故发生。堵、漏事故会大量损失磁铁矿。如立轮分选机堵塞1次会损失磁铁矿约2t。

(5) 减少进入稀悬浮液中的磁铁矿数量，尽量保持稀悬浮液的质量稳定。

(6) 严格控制从重介系统中向外排出煤泥水。除磁选尾矿水排出外，其他煤泥水一律不应向外排放。要控制好浓缩设备，溢流全部作脱介筛喷水。

(7) 保证磁铁矿粉的细度要求。磁铁矿的粒度变粗后，由于悬浮液煤泥含量增大，脱介筛和磁选机效率都降低，磁铁矿损失会显著增加。

（8）选择最佳磁铁矿储运和添加方式。

5.7　重介质选煤基本工艺流程

近年来，随着重介质选煤技术的快速发展，重介质分选工艺呈现出流程更加简化、适用范围不断拓宽、自动化程度不断提高的大趋势。无论是特大块毛煤的排矸，还是粉煤的洗选，无论是炼焦煤洗选，还是动力煤的加工，都可以采用重介质分选工艺。重介质分选方法分选精度高、密度调节范围宽、密度测控自动化程度高等优势得到前所未有的发挥，重介质选煤工艺已经成为我国近一时期选煤工艺推广应用的重点，新建的选煤厂和老厂的技术改造大都采用重介质旋流器选煤工艺。

与常规跳汰选煤工艺相比，大直径旋流器的有效分选下限延伸至 0.25mm 左右，利用煤泥重介质分选的工艺下限更达到 0.15～0.10mm。由此对常规煤泥分选工艺及重选与浮选工艺的结合模式产生了重要的影响，在条件合适的时候，可采用如全重介质分选工艺模式、粗煤泥独立回收工艺模式等。

虽然重介质选煤的适应范围很广，但由于煤种、煤质、可选性以及用户需求等各方面的差异，在工艺设计、生产管理等方面，必须实事求是、因地制宜，制定合理高效的重介质分选工艺，科学规范地管理和使用重介质分选工艺。

目前国内外使用的重介质选煤的工艺流程多种多样，但一般都包括如下几个基本环节：

（1）准备作业。其目的主要是为重介质分选工艺系统提供粒度、含泥量、水分、含杂量等符合要求的入料。入料准备包括除铁除杂、预先筛分、选前排矸、破碎、脱泥、脱水作业。

（2）分选作业。包括给料、分选、产品的收集与分配等。

（3）产品处理作业。包括重介质选煤产品（精煤、中煤和矸石）的脱水、脱介、分级、悬浮液的回收与净化等。

在以上三个作业中，悬浮液的回收与净化是重介质选煤的关键，不仅关系到产品的质量，而且还影响到加工成本。

根据重介质选煤分选设备的不同，目前国内外使用的重介质选煤基本工艺流程大致可以分为以下两类。

（1）重介质分选机选煤工艺。分选的粒度范围可到 8～150mm，主要用于粗大粒度动力煤的分选和高矸（ +50mm 矸石含量大于 3%）炼焦煤中大块的选前排矸作业。

（2）重介质旋流器选煤工艺。重介质旋流器选煤工艺分为两产品重介质旋流器分选及三产品重介质旋流器分选工艺，可广泛应用于各种煤种的分选，分选上限可以达到 80～100mm；重介质旋流器选煤工艺还分为有压旋流器分选工艺和无压旋流器分选工艺。

5.7.1　重介质分选机选煤工艺

重介质重力分选机选煤工艺目前已普遍用于动力煤和无烟煤的大块排矸及精选，根据重介质重力分选机的类型不同，有两产品分选工艺和三产品分选工艺。

在重介质分选机选煤工艺中，进入分选机的原煤一般为块煤，即原煤需要先经过分级筛，筛上的 +13mm 粒级进入分选机，筛下 -13mm 粒级进入跳汰或重介质旋流器分选。

图 5-15 为两产品重介质分选机选煤工艺流程，而图 5-16 为三产品重介质分选机选煤工艺流程。

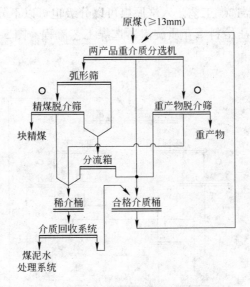

图 5-15　两产品重介质分选机选煤流程

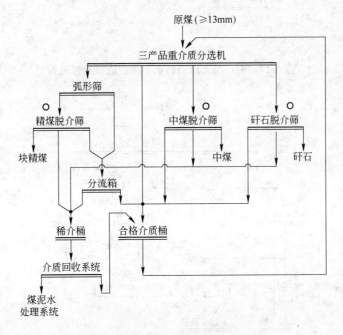

图 5-16　三产品重介质分选机选煤流程

5.7.2　重介质旋流器选煤工艺

根据旋流器的结构和作用不同，重介质旋流器选煤工艺也分为两产品重介质旋流器选煤工艺和三产品重介质旋流器选煤工艺。进入旋流器的原煤根据 -0.5mm 含量的多少有脱泥和不脱泥入洗，即用0.5mm的振动筛分级，筛上加喷水（循环水），筛上去重介质旋流器，筛下去煤泥水处理系统。

根据给料方式不同，有有压给料和无压给料两种工艺流程，当然，选煤厂用得较多的是无压给料重介质旋流器选煤工艺。入洗原煤可以分级也可以不分级洗选。

图5-17是两产品无压给料重介质旋流器选煤工艺流程，图5-18为三产品重介质旋流器选煤工艺流程。

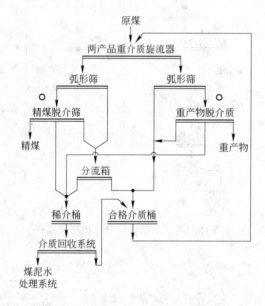

图5-17　两产品无压给料重介质旋流器选煤流程

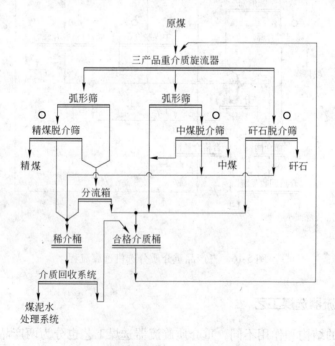

图5-18　三产品无压给料重介质旋流器选煤流程

5.8 重介质选煤操作要点

在重介质选煤生产中，除保证悬浮液密度稳定、黏度小以及稳定性好外，还有以下影响因素需要在生产操作中掌握。

5.8.1 原料煤性质

重介质选煤过程中，入选原煤的粒度越大，分层速度越快，分选的效率也越高。因此，重介质选煤都是分级入选，而且对限下率和含泥量有一定限制。限下率是指筛上产品中小于规定中的粒度下限部分的质量分数。块煤重介质分选机入选原煤的允许限下率见表5-5。

表5-5 块煤重介质分选机入料的允许限下率

入选原煤粒度下限/mm		25	13	10	8	6
允许限下率/%	烟煤和无烟煤	<10	<7~9	<6~8	<5~6	<4~5
	褐煤	<25	<20	—	—	—

采用重介质旋流器分选末煤时，入料中小于 0.5mm 煤粉的含量不应超过 3%~5%（指末煤脱水后，外在水分为 12%~15% 时的煤泥含量）。

入选原煤的可选性差别较大时，应尽量将可选性差别较大的原煤分开入选或混匀后再入选。没有配煤设施的选煤厂，操作司机可根据原煤及产品的快灰、快浮结果或测灰仪检测结果进行调整。如果原煤中的中煤含量增多，精煤灰分超过指标，可适当减少悬浮液的循环量，或降低悬浮液的密度。

原料煤的可选性和颗粒形状对重介质分选机分选效果的影响是无法改变的。煤的可选性越难，在相同分选密度的情况下，产品中错配物的数量就越大。

5.8.2 处理量

给料量过大，煤在分选槽内不能充分散开，甚至造成物料堆积，来不及分选就排出机外，造成精煤灰分增高。给料量少，影响分选机的处理能力，因此给煤量不能忽大忽小、时断时续，而应均匀稳定。

增大分选机单位处理量会增加物料的干扰分层，因此，颗粒分层速度减慢，使产品受污染。块煤重介质分选机的单位处理量，一方面取决于槽宽和排矸轮的提升能力，另一方面同原料煤的性质有很大关系，一般每米槽宽每小时能处理 70t 原料煤；当原料煤粒度大、中间煤含量少时，每米槽宽每小时处理量可达 130~140t；而原料煤粒度细、中间煤含量多时，物料的分选速度减慢，处理量必然降低。

重介质旋流器的处理量与悬浮液循环量有很大关系；相同的液固比时，循环量增大，处理量也将增大。

应当指出，重介质选煤处理量的波动是有一定的允许范围的，超过这个范围，将对分选效果产生不利的影响，尤其对分选小颗粒的煤更为不利。

5.8.3 给料方式

对于块煤重介质分选机来说，要求原料煤进入分选槽的落差要小。这是为了防止原料煤进入分选槽时冲力过大而影响分选效果。

重介质旋流器的给料方式较为复杂，分有压给料和无压给料两种方式，对于有压给料，需要特殊的加压给料装置：一种是将煤和悬浮液在定压箱混合后靠自重进入旋流器，定压箱的高度 H 与旋流器直径 D 的关系约为 $H \geqslant 9D$；另一种是将煤给入介质桶同悬浮液混合后用泵给入旋流器，入料口压力可以达到 0.1MPa。

重介质旋流器的无压给料方式是原煤直接进入旋流器的顶部中心，而悬浮液用泵沿切线方向给入旋流器的下部。

5.8.4 悬浮液循环量

悬浮液的循环量包括上升（或下降）介质流量和水平介质流量之和，吨煤循环量是指1吨原料煤所需悬浮液的循环量。水平液流的主要作用是运输物料，其流速取决于入料的粒度下限，一般以 0.2~0.3m/s 为宜。上升或下降液流的作用是提高悬浮液的稳定性，其流速取决于悬浮液密度和煤泥含量以及加重质粒度等。重介质分选机的上升液流量约占总循环量的2/3，水平液流约占1/3。

对于块煤分选机，水平和上升（或下降）介质流是配合使用的。悬浮液的水平介质流量大小影响原料煤在分选槽中的停留时间。水平介质流流速过大，分选时间缩短，细粒煤分选不完善，分选精度降低，反之，水平介质流流速过小，分选后的精煤不能及时排出，必影响分选机处理能力。上升介质流流速过大时，会使高密度的小颗粒混入上浮产品中，反之，上升介质流流速过小，会使悬浮液中的加重质沉淀，使分选槽内上层的悬浮液密度降低，分选密度下降，沉物中错配物增加。

各种分选机的吨煤循环量见表5-6。只要按照分选机制造厂所规定的加重质粒度、悬浮液循环量、入料粒度下限及额定处理量来操作，一般都能得到符合规定的分选效果。

表5-6 块煤重介质分选机的循环悬浮液量

分选机类型	斜轮	立轮	浅槽	圆筒形
悬浮液流动方式	水平－上升流	水平－下降流	水平流	水平流
悬浮液循环量/m³·t⁻¹	0.5~1	1	2~5	2~3

对于重介质旋流器，当给料压力与旋流器的结构参数不变时，旋流器的循环量变化不大。这时物料与悬浮液的体积比越大，吨煤循环量就越小。重介质旋流器的吨煤循环量为 2.5~3 m³，低于吨煤循环量 2.5 m³ 分选效率降低，高于吨煤循环量 3 m³ 并不能提高分选效果，经济上也不合算。

在生产中为了便于调节悬浮液循环量，操作者可以以分选槽内正常生产时的液位为标准，在槽的侧边做出标志，根据该标志便可知悬浮液循环量的变化。操作者可根据原煤入料量、悬浮液中煤泥含量和产量快速浮沉结果的变化，来调整介质泵的入料阀门，以达到调整悬浮液的循环量。正常生产条件下，应尽量减少悬浮液循环量，这不仅能降低电耗，减轻设备磨损和加重质损失，而且还可保证较高的分选精度。

5.8.5 悬浮液密度

用斜轮分选机分选块煤时，由于受上升介质流和介质阻力等因素的影响，实际分选密度一般比悬浮液密度高 $0.04 \sim 0.08 \mathrm{g/cm^3}$。在生产中，应尽量使悬浮液密度波动范围小。

重介质旋流器分选时，分选密度一般高于悬浮液密度 $0.1 \sim 0.2 \mathrm{g/cm^3}$。这是因为在离心力作用下，旋流器内的悬浮液被浓缩而使分选密度增大。分选密度和悬浮液密度的差值取决于悬浮液中加重质的特性、煤泥含量和旋流器的结构参数。低密度悬浮液的加重质粒度要求较细，高密度悬浮液的粒度可以粗些。

重介质旋流器分选密度的调节，可通过改变溢流口和底流口的直径以及调节悬浮液的密度来实现；但在生产过程中不能随时改变溢流口和底流口的直径，主要靠调节悬浮液密度来改变分选密度。

5.8.6　旋流器的正常工作状态

旋流器是利用离心力分选末煤的设备。旋流器工作时，其轴心必须形成空气柱、底流必定以辐射伞状排出。如果没有空气柱，底流没有呈辐射伞状排出，这说明所受离心力不大，悬浮液的正常流态受到破坏，必导致旋流器分选效果差。遇此情况，要及时查找原因并进行调整。

破坏正常流态的原因往往有以下几种：入料方向不是切线的；旋流器内壁不光滑，凸凹，有台阶；底流口、入料口磨损；底流口与溢流口大小或它们之间的比例不合适；入料压力过低等。

5.8.7　重介质分选机的维护保养

为延长重介质分选机的使用寿命，并在使用中尽可能少出故障或不出故障，必须做好设备的维护保养。各种类型的重介质分选机都附有维护保养说明书，综合所叙，大体上可分为以下几个方面：

（1）润滑。重介质分选机存在的最突出问题是磨损严重。润滑可减轻磨损，因此，各润滑部件必须按说明书中的要求，定时、定量给予润滑。

（2）贮备易磨部件。有些部件属易磨件，需要经常更换。为了不因部件的正常损坏而影响生产，必须贮备一些易磨部件，这样就有可能在很短时间内更换磨损件，恢复生产。

（3）密封。重介质分选机中往往由于密封不好，跑、冒、滴、漏介质，这样不但增加了加重质的消耗，而且还加快部件的磨损。

（4）启动。启动前要检查各运转部件运转是否正常。分选机要在不给料的状态下启动，并且只有当分选槽中的合格悬浮液装填到分选槽的溢流点时，才能给料。

（5）停车。给料停止后，分选机应继续运转到机槽内的物料排空方可停车，然后切断工作介质泵，并放尽分选槽内的全部介质。停车后，还应清除分选机内黏附的磁铁矿，并从外侧清理斗轮等。

5.9　重介质选煤自动控制

在重介选煤生产中，除保证悬浮液黏度小、稳定性好、循环量稳定外，还必须保证悬浮液密度的稳定。

悬浮液的密度是根据产品质量的要求来确定的，但由于在分选机种流体运动的影响，悬浮液密度与实际分选密度是有差别的。对于用上升流的块煤分选机，悬浮液密度一般要比实际分选密度低 0.03 到 0.1。可以用浓度壶或者密度计测定悬浮液密度。生产中应采用自动控制系统控制悬浮液的稳定性。我国常用的密度检测装置，有双管压差密度计、水柱平衡密度计和 γ 射线密度计。

5.9.1 悬浮液密度测控方法

5.9.1.1 悬浮液密度测量

目前，悬浮液密度常采用 γ 射线密度计测量。

γ 射线密度计是采用 γ 射线吸收法则测定管道中悬浮液密度的仪表，放射性同位素铯 137 (^{137}Cs) 产生的 γ 射线具有穿透物质的能力，对于一束准直的 γ 射线通过被测悬浮液后，射线被悬浮液吸收，使其强度减弱，射线强度的衰减与悬浮液密度有关。

图 5-19 为 γ 射线密度计工作原理图。实际测量时，将装有铯 137 (^{137}Cs) 放射源的铅室和探测器置于管道的相对两侧，由铅室准直的 γ 射线束经管道悬浮液吸收衰减，入射到探测器中的碘化钠晶体，碘化钠晶体具有很大的光能输出。经光电倍增管和前置放大电路后，脉冲信号送到信号处理机后，经微处理机计算，得到密度值并将计算结果直接显示在发光数码管上，周期性地自动显示悬浮液的密度值。

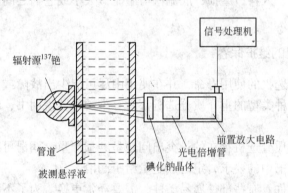

图 5-19　γ 射线密度计工作原理图

5.9.1.2 悬浮液密度自动调节系统

重介质选煤的主要原理是靠控制悬浮液的密度，使精煤与中煤（矸石）达到分离的。如果悬浮液的密度不能按规定要求控制调整，就失去重介质选煤的意义。因此，悬浮液密度的测量和调节是很关键的一环。它的方法应视工艺条件而定，一般是当悬浮液密度过高，要及时加水，使其密度降低。当悬浮液密度过低时，要及时将精煤弧形筛下合格悬浮液分流一部分进入精煤稀介质桶，由磁选机回收磁铁矿加重质，回到合格介质桶使悬浮液密度提高。有的工艺流程使用补加高密度悬浮液的方法提高密度，或者直接补加干磁铁矿粉，这要取决于每个工艺流程的设计。

悬浮液密度自动调节系统为分流合格悬浮液到稀介质桶，回收磁铁矿的方法调节悬浮液的密度。由 γ 射线密度计得密度信号，信号送到调节器的输入端，与给定值进行比较，形成偏差信号，调节器对偏差进行比例、积分、微分（即 P、I、D）运算，根据运算结果发出的信号去调节被控分流箱的分流量，改变悬浮液的密度值，使密度值与给定值的偏差稳定在容许的范围内。

5.9.2 介质桶液位测控方法

由于悬浮液的黏滞性和容易分层、沉淀等特点，用于介质桶液位测量的多是压力式、电容式、浮标式、γ射线式和超声波式等。

介质桶液位自动调节，主要指合格介质桶的液位调节。悬浮液在循环使用中，由于不断地选煤、不断地分流、加水、加介质等而造成介质桶的液位不断变化。液位过高会造成跑溢流。液位过低，可能把悬浮液抽空，无法选煤。同时液位不稳定，也会影响悬浮液工艺参数的调整（如密度、黏度等），影响分选效果。合格介质桶的液位调节主要采用打分流和补加高密度介质与水的办法。超声波液位计测得液位信号，将液位信号送给调节器，自动控制分流箱，调节分流量，使液位稳定。当液位过低时，发生报警信号，自动补加水。高密度介质的补加由密度控制系统进行调节。

5.9.3 旋流器入料口压力测控方法

重介质旋流器的入口压力是旋流器内产生离心力的动力，是促使煤与矸石得到有效分离的重要因素。随着旋流器入口压力的增大，矿粒在旋流器内的离心因素和加速度也增加，所受的离心力倍增，使选煤效果得到改善，还可提高旋流器的处理能力。但压力到一定值后，再增大压力，对改善分选效果就不明显，反而会增加机械磨损和能耗。但低于最低值时，分选效果将显著下降。所以，应把旋流器入口压力控制在合理值上。

一般是：

$$H \geqslant 9D \tag{5-14}$$

式中　　H——旋流器入口压力；

　　　　D——旋流器直径。

旋流器的入口压力可用压力表进行检测。

旋流器入口压力是指旋流器进料口处的压力。如果是采用定压箱给料方式，只要保证定压箱有溢流，即保持旋流器入口压力稳定。自动控制的重点是检测定压箱的液位。定压箱的液位应保持稳定。如果液位偏低，应发出报警信号。

如果采用泵有压或无压给料选煤时，旋流器的入口压力主要是用控制泵的转速来进行调节的。调节泵电机的旋转速度，可以采用调节皮带输变速比的办法，也可采用可控硅变频调速器，或者采用电磁滑差离合器。其中，可控硅变频调速器的效果最好，其优点是控制灵活，可降低能耗，缺点是初期投资较大。

5.9.4 循环悬浮液流变特性测控方法

悬浮液的流变特性是表征悬浮液的流动与变形之间的关系的一种特性。流变黏度是悬浮液流变特性的主要特性参数，悬浮液的流变黏度主要就取决于煤泥的含量与特性。

重介质悬浮液的主要组成是磁铁矿粉、煤泥和水。悬浮液流变特性的自动调节，主要是调节悬浮液的煤泥含量。在分选密度较低，磁铁矿粉粒度较粗时，增加工作悬浮液中的煤泥含量可以改善分选效果。当用细粒度磁铁矿粉（小于0.04mm级占94%）作加重质时，可以在煤泥含量较低时取得很好的分选效果。但是，也有资料说明，当煤泥含量过高

（达56.5%~62%）时，1~0.5mm粒级原煤的分选效果变坏。这说明不同悬浮液中的煤泥含量有一个适当范围。

重介质悬浮液中煤泥含量很难使用仪表测量，但可以借助于密度计和磁性物含量计分别测量出悬浮液的密度和磁性物含量，然后通过公式，由计算机计算出煤泥含量。

经数学推导可得如下计算公式：

$$G = A(\rho - 1000) - BF \tag{5-15}$$

$$A = \frac{\delta_{煤泥}}{\delta_{煤泥} - 1000}$$

$$B = \frac{\delta_{煤泥}(\delta_{磁} - 1000)}{\delta_{磁}(\delta_{煤泥} - 1000)}$$

式中　G——煤泥（非磁性物）含量，kg/cm^3；

　　　A——与煤泥有关的系数；

　　　B——与煤泥和磁性物有关的系数；

　　　F——磁性物含量，kg/cm^3；

　　　ρ——悬浮液密度，kg/cm^3；

　　$\delta_{煤泥}$——煤泥密度，kg/cm^3；

　　$\delta_{磁}$——磁铁矿粉密度，kg/cm^3。

所以，煤泥百分含量 $= \dfrac{G}{G + F} \times 100\%$。

在重介质旋流器选煤中，低密度分选悬浮液的煤泥百分含量一般控制在50%~60%为宜，超过此值时，应将精煤弧形筛下的合格悬浮液分流到精煤稀介桶，经磁选机脱泥，使分选悬浮液的煤泥含量稳定在规定范围内。

5.9.5　精煤灰分测控方法

选煤厂的精煤产品灰分测量一般使用国家规定的化学分析方法——烧灰。快灰用于指导生产。由于操作复杂，一般快灰结果传到司机岗位，已经滞后1h左右。用于指导生产的科学方法是用测灰仪在线测量。目前主要使用γ射线灰分仪。

重介质选煤产品灰分自动调节系统的技术关键在于使用γ射线灰分仪进行灰分测量及克服精煤产品黏附磁铁矿对测灰仪精度的影响。在选煤过程中，常因精煤脱介效果不好而造成精煤表面黏附的磁铁矿粉数量较多，它对γ射线灰分仪的影响极大。经试验表明，精煤表面黏附的磁铁矿粉量对γ射线灰分仪的影响呈线性关系。精煤表面黏附的磁铁矿粉量不超过1kg/t煤时，它对γ射线灰分仪的测量精度影响在±0.3%以内。在一般的重介质选煤厂，只要加强管理，提高工人操作水平，精煤表面黏附的磁铁矿粉变化量都可以控制在1kg/t煤以下。如果精煤表面黏附的磁铁矿粉变化量超过1kg/t煤时，它对γ射线灰分仪的测量精度影响较高。这种情况往往发生在管理和操作不当，脱介筛喷水量不足时，或筛子负荷大或细粒煤多、脱介效果差时，将会造成磁铁矿粉损失严重，使精煤表面黏附的磁铁矿粉量波动大，影响γ射线灰分仪的正常测量结果。目前，磁铁矿粉的变化对γ射线测灰仪带来的不良影响还没有找到一种妥善的办法加以克服。

在重介质旋流器选煤过程中，影响产品质量的主要因素是悬浮液密度及其他工艺参数

（如悬浮液流变参数、原煤入选量、旋流器入口压力、介质桶液位等）的波动。因此，重介质旋流器选煤的产品灰分自动调节系统是在稳定原煤入选量、稳定悬浮液煤泥含量、稳定介质桶液位、稳定旋流器入口压力的前提下，根据产品灰分变化，自动调节悬浮液密度，达到稳定产品质量，提高回收率的目的。

5.9.6 悬浮液密度自动控制系统

图5-20为常用的密度自动控制系统。密度计1测出被控悬浮液的密度后，将信号给入控制箱2，测得的密度与要求的密度差值形成一个信号经放大后送到执行机构。当差值微小时，执行机构得到信号进行微调。如果悬浮液密度低了，信号指示变流箱3加大变流量，将更多的浓悬浮液送入稀介质系统，如果悬浮液密度仍未变高，就进一步加大变流量使悬浮液密度逐渐增高，直至悬浮液密度达到要求，变流量恢复正常；如果悬浮液的密度高了，信号送到执行机构，指令开动水阀4，往合格介质桶5中加清水，当悬浮液密度逐渐降低时，信号指示水阀少加清水，直至合格悬浮液密度达到要求，停止加清水。

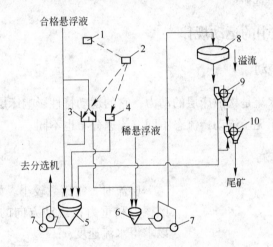

图5-20　常用的密度自动控制系统
1—密度计；2—自动控制箱；3—变流箱；4—水阀；5—合格介质桶；6—稀介质桶；
7—介质泵；8—浓缩机；9—一段磁选机；10—二段磁选机

介质桶应有液位自动测定仪，并统一考虑密度和液位的自动控制。生产时，稀介质桶应保持中液位，可以减少分流量对磁选机的影响。停车时稀介质桶应保持低液位。

当悬浮液的密度达到要求时，一般情况下合格介质桶液位的高低是由系统中磁铁矿总量决定的。液位过低，说明磁铁矿总量过少，应添加新磁铁矿补充。液位过高，合格悬浮液的密度肯定降低，应加大分流量进行浓缩。此时，密度和液位自动控制的动作是一致的。

总体来说，密度高加清水，密度低加大分流量；液位低加新磁铁矿，液位高加大分流量。正常生产情况下，液位一般比较稳定，主要是密度有波动。

密度自动控制系统还应有这样的能力，当悬浮液的密度产生很大偏差时，密度自动控制系统应能很快将其调整过来。

6 | 斜面流选煤

斜面流选煤是利用不同密度和粒度的原煤在斜面水流中运动状态的差异来进行分选的方法，主要包括斜面溜槽、螺旋溜槽和摇床。斜面溜槽简称斜槽，它处理原煤的粒度上限能达 60mm，当然斜槽中的水层厚度从几十毫米到数百毫米，总用水量较大（3~7m³/t）。而螺旋溜槽和摇床主要用于分选细粒级煤（<3mm），特别是螺旋分选机，目前在选煤厂广泛用于粗煤泥的回收，摇床主要用于我国西南地区高硫煤的物理法脱硫（选出硫黄铁矿）。在螺旋溜槽和摇床中，矿浆呈薄层状流过设备表面，水层厚度较薄，所以习惯上将这种选矿方法称为流膜选矿。

6.1 颗粒在斜面流中的运动规律

6.1.1 水流沿斜面的流动

在斜面上运动的水流是松散床层的动力，它的运动特性影响床层的分层效果。
水沿斜面运动属于无压流动，流态不同，流速分布也不同。

6.1.1.1 层流水流

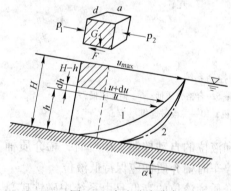

图 6-1 水流速度分布
1—层流；2—紊流

层流时，雷诺数较小。如图 6-1 所示，根据内摩擦力和重力在流动方向的分力的平衡关系，可以求得水流速度 u：

$$u = \frac{\rho g \sin\alpha}{2\mu} (2H - h) h \qquad (6-1)$$

式中　H ——水层厚度；

　　　ρ ——水的密度；

　　　h ——某水层距底面距离；

　　　α ——斜面倾角；

　　　μ ——水的黏度。

最大流速为：

$$u_{max} = \frac{H^2 \rho g \sin\alpha}{2\mu} \qquad (6-2)$$

水流任一高度处的流速与表层流速的比值为：

$$\frac{u}{u_{max}} = 2 \cdot \frac{h}{H} - \left(\frac{h}{H}\right)^2 \qquad (6-3)$$

此式表明，水速沿深度分布为二次抛物线。
整个水流的平均流速为：

$$u_{\text{mea}} = \frac{\rho g \sin \alpha}{3\mu} \cdot H^2 = \frac{2}{3}u_{\text{max}} \qquad (6-4)$$

即平均流速为最大流速的 2/3 倍。

6.1.1.2 紊流水流

在斜面流为紊流时，水速沿深度的分布可表示为：

$$u = u_{\text{max}}\left(\frac{h}{H}\right)^{\frac{1}{n}} \qquad (6-5)$$

指数 n 随 Re 而变，在 1.25~7 之间。粒度越大，n 值也越大。粗粒溜槽水速可达 1~3m/s，n 值可取 4~7；而细粒溜槽 $n = 2~4$。

紊流水流可大致分为三层：层流边界层、过渡区和基本紊流区。

层流边界层靠近底面，流速很小，层流厚度也很小。过渡区厚度也不大，流速逐渐增加。基本紊流区流速沿法向变化不大。

紊流时整个水深的平均流速为：

$$u_{\text{mea}} = \frac{n}{n+1}u_{\text{max}} = Nu_{\text{max}} \qquad (6-6)$$

上式中，假设 $N = \dfrac{n}{n+1}$，表示平均紊流流速系数。

在选煤过程中，N 值可取表 6-1 的经验值。

表 6-1 平均紊流流速系数 N 的取值

水流状态	层流	由层流向紊流过渡	紊流	Re 很大时的紊流
$\frac{n}{n+1}$ 值	$\frac{2}{3}$	$\frac{2}{3} ~ \frac{3}{4}$	$\frac{3}{4} ~ \frac{7}{8}$	$\frac{7}{8}$ 或更大

对于溜槽，表面水流速度为 0.5~3m/s，系数 N 取平均值 5/6。

对于摇床，表面水流速度约为 0.05~0.5m/s，系数 N 取 3/4。

对于分选无烟煤的摇床，当水流平均速度为 0.386m/s 时，小于 0.4~0.5mm 的矸石颗粒将处于悬浮运动状态；水流速度为 0.19m/s 时，小于 0.1~0.15mm 的矸石颗粒做悬浮运动，但随着床面倾角的增加，悬浮颗粒粒度也相应加大。对于烟煤，小于 0.15mm 的颗粒很容易悬浮，从而使分选恶化。

研究表明，平均流速愈大，垂直分速度愈大。斜面水流 Re 值愈大，槽底粗糙且倾角大，则垂直分速愈大。由于接近槽底时速度梯度大，因此，愈靠近槽底，垂直分速度也愈大。

6.1.2 颗粒在斜面水流中的运动

矿粒在斜面水流中有不同的运动形式（图 6-2）：矿粒在水流中沉降至槽底（图 6-2a）、沿底面滑动或滚动（图 6-2b）、悬浮和跳跃式运动（图 6-2c）、连续悬浮运动（图6-2d）。

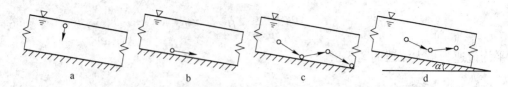

图 6-2 矿粒在斜面水流中的运动

当颗粒沉降至槽底时，主要受力见图 6-3。

(1) 重力 G_0：

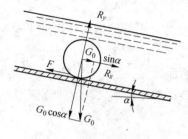

图 6-3 矿粒沿槽底运动受力图

$$G_0 = m\frac{\delta - \rho}{\delta}g = mg_0 \qquad (6-7)$$

(2) 水流作用于矿粒的推力：

$$R_x = \phi\, d^2(u_{dmea} - v)^2\rho \qquad (6-8)$$

式中　ϕ——阻力系数；

　　　u_{dmea}——作用于矿粒上的平均水速；

　　　v——矿粒沿槽底运动速度。

(3) 水流垂直分速对矿粒的作用力：

$$R_y = \phi d^2 u_y^2 \rho \qquad (6-9)$$

式中　u_y——垂直分速度。

(4) 摩擦力：

$$F = (G_0\cos\alpha - R_y)f = (G_0\cos\alpha - \phi d^2 u_y^2\rho)f \qquad (6-10)$$

式中　f——矿粒与槽底的摩擦系数。

矿粒的运动方程式为：

$$m\frac{dv}{dt} = G_0\sin\alpha + R_x - F \qquad (6-11)$$

当矿粒达到等速运动时，$\frac{dv}{dt} = 0$，则：

$$G_0\sin\alpha + \phi d^2(u_{dmea} - v)^2\rho - (G_0\cos\alpha - \phi d^2 u_y^2\rho)f = 0$$

整理后得：

$$v = u_{dmea} - \sqrt{v_0^2(\cos\alpha \cdot f - \sin\alpha) - u_y^2 \cdot f} \qquad (6-12)$$

对于沿槽底运动的颗粒，$u_y^2 \cdot f$ 项可略而不计，于是可得：

$$v = u_{dmea} - v_0\sqrt{f\cos\alpha - \sin\alpha} \qquad (6-13)$$

当斜面倾角很小时，可以近似地认为：

$$v = u_{dmea} - v_0\sqrt{f} \qquad (6-14)$$

由式(6-7)~式(6-14)可知，矿粒的运动速度取决于斜面平均流速 u_{dmea}、δ、d、f、α 及 u_y 值。在同一斜面水流中，则主要取决于 δ 及 d 值。在 d 相同时，δ 大的移动速度小，在 δ 相同 d 值不同时，随 d 值的增加运动速度加大，过极值后，则随粒度的增加而减小（图6-4）。此外，增加 f 值，一般来讲可以加大轻、重矿粒和大、小矿粒间的运动速度差。增大倾角，可增大矿粒的运动速度，但轻重矿粒间运动速度差别减小，不利于矿物按密度分开。

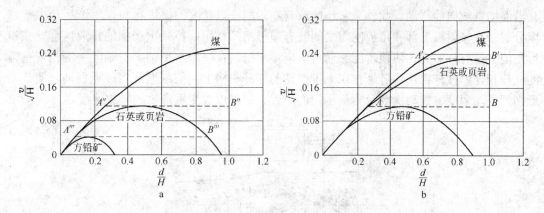

图 6-4　斜槽中矿粒运动速度与粒度间的关系
a—$\alpha = 2°$；b—$\alpha = 5°$

6.2　斜面溜槽

斜面溜槽在很久以前就被广泛地用于处理钨、锡、金、铂、铁、某些稀有金属矿石及煤等。目前分选 2～3mm 以上粒级的粗粒金属矿溜槽已很少使用。处理 2～0.074mm 的矿砂溜槽及处理粒度小于 0.074mm 的矿泥溜槽仍在广泛应用。在选煤上，溜槽选煤由于分选效率低，用水量大，自动化程度低等缺点，新设计的选煤厂已基本上不再采用，只在一些小型选煤厂中还保留着这种简单的、动力消耗少的溜槽选煤方法。

6.2.1　选煤溜槽

选煤溜槽主要应用于粗、中块（100～10mm）的无烟煤及烟煤的分选，末煤用得较少。用于处理 60（或 50）mm 以下的不分级原煤时，则需要将精煤产物中所含的不合格的细粒级筛出，送入末煤溜槽或跳汰机中再选。

6.2.1.1　基本结构

图 6-5 是块煤选煤溜槽结构示意图，它由槽身 1、2、3、4 及排料箱 5、6 组成。槽身断面为矩形或梯形，槽面里面衬以耐磨衬板。在流槽头部有主水管，在每个排料箱下接有顶水管，排料箱 5、6 分别与产物脱水斗子提升机 7、8 连接在一起。

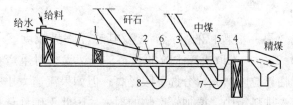

图 6-5　选煤溜槽示意图

图 6-6 是排料箱的结构示意图。排料箱的上口与溜槽槽底相接，下口与脱水斗子提升机相接。在排料箱内沿流动方向装有一块倾斜板，在它对面设有角板闸门，借助手柄可改变角板闸门的位置和排料口的大小。从倾斜板给入顶水，以阻止轻产物进入排料口，并使

其沿溜槽继续向前移动。此外，它还能改善物料的松散状况，促进物料在继续运动中按密度分层。在倾斜板下部和角板闸门之间装有扇形闸门，用以控制重产物的排放速度。在扇形闸门上开有许多孔，使顶水能够通过。扇形闸门装在一根水平轴上，轴的一端与带重锤的杠杆相连，杠杆再用铁链悬挂在上下摆动的杠杆机构上，使扇形闸门往返摆动。调节扇形闸门摆动幅度、摆动次数及角板闸门的位置，都可以改变重产物的排放速度。

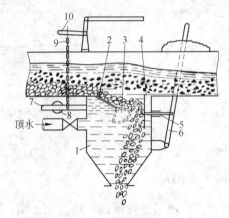

图 6-6　排料箱结构图

1—外壳；2—斜板；3—扇形闸门；4—角板闸门；5—连杆；6—手柄；
7—杠杆；8—重锤；9—铁链；10—杠杆机构

6.2.1.2　分选原理

溜槽选煤是利用煤和矸石在斜面水流中运动的速度差进行分选的。煤和水一起从溜槽头部给入，由于槽身第一段倾角较大（$\alpha = 13°$），煤和矸石都具有较大速度。第一段使矸石很快沉落到槽底，在流变层中缓慢移动；当物料进入到平缓的第一段槽身后，矸石的速度更加缓慢，并逐渐堆积起来形成矸石床层；矸石床层继续向前移动，到达矸石排料口时排出槽外。在矸石床层以上的轻产物则以较快的速度随水流越过矸石排料口继续向前移动，进入第三段槽身。在第三段槽身中重复上述分层过程，中煤很快落入槽身流变层中，并从第二个排料箱中排出；精煤随水流越过中煤排料箱进入溜槽的第四段，随后经过脱水筛排出溜槽。

6.2.1.3　操作因素

选煤流槽的分选效果、重颗粒的悬浮高度及其悬浮临界粒度（一般认为块煤为 3～4mm，末煤是 0.8～1.2mm）都取决于水流的状态，流速太大时重产物容易混入中煤和精煤中，重颗粒的悬浮临界粒度增大，分选下限提高；但如果流速太小将降低选煤溜槽的生产能力，轻产物易落入排料箱中，增加轻产物的损失。因此正确地选择选煤流槽的物料流速有很重要的意义。

及时排放重产物是取得良好分选效率的重要因素之一，在扇形闸门和角板闸门之间应经常充满重产物。角板闸门的位置、扇形闸门摆动的频率和摆幅都应调节合适，使重产物的排放量与其在入料中的含量相适应。

流槽的长度与煤的可选性有关，较难选的煤，要求流槽长些。一般流槽槽身全长 9 ~ 15 m，头部倾斜段长约 2.5 ~ 4 m，倾角 12° ~ 14°，槽宽在 300 ~ 800 mm 之间。给入的原煤数量及质量应保持稳定，给料要沿槽宽均匀分布，否则会出现偏载现象，破坏正常的分层。

从流槽头部给入的冲水对分层有着重要的作用，它决定着矸石床层的长度和厚度。

块煤选煤流槽的总用水量约为 6 ~ 7m³/t，其中主选流槽为 4 ~ 5m³/t，再选流槽为 1.5 ~ 2m³/t；从排料箱下给入的顶水量，每个约为 0.5 ~ 1.4m³/t。

选煤流槽中各物料层的流动速度约为：表面水层 1.5 ~ 1.8 m/s，精煤 0.3 ~ 0.5 m/s，中煤 0.15 ~ 0.2 m/s，矸石 0.05 ~ 0.1 m/s。由此可以看出，从表面水层到槽底，流速逐渐减小。

排料箱扇形闸门的摆动次数与需排放的重产物量有关，一般每分钟在 40 ~ 100 次左右。

6.2.2 斜槽分选机

斜槽分选机作为一种重力选煤设备，具有结构简单、制作容易、操作维护方便、生产能力大，基建和生产费用较低等优点，主要用于分选脏杂煤、劣质煤和代替人工拣矸。斜槽分选机的缺点是洗水用量较大，但对洗水的浓度要求不严格，甚至洗水浓度为 300g/L 时仍能生产。

6.2.2.1 基本结构

斜槽分选机结构如图 6-7 所示，它是一个横断面为矩形、两端敞口的密封槽体，倾斜安装，与水平呈 48° ~ 52°夹角。槽体包括上、中、下三段，也称为轻产品段、入料段和重产品段。在槽体内上段和下段各有一块可调节的紊流板（或称调节板），其上焊有人字形或直线形的隔板（格条）。通过手轮旋转丝杆可改变紊流板在槽体内的位置，从而改变槽体的通流区的断面，从而产生适宜端流度的上升水流，以期获得要求的分选结果。槽体上部的轻产品进入精煤脱水筛，槽体的下端与脱水斗式提升机尾部相连。

6.2.2.2 分选原理

原料煤从槽体中部上方给入，少部分洗水与原料煤一起加入，大部分洗水以一定压力和流量由槽体底部引

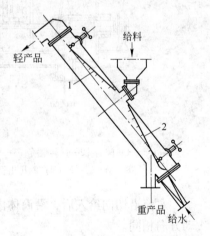

图 6-7　斜槽分选机结构示意图
1—上调节板；2—下调节板

入，由上端的溢流口流出。洗水在流经槽体内紊流板处的隔板时产生涡流，造成紊流骚动，使物料悬浮分层。被选物料进入槽体中段后分成两股物料流，轻产物由分选介质流带入上段，进一步分选后排出槽体，重产物克服与之相逆的水流进入下段，由脱水斗式提升机运出。

在逆向上升水流作用下，颗粒运动方向取决于水流的上升速度和颗粒的下降速度。密

度大的颗粒下降速度大于水流上升速度，于是向下沉降。密度小的颗粒下降速度小于水流上升速度，结果被水流向上托起，从上部轻产品口排出。槽体内隔板的存在使水流速度局部增加，在隔板间产生涡流，松散物料。调节板由多块隔板组成，可使物料流沿槽体长度发生周期性的松散、密实，这样就把混杂在其中的错配物部分地释放出来，保证了最终产品的质量。

6.3 螺旋溜槽

将一个窄的溜槽绕垂直轴线弯曲成螺旋状，便构成螺旋溜槽或螺旋分选机。按放置的方式不同，螺旋分选机可以分为水平式螺旋分选机和垂直式螺旋分选机。

6.3.1 水平式螺旋分选机

图6-8为水平式螺旋分选机，由水平布置的可拆开的圆筒 1、回转螺旋 2、电动机 3、传动装置 4、减速器 5 组成，筒体和传动装置固定在机架 6 上，筒体中部有给料漏斗 7，在筒体端部一侧装有沿切向布置的给水管 8 和重产物排出管 9，在筒体另一侧沿切线装有轻产物排出管 10，筒体上部设有人孔 11，以便定期检修。单螺旋轴置于两个轴承 12 上，半联轴节 13 与传动装置相连。螺旋叶片边沿镶有可拆换的耐磨片，筒体由耐磨钢板制成。

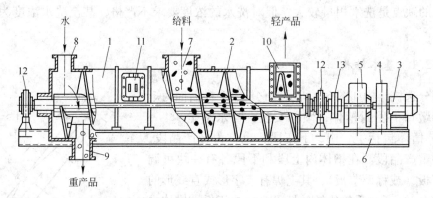

图6-8 水平式螺旋分选机结构

1—圆筒；2—回转螺旋；3—电动机；4—传动装置；5—减速器；6—机架；7—给料漏斗；
8—给水管；9—重产物排出管；10—轻产物排出管；11—人孔；12—轴承；13—半联轴节

水流沿切向给入后，沿筒体内壁与螺旋之间形成的通道运动，螺旋旋转方向与水流运动方向相同。

物料在分选机中部给入，由于水流的动力作用和螺旋液流中的附加压力梯度的存在，使给料能在 1～1.5 个螺旋长度内实现主要按密度分层，并形成两个方向相反的运输流，其中，大部分物料沿复杂的螺旋形轨迹运动。矿粒绕轴的回转速度取决于其粒度和密度，转速接近水流转速的矿粒向排出轻产品一侧运动，而绕轴转速小于水流和螺旋转速的矿粒，以及沉到底部的物料被螺旋叶片输送到重产品侧排出，在向两侧运动的过程中实现再选。

6.3.2 垂直式螺旋分选机

垂直式螺旋分选机通常用来分选细粒单体解离的金属矿物，近年来也用于分选细粒煤和进行煤的脱硫。垂直式螺旋分选机结构简单、占地面积小、生产效率高、操作维修方便、本身无运动部件、成本低，是一个用来处理煤泥的有效设备。缺点是高度较大、设备参数不易调节、对连生体或扁平物料分选效果较差。工业用螺旋分选机直径一般为 600 ~ 1200mm，煤的入选粒度范围可为 6 ~ 0mm，目前，澳大利亚、南非、加拿大、美国等均有使用。资料表明，当分选 3.2 ~ 0 mm 级煤时，可使灰分从 21% 降至 9%。

6.3.2.1　基本构造

垂直式螺旋分选机由螺旋形溜槽、给水管、截料器及支架等组成（图 6-9）。螺旋槽是主体部分，通常用铸铁、玻璃钢或旧轮胎等制成，一般为 4 ~ 6 圈，用支架垂直安装。槽体断面为椭圆形或抛物线形。槽底的横向倾角取决于采用的曲线形状和长短轴半径比，纵向倾角与螺距和外径有关，一般螺距/直径 =0.4 ~ 0.8。给水管用来补充冲洗水，截料器（图 6-10）则用以排出重产物。不设截料器时，则由槽尾断面的不同位置截取精、中、尾矿。

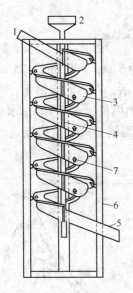

图 6-9　垂直式螺旋分选机结构

1—给矿槽；2—冲洗水导槽；3—螺旋槽；
4—连接用法兰盘；5—尾矿槽；6—机架；
7—重矿物排出管

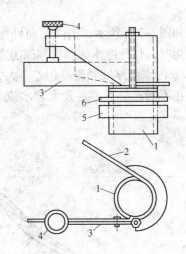

图 6-10　截料器

1—排料管；2—固定刮板；3—可动刮板；
4—压紧螺钉；5—螺母；6—垫圈

矿浆由上端给入后，沿槽面流动过程中按密度和粒度分层分带，密度大的矿粒向槽的内缘运动，密度小的矿粒则被甩向外缘，重矿粒由截料器经排料管排出，轻矿粒则流到槽尾排出。

6.3.2.2　分选原理

水流在螺旋槽内沿螺旋线回转运动，称为纵向流或主流，同时又在横向形成环流，称为横向环流或副流，水流运动的轨迹如图 6-11 所示。

水流速度和厚度在横断面上由内向外逐渐增加，槽内侧水层薄流速小，外侧水层厚流

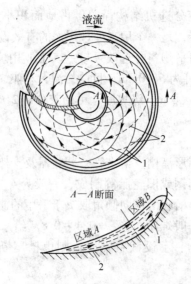

图 6-11　水流运动轨迹
1—上层液流运动轨迹；2—下层液流运动轨迹

速大。如图 6-12a 所示，由内侧向外侧，水层厚度依次为 5 mm、10 mm…25mm。当矿浆流量变化时，仅外缘水流厚度和流速变化。如图 6-12b 所示，在不同流量下，在底面周长约 17 mm 内水流厚度和流速相差不大，但在外缘，即底面周长大于 17mm，水流厚度和流速发生在不同流量下差距较大。水流上下层流速与普通溜槽相似，上层流速大，下层流速小。

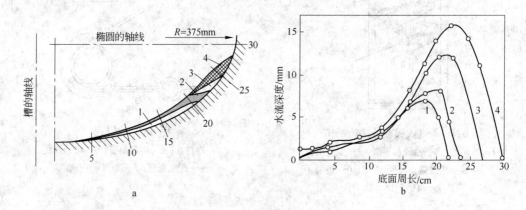

图 6-12　不同流量时水流深度的变化
1—流量 0.61L/s；2—0.84L/s；3—1.56L/s；4—2.42L/s

　　水流中的矿粒在重力、摩擦力、惯性离心力和水流动压力等作用下首先松散分层，密度大的矿粒转入底层，密度小的矿粒转入上层，由于水流上层的纵向速度及横向速度较大，矿粒受到的离心力和环流动压力超过了它的重力分力和摩擦力，从而使这些密度小的矿粒向外缘运动，位于下层的矿粒纵向速度小，环流方向向里，因而在其重力分力的环流作用下克服离心力和摩擦力，而使矿粒向内缘运动，粗粒回转速度快，比细粒易于向外运动。结果，密度和粒度不同的矿粒达到稳定运动所经过的距离不同，最后，在螺旋槽内形成不同的条带（图6-13），重矿粒带流层薄，因而可清洗出其中的低密度矿粒。

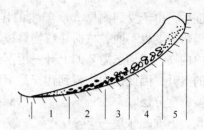

图6-13　矿粒运动的轨迹及分带
1—重矿物细颗粒；2—重矿物粗颗粒；
3—轻矿粒细颗粒；4—轻矿物粗颗粒；5—矿泥

6.3.3　螺旋滚筒选煤机

螺旋滚筒选煤机是一种自生介质选煤方法，它是利用入选原煤中小于0.3mm的粉煤作为介质，并与水混合形成较稳定的悬浮液，与螺旋滚筒配合分选块煤。由于螺旋滚筒选煤机结构简单，工艺布置紧凑，安装高度低，占地面积和空间小，投资省、建厂快、省水省电，并具有可移动的优点，广泛用于动力煤、炼焦煤（易选、中等可选性）、脏杂煤及煤矸石的分选，特别适合于中小型选煤厂。

6.3.3.1　基本结构

螺旋滚筒选煤机的结构如图6-14所示，主要由螺旋分选筒、滚筒驱动装置、入料溜槽、矿浆管和机架等部分构成。

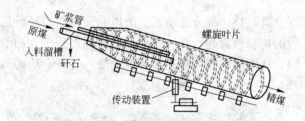

图6-14　螺旋滚筒选煤机结构示意图

螺旋滚筒选煤机的分选筒是由圆柱形筒体段和圆锥形筒体段组成。在分选筒的内壁均匀分布着三头螺旋筋板。这些筋板一方面将矸石旋起并排出分选筒外，另一方面又为物料提供了动力，使物料充分分散。螺旋分选筒由前、后、左、右四组橡胶轮支撑，筒体呈8°~12°微倾斜安装在机架上。驱动装置由电机驱动减速机和主动支撑胶轮使滚筒旋转，入料溜槽的截面为弧形，一直伸入到螺旋分选筒中部。介质管道平行布置在入料溜槽的一侧。

6.3.3.2　分选原理

当物料随介质流一起从入料溜槽下落到螺旋分选筒的中部后，物料受螺旋分选筒的回转作用、介质作用和螺旋筋板的推动作用的共同影响，实现分选。

A　螺旋分选筒的回转作用

滚筒在传动装置驱动下，做回转运动。视入料性质及产品质量要求的不同，转速也不相等，一般为8~20r/min。

当物料进入螺旋分选筒后，落在螺旋筋板之间的分选槽内，物料颗粒呈自然堆积状态。由于受螺旋分选筒的回转作用，物料随分选筒一起沿圆周方向上升，当物料上升到一定高度后，由于受到侧壁介质喷水的作用开始泻落。在泻落过程中，由于颗粒的密度不同，泻落速度也不同，从而导致物料按密度分层。由于螺旋分选筒是连续入料，所以在分选筒内的物料呈动态循环的上升—泻落运动。又由于物料在每一个分选槽内都要经历动态循环的上升，因此，在物料到达产品出口前要经历多次这样的循环过程，从而使物料颗粒充分按密度分层。

B　介质的作用

介质的作用包括介质的携带作用和分层作用。

a　携带作用

筒内介质以一定流速源源不断由高向低流动。根据水流在明渠中流动的理论，矿浆的流速沿水层深度的分布是不均匀的。因此，在筒体中的矿粒层，处在不同高度时受到水流的推力是不等的。

在介质中，矿料在流体推力和自身重力沿倾斜筒体的分力作用下运动。在介质流的推力作用下，形状及大小相同的颗粒，低密度的比高密度的运动速度快，移动得远。因此，矿浆的水平流起到分离和运输轻物料的作用。

在螺旋筋板之间的分选槽内，由于经历上升—泻落运动而分层的物料颗粒，在介质流的携带作用下，上层物料随介质流一起越过筋板，进入下一个分选槽内。

b　分层作用

由于螺旋筋板的高度将阻挡一部分介质流，所以介质在筋板与分选筒壁之间的空间内形成涡流，从而使下层的物料被旋起，在物料颗粒的下降过程中，由于不同密度的颗粒在介质中的沉降速度不同，从而导致物料颗粒按密度分层，并在介质的携带作用下进入下一个分选槽内，见图6-15。

图6-15　物料在分选槽内的分层状态

C　螺旋筋板的推动作用

在分选槽内经历了上升—泻落过程而分层的物料中，上层物料被介质携带而向下运动，下层物料在螺旋筋板的推动作用下不断向分选筒的上方运动，在运动过程中不断受到分选筒的回转作用和介质流的作用，从而物料经历多次按密度分层过程。

D　螺旋分选筒不同部位的分选作用

在螺旋分选筒的不同部位，分选筒回转作用和介质流作用的影响不同。在分选筒落料点的前方，低密度颗粒含量较大，由于煤粒之间、煤粒与筒壁之间的摩擦力较小，煤粒随分选筒沿圆周方向上升高度较低，所以煤粒在泻落过程中按密度分层的效果较差。而在这个部位，介质流量最大，因此介质流在螺旋筋板下方产生的涡流也最强，所以大量煤粒能够被旋起，从而按密度分层。同时，介质流的携带作用也最强，能够使物料颗粒越过筋板向前移动，并最终从螺旋分选筒的精矿口排出。

在分选筒落料点的后方，高密度颗粒含量较大，由于矸石之间、矸石与筒壁之间的摩擦力较大，因此物料能够随分选筒一起沿圆周方向上升到较高的高度，在泻落过程中按密度分层的效果较好。而在这个部位的介质流量较小，介质流在筋板下方产生的涡流也较弱，且由于矸石密度较大，不易被旋起，因此，介质流在这个部位的分层作用不明显，在物料经过上升—泻落过程而分层后，上层物料被介质流携带而向下运动，下层物料则在螺旋筋板的推动作用下向上运动并最终从螺旋分选筒的尾矿口排出。

6.4　选煤摇床

摇床是一种精选末煤的重力分选设备，它适合于分选煤和矸石的密度相差较大，或含黄铁矿较多的 13mm 以下的煤，用作脱硫及分选低灰精煤等。

平面摇床的应用已有 100 多年的历史。1890 年美国制造了第一台选煤用打击式摇床，以后它逐渐发展成为选矿工业中的主要重力分选设备之一。在选煤方面，由于摇床的脱硫效果较好，美国和澳大利亚等国家目前仍用摇床分选细粒级煤。1957 年以前主要是落地式单层摇床，从 1957 年开始，由于新型摇床传动机构的研制成功，发明了多层悬挂式摇床，大大提高了它的单机处理能力，并使摇床选煤得到迅速发展。1974 年，我国煤炭科学研究院唐山分院与南桐煤矿合作，独创了离心摇床，它具有特殊的结构，不仅提高了摇床的生产能力，而且大大降低了有效分选的粒度下限，为摇床更广泛的应用开辟了良好的前景。

6.4.1　摇床的结构

图 6-16 为平面摇床的构造，它主要由床头、床面和支架三部分组成。床面可用木材和铝制造，它通过可纵向滑动的滑动轴承 7 安装在基础 11 上。床面横向的坡度可用调坡机构 8 调节。床面的表面涂漆或用橡胶覆盖（有一定摩擦系数），并在其上面装有不同长度和高度的床条 9，床条的长度及高度都是由给料侧向精煤侧逐渐增加，而每根床条的高度又从床头端最高向尾矿端逐渐降低到零。床面上沿还装有给料槽 4 和冲水槽 6。

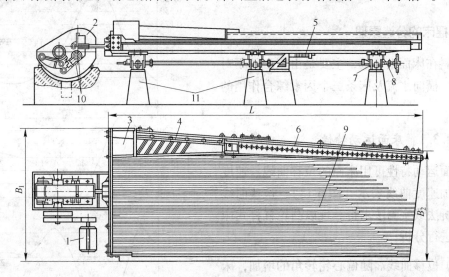

图 6-16　摇床构造图

1—电机；2—床头；3—床面；4—给料槽；5—弹簧；6—冲水槽；7—滑动轴承；
8—调坡机构；9—床条；10—拉杆；11—基础

床头 2 由电机 1 带动，它通过拉杆 10 与弹簧 5 一起使床面做纵向往复不对称的运动。床面前进时，其速度由慢到快，而后迅速停止；在往后退时，其速度则由零迅速增至最大值，然后缓慢减小到零。床面的这种运动特性，促使床面上的矿粒沿纵向向前移动。

工业上应用各种不同形式的摇床，它们的区别主要在于床面的形状和层数、床条的特征、床头的作用原理以及安装方式上的不同。

6.4.2 摇床的工作过程

摇床的床面近似梯形，床面横向呈微倾斜，其倾角不大于 10°，一般在 0.5°~5°之间；纵向自给料端至精矿端有细微向上倾斜，倾角为 1°~2°，但一般为 0°。给料槽和给水槽布置在倾斜床面坡度高的一侧。在床面上沿纵向布置有若干排床条（也称格条，俗称来复条）。床条高度自传动端向对侧逐渐降低，沿一条或两条斜线尖灭。整个床面由机架支撑或吊挂。机架安设调坡装置，可根据需要调整床面的横向倾角。在床面纵长靠近给料槽一端配有传动装置，由其带动床面作往复差动摇动。即床面前进运动时速度由慢变快，以正加速度前进；床面后退运动时，速度则由快变慢，以负加速度后退。

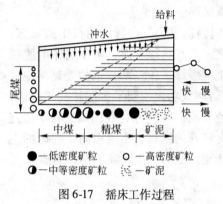

图 6-17 摇床工作过程

●—低密度矿粒　○—高密度矿粒
◑—中等密度矿粒　∷—矿泥

矿浆给到摇床面上以后，矿粒群在床条沟内借摇动作用和水流冲洗作用产生松散和分层。不同密度和粒度矿粒沿床面的不同方向移动，分别自床面不同区间内排出（图 6-17）。最先排出的是漂浮于水面的矿泥，然后依次为：粗粒轻矿粒、细粒轻矿粒、粗粒重矿粒，最后，从床面最左端排出的是床层最底的细粒重矿粒。

6.4.3 摇床的分选原理

物料在床面上分选，主要是由床面的不对称运动、横向水流及床条三个因素综合作用的结果。

6.4.3.1 床面运动特性

床面运动特性可用床面的位移曲线、速度曲线和加速度曲线表示（图 6-18）。这些曲线可用解析法或实测法求得。现以凸轮杠杆式床头为例进行分析。

（1）位移曲线。随偏心轮转角的增加，床面做前进与后退等距离运动，但前进行程时间大于后退行程时间，反映了床面在前进和后退行程中速度和加速度的差异。

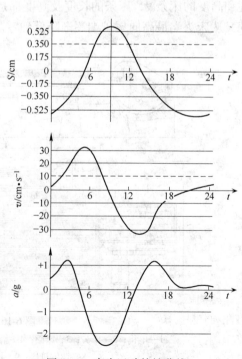

图 6-18 床头运动特性曲线

（2）速度曲线。床面在前进行程中，速度逐渐增大，达最大值后迅速减小至零。床面在后退行程中，开始时床面迅速返回，即速度绝对值迅速增大，然后床面返回速度逐渐减小，后退到末端时速度为零。

（3）床面加速度曲线。又称摇床运动曲线。床面从前进行程到后退行程的转折阶段，具有较大的负加速度值；而床面后退行程转为前进行程的转折阶段，具有较小的正加速度值。这种加速度特性对矿粒在床面上的纵向运动具有十分重要的意义。

床面运动的这种不对称性可用差动系数（不对称系数）表示：

$$E_1 = \frac{前进前半段时间 + 后退后半段时间}{前进前半段时间 + 后退前半段时间} = \frac{t_1}{t_2}$$

$$E_2 = \frac{床面前进时间}{床面后退时间} = \frac{t_3}{t_4}$$

贵阳摇床 $E_1 \approx 1.88$，$E_2 \approx 1$，一般总是 $E_1 > 1$，选别细粒物料时，要求 $E_2 > 1$。

6.4.3.2 矿粒的松散分层

矿粒给到床面后，在横向水流动力作用和床面纵向摇动下松散分层。

横向水流各流层间存在较大的速度梯度，同时，在越过床条时，激起漩涡甚至水跃（图6-19），而产生较强的脉动作用，使矿粒松散、悬浮，结果是密度大的矿粒在下层，密度小的颗粒在上层（图6-20）。

图 6-19　水跃和漩涡

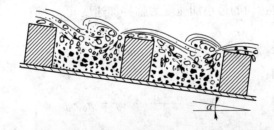

图 6-20　粒群在床条间分层

床面的纵向摇动增大了水层间的速度梯度，使层间发生剪切作用。同时，由于矿粒的惯性力作用、矿粒摩擦碰撞和翻转，使间隙增大，松散度增加，于是，细小的矿粒产生穿隙作用。结果，不同密度的小颗粒进入其相同密度的大颗粒的下层，从而产生所谓析离分层作用。

由于水流作用和摇动作用同时发生，因此，矿粒分层过程是松散、沉降和析离分层共同作用的结果。

6.4.3.3 矿粒在床面上运动

由于床面纵向往复不对称运动和横向水流作用，矿粒在床面上沿垂直方向松散分层的同时，由于受床条的作用还沿床面向不同方向运动。

基于斜面水流的运动，最上层的密度小的粗粒，其横向速度最大，而最底层的密度大的小颗粒横向速度最小，由于床条的存在扩大了这一速度差。

矿粒在床面上的纵向运动决定于矿粒所受的惯性力和摩擦力，见图 6-21。当惯性力大于摩擦力时，矿粒沿纵向相对于床面运动。于是有：

$$I = ma \tag{6-15}$$
$$F = G_0 f \tag{6-16}$$

式中　I——矿粒的惯性力；

$\quad\quad F$——摩擦力；

$\quad\quad a$——床面的瞬时加速度；

$\quad\quad G_0$——矿粒在介质中的重力；

$\quad\quad f$——矿粒与床面的静摩擦系数。

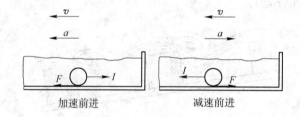

图 6-21　矿粒运动分析

矿粒运动的条件为：

$$ma \geqslant G_0 f \tag{6-17}$$

设使矿粒产生相对运动的最小加速度为临界加速度 a_{cr}，则：

$$a_{cr} = \frac{G_0}{m} \cdot f \tag{6-18}$$

若为球形颗粒，则：

$$a_{cr} = \frac{\delta - \rho}{\delta} \cdot g \cdot f = g_0 \cdot f \tag{6-19}$$

因此，a_{cr} 与 δ 及 f 有关。矿粒密度越大，形状越不规则，临界加速度值越大。显然，要使矿粒在床面上运动，床面运动的加速度必须超过临界加速度。

床面由前进转为后退的负加速度大于床面由后退转为前进的正加速度，对于低密度的矿粒，在两个转折阶段获得的惯性力均大于摩擦力，与床面产生相对运动，但前一个转折的惯性力要大于后者，因此，总的来看，轻矿粒仍是向前移动。对于高密度矿粒，一般只在床面由前进转为后退阶段与床面产生相对运动，向床尾方向移动。此外，由于分层的粒群中，下层高密度矿粒紧贴床面，能获得更大的惯性力；越往上，矿粒获得的惯性越小，因而紧贴床面的高密度颗粒获得的纵向运动速度最大，低密度处于最上层的颗粒获得的纵向运动速度最小。

由于各种矿粒在床面上纵向和横向速度的差异，在床面上形成不同的条带（图 6-22）。

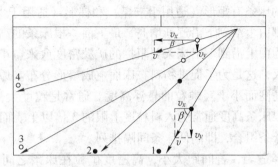

图 6-22　矿粒在床面上的扇形分布
1，2—低密度矿粒；3，4—高密度矿粒

设矿粒运动方向与床面纵向轴夹角为 β，则：

$$\tan\beta = \frac{v_y}{v_x} \tag{6-20}$$

式中　β——偏离角；

　　　v_y——矿粒的横向速度；

　　　v_x——矿粒的纵向速度。

显然，横向速度相对越大，偏离角越大；纵向速度相对越大，偏离角越小。根据前述分析，密度小的粗粒具有最大的偏离角，而密度大的细粒偏离角最小。因此，可按床面上矿粒运动的扇形条带，在床沿的不同位置接取得到精煤、中煤和尾煤产品。

6.4.4　摇床的操作因素

在实际生产过程中，摇床的分选效果主要取决于对摇床的操作，其中主要的操作因素有：冲程、冲次、床面横向和纵向倾角、入料浓度、冲水用量、床条特点、原料性质及给料量等。

（1）冲程、冲次。摇床的冲程和冲次，综合决定着床面运动的速度和加速度。冲程、冲次的适宜值主要与入选物料粒度大小有关，冲程增大，水流的垂直分速度以及由此产生的上浮力也增大，保证较粗较重的颗粒能够松散；冲次增加，则降低水流的悬浮能力。因此，分选粗粒物料用低冲次、大冲程，分选细粒物料用高冲次、小冲程。比如南桐矿选煤厂的经验是：末煤摇床的冲次是 280 次/min，冲程 16～18 mm；煤泥摇床的冲次是 300 次/min，冲程 12～14 mm。

（2）床面的横向和纵向倾角。对不同的物料要采用不同的床面倾角。分选末煤时，横坡倾角为 3°～4°；分选煤泥时，横坡为 1°～2°。一般情况下，为了节省循环水量，可用较大的横坡配以较小的冲水用量。南桐选煤厂末煤摇床横坡约为 1.8°，纵坡为 0.5～1°倒坡（床尾高于床头）；煤泥摇床，横坡为 1.4°～2.4°，纵坡为 0.2°～0.7°倒坡。

（3）入料浓度和冲水用量。摇床分选过程要求煤浆沿床面有足够的流动性，水流要浸没所有煤粒。有人认为，水层高出格条的高度为格条高的 2~3 倍。粒度大时，要求浓度较高，用较大的横冲水；粒度小时，需要较低的浓度，用较小的横冲水。为保证精煤质量以调节入料浓度为主，为保证尾煤质量以调节横冲水量为主。

（4）床条特点。床条的形式是影响分选效果重要因素之一。其中最主要的是床条的高度和间距，选煤摇床的床条有矩形（适用于末煤）和梯形（适用于煤泥）断面。

床条的高度一般都由上沿到下沿逐渐增高，最下面一根床条的高度为最上面一根高度的 2 倍以上，这是因为由上沿到下沿床条要阻拦的矿粒密度愈来愈小的缘故。床条由床头到床尾沿纵向逐渐尖灭，这是为了促进物料在床面上成扇形分布。原则上，床条的高度应该大于重颗粒的悬浮高度而小于轻颗粒的悬浮高度。通常是粒度大，用高床条；粒度小，用低床条。最下面一根床条高度通常为入料粒度上限的 3 倍以上。而且当入料的分级粒度较宽时，可采用高低床条组合，即高低床条间隔排列。

床条间距也要选择适当，若间距太小，高密度矿粒在床条之间的沟槽拥挤，阻碍分选，但若间距太宽，重颗粒则会集聚下床条一侧。最合理的床条形式要结合入选物料的性质确定。

（5）原料性质及给料量。原料性质稳定并均匀连续地给料是保证摇床正常工作的主要条件之一。若给料量发生变化将引起床面物料层的厚度、床层松散度和析离分层状况、产物在床面上的扇形分布状况等发生变化，造成产品质量波动，分选效率降低。一般规律是：入料粒度大且可选性好，则入料量可以大些，否则应小些。如果给料量过大，一方面是物料层增厚，松散度减小，析离分层速度降低，另一方面是由于给料体积增加，横向矿浆流速增大，物料来不及分选，于是精煤质量变坏，中煤和矸石中的低密度物损失量增加。相反，如果给料量太小，不够铺床层，分选效率也不会好。

7 ‖ 流态化选煤

7.1 概 述

7.1.1 流态化技术

流态化是指固体颗粒在流体（液体或气体）作用下发生流动的现象，即表现为似流体性质的一种状态。自然界中的沙漠迁移、河流中的泥沙夹带和人类生活中的谷粒扬场等都是流态化现象。我国明代科学家宋应星著的《天工开物》中所述的淘金法是最早有关工程应用流态化技术的记载。

流态化的产生与发展建立在阿基米德、达·芬奇、牛顿、伯努利等人对流体力学研究基础之上，自温克勒第一次将流态化应用于工业至今已有80多年的历史。流态化技术始于气固流化，后发展至液固流化和气液固流化，但对其的研究近20年来才受到较多关注，其中清华大学、Western Ontario大学在动力学方面进行了广泛的研究。

20世纪初期，伴随着生产力的发展及大型工业的出现，流态化技术被用于工业生产。流态化技术首先是在化工领域中发展起来的。1926年，德国建造了第一台流化床煤气生产设备，称为Winkler煤气发生炉（温克勒气化炉），炉高13m，截面积12m²，采用粉状的褐煤为原料进行气化。在此之前，制造煤气是在固定床中，采用空气和蒸汽通过移动非常慢的块煤（尺寸大约在50mm左右）而产生煤气。由于采用粉状煤或颗粒煤，其单位体积气固接触表面积的增加，使得反应能力和传热能力增强，大大提高了设备的生产能力。

自20世纪40年代中期开始，美国和加拿大又相继出现了流态化技术在石油工业领域以外的应用，如用于黄铁矿的焙烧、石灰石的煅烧和粉末物料的干燥等。同时，流态化技术在化学工业中得到了较快的发展，乙烯氧化制取二氯乙烷和丙烯氨氧化制取丙烯腈都采用了流态化工艺设备。

我国在20世纪50年代初期开始了流态化技术的研究，南京化学公司最早将该技术用于黄铁矿的焙烧生产SO_2，进而生产H_2SO_4，用作化工原料。50年代末，我国又从苏联引进了采用流态化技术生产邻苯二甲酸酐的装置。20世纪50年代中期，流态化技术在燃烧领域中也得到了应用，采用沸腾层锅炉（沸腾炉、鼓泡床锅炉）燃烧劣质煤产生蒸汽。60年代初，清华大学与茂名石油公司研制出了燃烧油母页岩的沸腾层锅炉。这是属于第一代的流态化燃烧锅炉。1979年芬兰生产出了第一台产量为20t/h的商业化循环流化床燃烧锅炉，这就是第二代流化床锅炉。

一些物理过程的加工中也广泛采用了流态化技术，如颗粒物料的气力输送、湿颗粒物料的干燥、粉体物料的造粒、颗粒物料的分选等。

7.1.2 流态化选煤

根据流化介质的不同，流化现象可以由气体和固体颗粒、液体和固体颗粒、气体－液体和固体颗粒形成，即所谓气固流态化、液固流态化和气液固流态化。在选煤行业，主要利用气固流态化或液固流态化对物料进行分选，矿物按照颗粒流态化后流化床的密度差异来实现分层，比如空气重介质流化床干法选煤和干扰床湿法选煤分别是这两种选煤方法的代表。

7.1.2.1 气固流化床选煤

空气重介质流化床干法选煤是将气固两相流态化技术应用于选煤领域的一项高效干法分选方法，其特点是以气固两相悬浮体（流化床层）作为分选介质，不同于湿法选煤法，也不同于传统的风力选煤法（见第 8 章），其分选效果与湿法重介质选煤相当。流化床的形成过程为：在微细颗粒介质床中均匀通入气流，使颗粒介质流态化，形成具有一定密度和流体性质的气固两相悬浮体。入选物料在流化床中按密度分层，轻物上浮，重物下沉，实现分离。由于流化床选煤属于化工与矿物加工交叉学科领域，它还受制于流态化理论及技术的发展，因此，研究开发难度较大，已有几十年的研究历程。

7.1.2.2 液固流化床选煤

液固流化床选煤的依据是物料密度的差异，即：物料在上升水流作用下流态化，因密度和粒度不同形成干扰层（或称沸腾床层）；当床层达到稳定状态时，入料中密度低于干扰床层平均密度的颗粒将浮起，进入溢流，比干扰床层平均密度大的颗粒就穿透床层进入底流实现分选。液固流化床分选技术具有分选密度可控、工艺系统简单、成本低、单位处理量大等优点，主要用于粗煤泥的回收，典型的设备是干扰床。

7.2 颗粒的流态化基础

7.2.1 流态化现象

在垂直容器中装入固体颗粒，并由容器的底部经过分布板（带有多孔的板）通入流体（气体或液体）（见图 7-1）。起初流体流经固体颗粒间的空隙，粒子静止不发生浮动，此时为固定床状态，如图 7-1a 所示。

随着流体量的不断增加，当流体的表观（或称空塔）流速达到某一数值时，颗粒开始松动，此时流体的表观速度（空塔速度）即为起始流化速度（临界流化速度），通常以 u_{mf} 表示，床层表现为临界流态化，见图 7-1b。

随着流速的进一步增加，当流体为液体时，颗粒间的距离将进一步拉开，床层出现膨胀，虽然从微观来看，各个局部的空隙率未必相同，但总的来说颗粒的分散还是比较均匀的，故称为均匀流化床或散式流化床，如图 7-1c 所示；不过对于流体为气体的情况来说，如颗粒较粗，则一旦气速超过了 u_{mf}，超过的那部分气量就会以气泡的形式通过，床层开始膨胀并有气泡形成，此时为流化床状态。气泡内可能包含有少量的固体颗粒称为气泡相（Bubble phase），气泡以外的区域称为乳相（Emulsion phase），从而形成气泡相及乳相的两相结构，这种流化床称为聚式流化床（见图 7-1d），以与散式床相区别。

当流体速度增加到终端速度 u_t 时，颗粒就会被流体带出容器，此种现象称为扬析或气力输送，如图 7-1e 所示，最终颗粒会被流体全部带出容器。

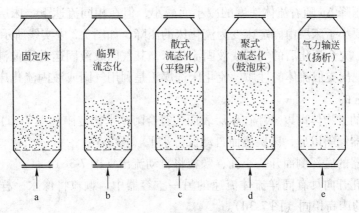

图 7-1　流态化现象

由此可见，颗粒的流化状态取决于流体的流速。

在固定床的操作范围内，由于颗粒之间没有相对运动，床层中流体所占的体积百分数即空隙率（或松散度）ε 是不变的。流过固定床的流体，其压降随着流体流速的增加而增大。流体压降与流速之间的关系近似于线性关系（如图 7-2 中虚线所示）。

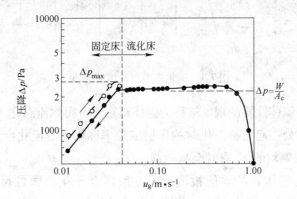

图 7-2　床层的压降与流速的关系

但随着流体流速的增加，流体通过固定床层时的阻力将不断增加。固定床中流体流速和压差的关系可用经典的 Ergun 公式来表达：

$$\frac{\Delta p}{H} = 150 \frac{(1-\varepsilon)^2}{\varepsilon^3} \frac{\mu u}{d_V^2} + 1.75 \frac{1-\varepsilon}{\varepsilon^3} \frac{\rho_f u^2}{d_V} \tag{7-1}$$

式中，Δp 为高 H 的床层上下两端的压降；ε 为床层空隙率；d_V 为单一粒径颗粒等体积当量直径，非均匀粒径颗粒可用 $\bar{d}_p$，即等比表面积平均当量直径来代替；u 为流体的表观速度，由总流量除以床层的截面积得到；ρ_f 为流体的密度；μ 为流体的黏度。

继续增加流体流速将导致床层压降不断增加，直到床层压降等于单位床层截面积上的颗粒质量时为止。此时如果不人为地限制颗粒流动（如在床层上面压上筛网），则会由于流体流动带给颗粒的曳力与颗粒的重力平衡，导致颗粒悬浮，此时颗粒开始进入流化状态。此后，如果继续增加流体流速，床层压降将不再变化，但颗粒间的距离会逐渐增加，以减小由于增加流体流量而增大的流动阻力。如果缓慢降低流体速度使床层逐步回复到固定床状态，则压降 Δp 随着流体速度的减小而减小，但在相同流速下，床层由流化床回到固定床的压降要小于床层由固定床变为流化床的压降，如图 7-2 中实线所示。

研究表明：完全流化后的气固或液固流化床，其气固或液固运动很像沸腾的液体，并在很多方面呈现出类似流体的性质。流化床选煤正是利用气固或液固流化床的这一性质来对煤炭进行分选的。

（1）较轻的大物体可以悬浮在床层表面，符合阿基米德定律（图 7-3a）；

（2）将容器倾斜以后，床层表面自动保持水平（图 7-3b）；

（3）在容器的底部侧面开一小孔，颗粒将自动流出（图 7-3c）；

（4）将小孔开向具有同样流体流速的另一空容器中，颗粒将像水一样自动流入空容器，直到两边的床高相同（图 7-3d）。

（5）床层中任意两点压力差大致等于两点间的床层静压差（图 7-3e）。

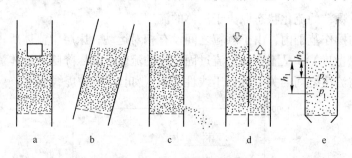

图 7-3　流化床类似液体的性质

这种使固体具备流体性质的现象被称为固体流态化，简称流态化。相应的颗粒床层称为流化床。颗粒床层处在起始流态化时的床层空隙率称作起始流化空隙率 ε_{mf}，其值一般为 0.41 ~ 0.45。较细颗粒的 ε_{mf} 有时会高一点。

不是任何尺寸的固体颗粒均能被流化。一般适合流化的颗粒尺寸范围为 30μm ~ 3mm，大至 6mm 左右的颗粒仍可流化，特别是其中混杂有一些小颗粒的时候。

7.2.2　流态化基本条件和特征

由前述可知，形成固体流态化要有以下几个基本条件：

（1）有一个合适的容器作床体，底部有一个流体的分布器；

（2）有粒度适中的足量的颗粒来形成床层；

（3）有连续供应的流体（气体或液体）充当流化介质；

（4）流体的流速大于起始流化速度，但不超过颗粒的带出速度。

如果不包括高流速下的循环流态化和顺重力场下行流态化，传统固体流态化（无论用气体或液体或两者一起作流化介质）有如下的最基本特征：

（1）流化床层具有液体的许多性质，如很好的流动性、低黏度、很小的剪切应力、传递压力的能力、对浸没物体的浮力等。流化颗粒的流动性还使得随时或连续地从流化床中卸出和向流化床内加入颗粒物料成为可能。

（2）通过流化床层的流体压降等于单位截面积上所含有的颗粒和流体的总质量，即

$$\Delta p = H_{mf}[\rho_p(1 - \varepsilon_{mf}) + \rho_f \varepsilon_{mf}]g \tag{7-2}$$

式中，ρ_p 为固体颗粒的密度，H_{mf} 为流态化后的高度，ρ_f 为流体的密度，ε_{mf} 为起始流化空隙率。

从理论上说，此压降和流化介质的流速变化无关。事实上，在流速很高时，由于壁效应及颗粒架桥等原因，实测压降会比上式所得偏高。

7.2.3 流态化分类

从起始流化起，继续加大流化介质的流速，理想的流化状态是固体颗粒间的距离随着流体流速的增加而均匀地增加，以保持颗粒在流体中的均匀分布，这时的流化质量是最高的。但在实际的流化床中，并不总是能达到理想流化状态，而是会出现颗粒及流体在床层中的非均匀分布，这就导致了流化质量的下降。床层越不均匀，相应的流化质量就越差。

根据颗粒在流体中分散的均匀与否，固体流态化可分成散式流态化和聚式流态化。在液固流态化时，颗粒能较均匀地分散在液体中，故称为散式流态化；对于气固流态化，则伴随气泡的产生，颗粒呈聚集状态，故称为聚式流态化。

7.2.3.1 散式流态化（Particulate fluidization）

如果用液体作流化介质，由于流体与固体颗粒间的密度差较小，其流化状态比较接近于理想化。在很大的流速操作范围内，颗粒都会较均匀地分布在床层中。这种流化状态称为散式流态化。

床层处于散式流态化，床内无气泡产生，当床层膨胀时，固体颗粒之间的距离也随之增加。虽然固体颗粒和流化介质之间有强烈的相互扰动作用，但它们在流化介质中的分散程度也相对较为均匀，处于相对稳定的状态。散式流态化现象多出现于液固流态化系统。

7.2.3.2 聚式流态化（Aggregative fluidization）

如果用气体作流化介质，一般会出现两种情况：对于较大和较重的颗粒来说，当气速超过起始流态化速度时，多余的气体并不是进入颗粒群中去进一步增加颗粒间的距离，而是形成气泡，并以气泡的形式很快地通过床层，这种流化状态被称为聚式流态化；对于较小和较轻的颗粒来说，在气速刚刚超过起始流化速度的一段操作范围内，多余的气体仍进入颗粒群中供其均匀膨胀而形成散式流态化，但若进一步提高气速将导致气泡的生成而形成聚式流态化。较细颗粒的流化质量一般都比较粗颗粒的流化质量高。气固流化系统基本上均呈聚式流化状态。

事实上并不是所有的液固流态化都是散式的，也不是所有的气固流态化都是聚式的。其决定因素主要是流体和固体之间的密度差，其次是颗粒尺寸。减小流体和固体的密度差可以提高流化质量。

7.2.4 临界流化速度

当流化介质一定时，临界流化速度仅取决于颗粒的大小和性质。临界流化速度可以用

实验方法得到，即由降速法所得的流化床区压降曲线与固定床区压降曲线的交点来确定（图7-2）。但除实验测定外，特别是在实测不方便的情况下，临界流化速度还可以借助计算的办法来确定。到目前为止，已经提出的临界流化速度的计算方法虽有五六十种之多，但设计中最常用的只有几个。但为了可靠起见，设计中通常不只选用一个，而是同时选用若干个公式来计算，并将其结果进行分析比较，以确定取舍或求其平均值。下面介绍一种最常用的临界流化速度计算公式。

对临界流化现象最基本的理论解释应该是：当向上运动的流体对固体颗粒所产生的曳力等于颗粒重力时，床层开始流化。如果不考虑流体和颗粒与床壁之间的摩擦力，则根据静力分析，床层压降与床层截面积的乘积全部转化为流体对颗粒的曳力，即：

床层总质量 = 床层压降 × 床层截面积 = 床层体积（固体颗粒体积分数 × 固体颗粒密度 + 床层松散度 × 流体密度）× 重力加速度

即

$$m_b = \Delta p A_c = H_{mf} A_c \left[(1 - \varepsilon_{mf}) \rho_p g + \varepsilon_{mf} \rho_f g \right] \tag{7-3}$$

经简化得临界流化条件即公式（7-2）。

将式（7-2）与 Ergun 公式（7-1）联立求解，可得 u_{mf} 的计算关联式：

$$\frac{1.75}{\varepsilon_{mf}^3 \phi_s} \left(\frac{d_p u_{mf} \rho_f}{\mu} \right)^2 + \frac{150(1 - \varepsilon_{mf})}{\varepsilon_{mf}^3 \phi_s^2} \left(\frac{d_p u_{mf} \rho_f}{\mu} \right) = \frac{d_p^3 \rho_f (\rho_p - \rho_f) g}{\mu^2} \tag{7-4}$$

其中

$$\frac{d_p u_{mf} \rho_f}{\mu} = Re_{p,mf} \qquad \frac{d_p^3 \rho_f (\rho_p - \rho_f) g}{\mu^2} = Ar$$

则

$$\frac{1.75}{\varepsilon_{mf}^3 \phi_s} Re_{p,mf}^2 + \frac{150(1 - \varepsilon_{mf})}{\varepsilon_{mf}^3 \phi_s^2} Re_{p,mf} = Ar \tag{7-5}$$

式中　ε_{mf}——临界流态化状态下的床层空隙率，无量纲；

　$Re_{p,mf}$——雷诺数，无量纲；

　Ar——阿基米德数，无量纲。

对于小颗粒的情况，式（7-5）可以简化如下：

$$u_{mf} = \frac{d_p^2 (\rho_p - \rho_f) g}{150\mu} \times \frac{\varepsilon_{mf}^3 \phi_s^2}{1 - \varepsilon_{mf}} \qquad (Re_{p,mf} < 20) \tag{7-6}$$

对于非常大的颗粒

$$u_{mf}^2 = \frac{d_p (\rho_p - \rho_f) g}{1.75\rho_f} \times \varepsilon_{mf}^3 \phi_s \qquad (Re_{p,mf} > 1000) \tag{7-7}$$

Wen 和 Yu（1966 年）发现，对各种不同的系统均有如下近似关系式成立：

$$\frac{1}{\varepsilon_{mf}^3 \phi_s} \approx 14 \tag{7-8}$$

$$\frac{1 - \varepsilon_{mf}}{\varepsilon_{mf}^3 \phi_s^2} \approx 11 \tag{7-9}$$

将以上两式代入式（7-6）、式（7-7），得到特别高和特别低雷诺数的情况下临界流化速度的简化方程：

$$u_{mf} = \frac{d_p^2 (\rho_p - \rho_f) g}{1650\mu} \qquad (Re_{p,mf} < 20) \tag{7-10}$$

$$u_{mf}^2 = \frac{d_p(\rho_p - \rho_f)g}{24.5\rho_f} \qquad (Re_{p,mf} > 1000) \qquad (7\text{-}11)$$

在实际应用中，先用式（7-6）、式（7-7）、式（7-10）或式（7-11）计算临界流化速度 $u_{p,mf}$，再计算 $Re_{p,mf}$，检查是否在相应的雷诺数范围内，否则计算无效。

7.2.5 流化床基本结构

如前所述，流态化现象是一种由于流体向上流过堆积在容器中的固体颗粒层而使得固体具有一般流体性质的现象。因此，容器、固体颗粒层及向上流动的流体是产生流态化现象的 3 个基本要素。典型的气固流化床基本结构如图 7-4 所示。其中，容器、固体颗粒、分布板及风机（或泵）是构成流化床反应器不可或缺的基本构件。液固流化床的结构与气固流化床略有不同。

分布板在流化床中的作用有 3 个方面：一是支撑固体颗粒；二是给通过分布板的流体造成一定的阻力，使流体均匀分布并创造一个良好的起始流化条件；三是抑制聚式流化原生不稳定性的因素，使得良好的起始流化条件连续稳定地保持下去。这 3 点足以说明分布板在流化床中的重要性。

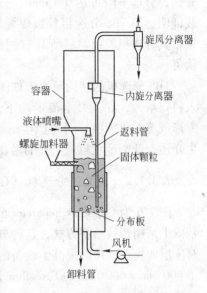

图 7-4 典型的气固流化床基本结构

7.3 液固流态化选煤

液固流化床主要用于粗煤泥的分选。我国的国家标准 GB/T 7186—2008 关于粗煤泥的定义为：粒度近于煤泥，通常在 0.3 ~ 0.5mm 以上（3mm 以下），不宜用浮选处理的颗粒。

我国煤炭分选方法与技术从粒度上分主要包括粗粒（ >0.5mm）重选和细粒（ <0.5mm）浮选两大类。分选粒度界限为 0.5mm，由于重选的分选效果随着粒度的减小逐步变差，而浮选的最佳分选粒度范围为 0.25 ~0.074mm，因此介于重选和浮选有效分选粒度界限附近（0.3 ~3mm）的煤粒（即粗煤泥）分选效果最差。

实践证明，液固流化床分选是一种新型的粗煤泥分选技术，具有低密度分选、设备简单、操作容易和维修量少的优势，将成为未来最先进的粗煤泥分选技术之一。

7.3.1 液固流化床分选机概述

二十几年前国外科技人员在利用液固流化床进行石英砂分级时发现溢流中有大量的杂草、黑色的煤泥，而底流基本没有，于是开始将液固流化床用于粗煤泥分选研究。经过二十多年的发展，各种各样的液固流化床粗煤泥分选（级）机问世。主要有：Hydrosizer, Hindered – bed Separator, Teeter Bed Separator, Fluidized Bed Separator, Hindered – bed Classifier, Up – stream Classification, Hydrofloat Separator, Floatex Density Separator, Crossflow Separator, Reflux Classifier, ALL – FLUX 等，归结起来主要可分为以下几类。

7.3.1.1 干扰床分选机（TBS）

TBS 是 Teetered Bed Separator 的缩写，Hindered – bed 也属于 TBS 的一种，是最早研制的液固流化床粗煤泥分选机，目前已由美国 CMI 公司商业化。主要用于粗煤泥分选，分选下限可达 0.15mm，分选上限至 2～3mm。实践证明，用 TBS 分选粗粒级煤泥均能取得较好的分选效果，其分选粗粒级物料所具有的优势已得到越来越多的认可。

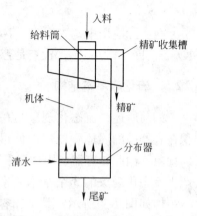

图 7-5　TBS 分选机结构示意图

TBS 分选机的结构示意图如图 7-5 所示。物料由上部入料口给入，在上升水流带动下，颗粒在矿浆分配盘上方形成流态化床层，同时产生适合于原煤分选密度的自生介质。低密度颗粒从上部的溢流槽中排出，高密度颗粒则由底部的底流口排出。

7.3.1.2 交叉流分选机（Crossflow Separator）

图 7-6 为 Crossflow Separator 的结构示意图，它是由 Eriez 公司研制的，主要是在 TBS 基础上采用切线给料方式，这种方式可使入料中的水穿过上部直接进入溢流槽，减少入料对床层的扰动，从而提高了设备的处理能力和分选效果。在美国北佛罗里达州磷选厂进行了 600 mm × 600 mm 的 Crossflow 试验，入料粒径小于 1.4 mm，浓度波动范围为 20%～60%，结果表明，Crossflow 比 TBS 的 I 值低，分选效果对入料浓度的波动敏感性小。Crossflow 的处理能力达到了 23t/（m^2·h），而传统的 TBS 处理能力仅为 13.8t/（m^2·h）。

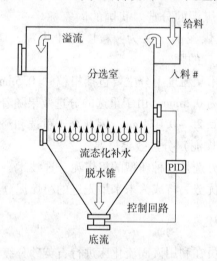

图 7-6　交叉流分选机结构示意图

7.3.1.3 逆流分选机（Reflux Classifier）

Reflux Classifier（RC）是由澳大利亚 Newcastle 大学研制并由 Ludowici（卢德维琪）公司生产的一种流化床粗煤泥分选机，该设备是在传统 TBS 基础上增加了几组不同高度的倾斜板，可将处理能力提高几倍以上，如图 7-7 所示。其分选原理主要是在倾斜板的存在

下，颗粒在流态化床层中的干扰沉降。分选时，矿浆由
分选槽侧面给入，在分选床内设置了上、中、下三组倾
斜板，每组的距离和角度都不一样，重产物沿底流板向
下滑动形成尾矿流，从底流口排出。而轻产物在底部上
升水流的带动下向上移动，依次通过中矿板和溢流板形
成溢流，从溢流口排出。

K. P. Galvin 比较了 RC 分选机和 TBS 分选机的特
点，发现 RC 分选机的处理量是 TBS 分选机处理量的 3 倍
以上，同时分选性能也优于 TBS 分选机，RC 的分选密度
随着粒度的减小变化很小。

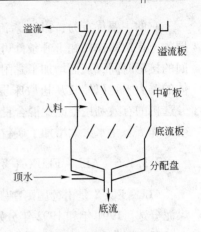

图 7-7　逆流分选机
结构示意图

7.3.1.4　悬浮密度分选机（Floatex Density Separator，FDS）

Floatex Density Separator 是 Outokumpu 技术，该设备见图 7-8，物料从中心切线给入柱
体上部约 1/3 高度处。分选原理与其他流化床分选机类似。常将其与螺旋分选机配套使用
进行硅砂分选，其溢流经浓缩旋流器浓缩后给入螺旋分选机。Floatex Density Separator 在
脱除粗粒方面比螺旋分选机的效果好。

7.3.1.5　水力浮选分选机（Hydrofloat Separator）

传统的干扰床分选机在选矿工业上常用于分离密度不同的矿物，但在处理粒度范围宽的
细粒煤时分选效果差，主要是因为低密度、粗颗粒的矿粒质量大，而混入分选机的底流所
致。在此基础上，Eriez 公司研制了一种新型的流化床分选机——水力浮选分选机（Hydro-
float Separator），原理如图 7-9 所示。这种新设备的特征是外加了一个充气系统，将小气泡引
入到干扰床层，同时向流态化水中添加少量起泡剂，这些小气泡选择性地黏附在天然疏水性
或因加入捕收剂而疏水的矿物颗粒上。与传统浮选过程不同的是，气泡-矿粒聚合体并不需
要足够的浮力就可上升到分选室的顶部，干扰床层的松散作用使得低密度聚合体成为溢流。

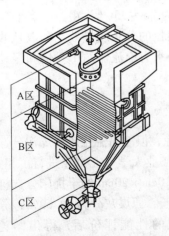

图 7-8　悬浮密度分选机示意图

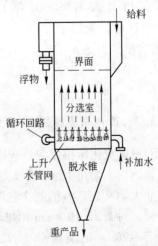

图 7-9　水力浮选分选机示意图

它的主要优点为：（1）紊流小；（2）改善气泡与矿粒的黏附作用：水力分选机松散层的干扰沉降作用和上升条件可极大地减小气泡和矿粒间的速度差异，增加气泡和矿粒之间的接触时间，从而增加了黏附的几率，提高回收率；（3）没有浮力限制：即使气固聚合体的浮力不足以使其从松散床层的表面上升和分离；（4）塞流（Plug－flow）：水力浮选分选机的有效利用空间比混合良好的常规分选机要高；（5）延长矿粒停留时间：逆流给料模式和流态化水大大增加了矿粒在分选过程中的停留时间，可获得较高的回收率。

7.3.1.6　ALL－FLUX（复合流化分级机）

ALL－FLUX 是由德国阿亨工业大学的选矿博士开发的，主要用来分级，也可用于粗煤泥分选。1991 年和 1992 年分别获得德国和欧洲专利。

复合流化分级机上部呈圆筒状，下部呈圆锥状。分级在中间的粗粒分级室和围绕其外的环形分级室，利用上升水和流化床技术完成。矿浆给入到粗粒分级室，上升水流从下部进入粗粒分级室，在粗粒分级室的下部形成紊流区实现粗粒分级。粗粒从底部排放口排出，而中粒及细粒产物则以溢流的方式进入中粒分级室。中粒分级室分级出中粒级和细粒级产物。通过改变流化床的高度和上升水量可调节粗粒、中粒和细粒矿物的粒度。此外各分级产物的浓度和流量分布亦可在一定范围内进行调节。复式流化分级机的基本结构和原理见图 7-10。

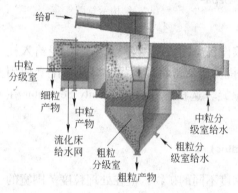

图 7-10　复合流化分级机

目前复合流化分级机的单机固体处理量一般在 10～1000t/h，固体浓度一般在 10%～75%，矿浆处理量在 20～2500m³/h，给矿粒度上限一般为 8mm。主要特点为：（1）分级效率高，尤其是细粒分级；（2）处理量大；（3）运行过程全部自动控制；（4）适应性强；（5）可根据矿石性质的变化灵活有效地调整分级粒度。

2004 年 11 月 22 日至 2005 年 1 月 21 日，本钢歪头山铁矿进行了 AFX－100 复合流化分级机工业试验，取得了满意的技术指标：处理量为 26～35t/h，粗、中、细粒产物中 −74μm 的含量分别是 6.09%、11.82%、82.73%；细粒的分级质量效率和数量效率分别达到了 74.38% 和 87.66%，是螺旋分级机的 2.2 倍、水力旋流器的 1.8 倍和振动细筛的 1.3 倍。

7.3.1.7　国内研究情况

国内对液固流化床粗煤泥分选技术的研究起步较晚，但液固流化床粗煤泥分选研究已成为热点，国内主要是中国矿业大学（徐州）和中国矿业大学（北京）进行了相关研究，如中国矿业大学（北京）的刘文礼等人用自行设计的 10cm×20cm 的干扰床分选机进行了探索性研究。对 1.25～0.8mm 粗煤泥做干扰床分选试验，原煤灰分为 22.62%，分选后精煤灰分为 5.49%，尾煤灰分为 72.26%。对分选机的性能评价后，得出结论 E_p 值为 0.094。

赵宏霞对液固流化床分选机内的颗粒在不同流态下的沉降末速进行了计算。2000年，中国矿业大学在"长江学者"特聘教授——陶东平教授的指导下，开始了液固流化床粗煤泥分选机的设备开发和研制工作，自行设计制作并初步建成了液固流化床粗煤泥分选的实验研究系统，应用于济宁的 6~1mm 和 3~0.5mm 细粒煤，均能获得灰分在 8.5% 左右的精煤和较高的精煤回收率，分选效果良好。在静态条件下，能够将粒度在 3~0.5mm，灰分在 15% 左右的原煤灰分降低到 10% 以下，甚至更低，产率近 70%。分选效果受可选性影响较小。同时，在入料中添加浮选药剂，向系统中充气进一步提高了分选效果。

7.3.2 液固流化床分选基本原理

液固流化床粗煤泥分选机的基本原理可借助原理图来解释，如图 7-11 所示。它的主体结构包括均匀给料装置、精尾煤排料装置、柱体 3 部分。3 部分组成一个上部为圆柱形（也可做成矩形）、下部为圆锥形的柱体。此外还包括密度自动控制系统。

给料装置位于柱体的上部或上部侧面，目的是保证高浓度矿浆均匀稳定地给入分选机中，尽量减少因给料造成的对床层的扰动。排料装置位于柱体圆锥段的底口，目的是将经过分选后聚集在锥体内的尾煤均匀稳定地排出。排料装置由一个自动控制阀和尾矿收集槽组成。尾矿的排放必须考虑到保持床层厚度和密度的稳定。

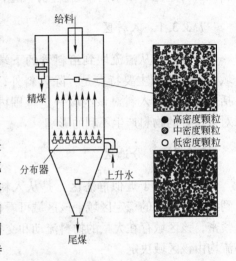

图 7-11 液固流化床分选机原理图

分选段位于柱体圆柱段的中下部，约占柱体的 2/3，内部主要为流体分布器，部分设备中增加了倾斜导流板。分选过程中分选段内为高浓度的煤浆，形成高密度的分选床层，它的浓度及矿浆密度直接决定了分选密度。流体分布器能够保证水流在分选室全断面上均匀平稳地给入，同时不影响尾矿的排放，上升水流是形成流态化床层的唯一动力，也是分选的唯一动力。分选室内根据需要可设计成各种不同的结构，以提高床层密度的稳定性和分选效果。精选段是从精煤溢流堰到分选段的上部，实际上分选段和精选段之间并没有明显的界限。精选段与分选段的最大区别在于精选段矿浆浓度低，分选段浓度高。

为了使设备能够高效分选，分选机内扰动悬浮液的平均相对密度必须保持稳定，这可通过密度自动控制系统实现，液固流化床粗煤泥分选机的自动控制系统采用操作简单、运行可靠、投资少的 PID 系统，主要由密度检测、反馈、控制底流排放的电动执行机构等组成。扰动悬浮液的实际密度由一个电容式差压管或压力变送器测定，并由一个单回路 PID 控制器接收来自压力变送器的 4~20mA DC 电流信号，该电流信号与流化床内上方扰动悬浮液的实际密度成正比。将实际密度与设定的密度值进行比较，若实际密度过高，则加大排料阀门的开度，加大排出扰动床层中的物料；反之，则限制床层的物料排放。

其工作过程为：入料由矿浆给料管给入到液固流化床分选机中，水由泵打入分选机底部的流体分配器，并在分选机内产生向上水流，入料中沉降速度恰好等于上升水流速度的组分悬浮于分选机中，形成具有一定密度的悬浮液干扰床层。分选机的密度可由上升水流的速度来控制。分布器使上升水流分布均匀，并防止上升水流对稳定干扰床层的扰动。当达到稳定状态后，入料中密度低于床层平均密度的颗粒会浮起，并进入浮物产品。凡密度高于床层平均密度的颗粒则穿过床层，并由排矸口进入沉物。

7.3.3 流化床内的流体状态

根据流化床分选机的结构原理及流态研究的要求，将液固流化床粗煤泥分选机内划分为 4 个区域，从上到下依次为入料区、分选区、给水区、底流区，如图 7-12 所示。

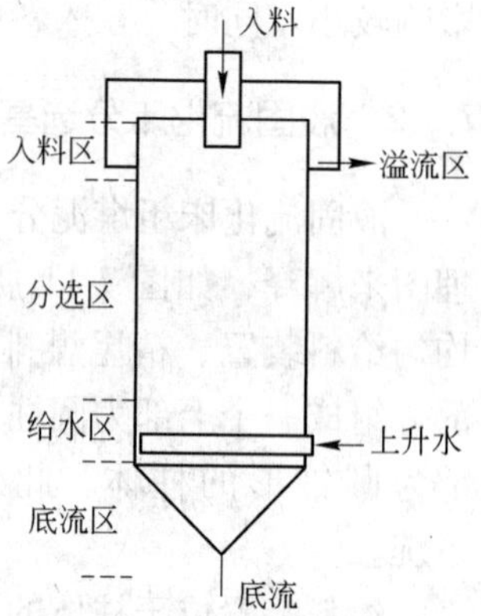

7.3.3.1 入料区

入料区指从溢流堰到给料管的下端口向下一段距离的区域，该区域的主要特点是：除入料外，大部分为上升流，包括煤粒和水；入料对该区域一定范围内产生扰动，这种扰动对分层好的物料产生不利的影响。

7.3.3.2 分选区

图 7-12 流化床分选机
内流体状态

分选区属于近似静态区，是从入料区下的稳定区域开始到给水区上部的稳定区域，该区域可看作柱塞流，矿浆浓度很高，颗粒与颗粒之间接触紧密，该区域存在大量的物料流动和交换，水和煤粒的去向向上进入溢流还是向下进入底流均由该区域决定。

分选区域内颗粒浓度高，上升水流在经历了给水区后在分选机整个柱体断面上分布基本均匀，且方向近似垂直向上，而物料在该区域内达到干扰沉降末速后受周围其他颗粒及器壁的影响，几乎没有水平运动的空间和动力，只能在垂直方向上上下运动，除离器壁很短距离的颗粒外，其他颗粒在整个断面上均匀运动，就像一个活塞一样，平行有规则地运动，即为柱塞流。

在分选区中上部的低密度颗粒（同时也包括一部分细泥）由于受上升水流及水和煤粒组成的高密度流化床层的作用，由向下运动变为向上运动，逐步进入入料区，再向上成为精煤。而在分选区中下部的大部分为中煤和矸石颗粒。该区域精煤含量自上而下逐步降低，矸石等高密度物质的含量逐步增加，悬浮液的密度逐步增加，从而形成一个密度梯度，而这种梯度可保证悬浮液密度的稳定和满足扫选的需要。

7.3.3.3 给水区

给水区在整个分选机内占很小的高度，主要指由给水所引起扰动的区域，由于给水压力很低且均匀，该区域 ' 颗粒浓度很高，颗粒密度较大，上升水流难以对颗粒运动产生大的扰动，颗粒群起到像均匀布水网的作用，在很短的距离内使水流分布均匀。

7.3.3.4 底流区

底流区一般指分选机的下锥段，该区域内颗粒高度压缩，高密度、高浓度、单一下降流是该区域的主要特点。

通过对以上 4 个区域物料流动的分析可知，整个分选机大部分区域内颗粒都是进行垂直流动的，只有在给料区和给水区的很小范围内物料才有一定的水平流动。给水区和给料区的一定范围内物料的水平流动对整个分选过程的影响很小，且这两个区域的物料流动较为复杂，底流区域对整个分选过程更不产生影响。

7.3.4 流化床内颗粒的沉降规律

颗粒在流体中的运动规律是众多矿物分离过程中的基本问题，不同性质的颗粒在流体中的运动轨迹决定着矿物按粒度分级或按密度分选的效果。影响颗粒运动的因素除了颗粒本身的性质外，还有流体、流场的性质。

液固流化床分选机对粗煤泥的分选属重力分选，粒度较细的颗粒由于沉降速度慢，轻、重颗粒速度差小，分选效率低。提高分选效率的关键是如何增大不同密度颗粒的沉降速度差。

7.3.4.1 单个颗粒的沉降末速

这里假定所讨论的是颗粒直径相同的球形散料层，并且颗粒之间的范德华力、静电力等与其重力相比，可以忽略不计的简单情况。如果悬浮的颗粒与颗粒之间有足够大的距离，譬如颗粒之间的距离较颗粒的直径大几个数量级或更大，这时可以将颗粒层中的每个颗粒的行为作为单一悬浮颗粒的行为来研究，其悬浮的条件为颗粒的重力减去其在流体中的浮力等于其在流体中所受到的曳力，即

$$\frac{1}{6}\pi d^3 \delta g - \frac{1}{6}\pi d^3 \rho g = C_D \frac{\pi}{4}d^2 \times \frac{1}{2}\rho u_t^2$$

$$u_t = \sqrt{\frac{4}{3} \times \frac{d(\delta - \rho)g}{C_D \rho}} \tag{7-12}$$

式中，δ 为颗粒的密度；ρ 为流体的密度；d 为颗粒的直径；u_t 为颗粒下落的终端速度，又称为沉降末速（或带出速度）；C_D 为曳力系数，无量纲。

在传统流体力学中，对单个颗粒的曳力系数的研究表明，曳力系数 C_D 是 Re 的函数，对球形颗粒有如下的经验式：

当 $Re < 0.4$ 时，$\qquad\qquad C_D = \dfrac{24}{Re}$

当 $0.4 < Re < 500$ 时，$\qquad\qquad C_D = \dfrac{10}{\sqrt{Re}}$

当 $500 < Re < 200000$ 时，$\qquad\qquad C_D = 0.43$

代入式 (7-12) 中得：

$$u_t = \frac{d^2(\delta - \rho)g}{18\mu} \qquad Re < 0.4 \tag{7-13}$$

$$u_t = \left[\frac{4}{225} \times \frac{(\delta - \rho)^2 g^2}{\rho\mu}\right]^{\frac{1}{3}} \cdot d \qquad 0.4 < Re < 500 \tag{7-14}$$

$$u_t = \left[\frac{3.1(\delta - \rho)dg}{\rho} \right]^{\frac{1}{2}} \qquad 500 < Re < 200000 \qquad (7\text{-}15)$$

对于非球形颗粒，颗粒的形状对曳力系数有一定的影响，因此对上述公式要做一些修正。

当 $Re < 0.05$ 时：

$$u_{ft} = K_1 \frac{d^2(\delta - \rho)g}{18\mu} \qquad (7\text{-}16)$$

式中，$K_1 = 0.843\lg\frac{\phi_s}{0.065}$。

当 $0.4 < Re < 500$ 时：

$$u_{ft} = \sqrt{\frac{4}{3} \times \frac{(\delta - \rho)dg}{C_{DS}\rho}} \qquad (7\text{-}17)$$

式中，C_{DS} 是与颗粒形状系数 ϕ_s 有关的曳力系数，无量纲。

当 $500 < Re < 200000$ 时：

$$u_{ft} = 1.74 \sqrt{\frac{(\delta - \rho)dg}{K_2\rho}} \qquad (7\text{-}18)$$

式中，$K_2 = 5.31 - 4.88\phi_s$。

7.3.4.2 流化床内颗粒的沉降

液固流化床分选机内的颗粒是在高浓度下进行沉降的，属于干扰沉降。沉降过程中颗粒与颗粒之间、颗粒与流体之间及颗粒与器壁之间发生复杂的作用力，造成沉降末速大大降低。

干扰沉降速度与颗粒的自由沉降速度和体积分数有关，它们之间的确切关系很难确定，各种数学模型均来自大量不同的试验数据。

颗粒的粒度和密度影响液固流化床分选机的分选效果，两者既紧密相连，又相互影响，是颗粒本身无法改变的性质。建立起颗粒密度、粒度与干扰沉降末速之间的关系对于研究液固流化床分选机分选粗煤泥的机理具有重要的意义。

利用沉降末速公式建立起自由沉降末速与颗粒密度、粒度之间的关系为：

$$u_0 = \frac{(\delta - \rho)d^2g}{18\mu + 0.61d\sqrt{(\delta - \rho)\rho gd}} \qquad (7\text{-}19)$$

又根据 Richardson 的经验公式建立起干扰沉降末速与自由沉降末速之间的关系为：

$$u_h = u_0(1 - \lambda)^n \qquad (7\text{-}20)$$

Garside 和 AI - Dibouni 建立起了 n 与雷诺数之间的关系为：

$$n = \frac{5.1 + 0.27Re^{0.9}}{1 + 0.1Re^{0.9}} \qquad (7\text{-}21)$$

根据 Zigrang and Sylvester 公式可建立起雷诺数与颗粒粒度及密度之间的关系：

$$Re = \left[\sqrt{14.51 + \frac{1.83d^{1.5} \sqrt{(\delta - \rho)\rho g}}{\mu}} - 3.81 \right]^2 \tag{7-22}$$

由式(7-20)～式(7-22)可以得出干扰沉降末速与颗粒密度、粒度、固体容积浓度之间的关系，但非常复杂。

7.3.5　流化床分选区床层密度分布

物料在给入流化床后，低密度物料在分选区上部的部分颗粒甚至在给料区就已变向下运动为向上运动进入溢流，中高密度物料在继续向下运动的同时，开始进一步按密度从低到高的顺序改变垂直运动方向，逐步与高密度物料分离。因此，在分选区内沿柱高从上到下每一高度内物料的平均密度逐步增加，形成具有一定厚度的物料密度梯度。

液固流化床的密度是影响分选最重要的因素之一。悬浮液的物理密度等于固体的密度和液体的密度（$\rho = 1\text{g/cm}^3$）的加权平均值，即：

$$\bar{\rho}_c = \lambda\delta + (1 - \lambda)\rho = \lambda(\delta - 1) + 1 \tag{7-23}$$

式中　$\bar{\rho}_c$——液固流化床的平均密度，g/cm^3；

　　λ——流化床中固体的体积分数，%；

　　δ，ρ——固体颗粒和流体的密度，g/cm^3。

由公式（7-23）可知，流化床的密度与固体的密度、容积浓度有关，随着固体密度的增加，流化床的密度也在增加。流化床内颗粒的密度从上到下逐步增加，同时固体的体积分数 λ 也逐步增加，从而导致流化床内的整体密度从上到下不断增加。

这种密度增加对实际分选效果是有利的。低密度煤粒在刚进入流化床很短距离后就转为向上运动进入溢流，中高密度物料逐步下行，只有高密度物料才穿过整个分选机成为尾矿。由于粗煤泥的灰分一般较低，精煤含量很高，入料中大部分物料不经过分选机中下部而直接进入溢流成为精煤，这就是液固流化床粗煤泥分选机单位面积处理能力大的主要原因。

7.3.6　TBS 干扰床分选粗煤泥实践

7.3.6.1　TBS 干扰床分选机概述

TBS 是由古老的水力分级机发展而来的。由于采用干扰沉降原理，且在分选过程中存在悬浮液床层，研究人员将这种设备称为干扰床。第一台 TBS 诞生于 1934 年。早期的 TBS 是作为分级机使物料按粒度进行分级而使用的，主要用于处理砂料。目前的 TBS 既可以作为分级设备，也可作为分选设备。经过多年的研究和发展，它的分选密度逐步降低，最近有报道说分选密度最低已可达到 1.35g/cm^3，而且保持良好的分选效率。1964 年，TBS 首先在英国用于煤炭的分选。进入 21 世纪，该技术在煤炭领域发展迅速。至今，全世界已有 300 多台 TBS 安装使用，其中约一半以上用于处理煤炭，其余用在建筑砂的净化、铸造砂分级、玻璃砂生产、矿砂和赤铁矿的加工等。

国内沈阳煤业集团的西马选煤厂和红菱选煤厂、贵州盘南煤炭开发有限公司响水选煤厂、徐州矿业集团张双楼选煤厂、兖矿集团南屯选煤厂和济宁二号井选煤厂等引进国外TBS 干扰床分选机，取代了原有的螺旋分选机、小直径煤泥重介旋流器等粗煤泥分选设备，实现了对粗煤泥或细粒煤（原煤）经济有效的分选。

7.3.6.2 TBS 干扰床的结构

图 7-13 为 TBS 干扰床的结构示意图，主要包括主体、入料井、扰动板等，其主体部分是一个简单的柱形槽体。

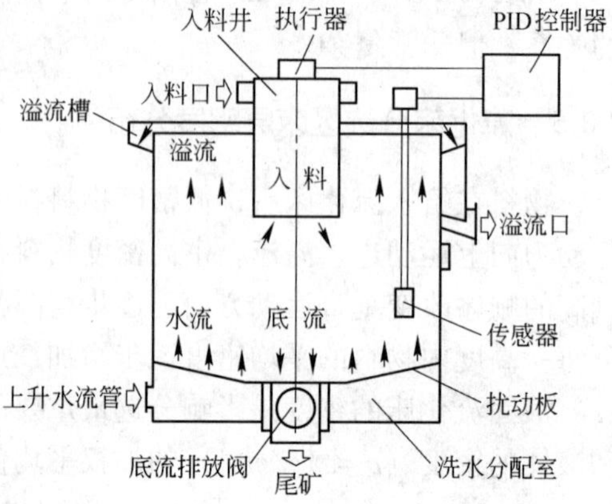

A 入料井

它位于设备顶部的中心位置。入口处装了法兰，以便连接到煤泥入料管线，矿浆切向给入入料井，入料浓度一般在 40% ~60%。

B 溢流槽

溢流槽在干扰床的最上部，用于收集干扰床的溢流。

C 执行机构

图 7-13 TBS 干扰床结构示意图

执行机构由汽缸和定位器组成，定位器接收来自就地控制器或控制系统 PLC 的 4 ~ 20mA 的电流信号。每个执行机构与排料阀门相连，气动机构向下运动使排料阀离开阀座以打开阀门。

D 传感器

位于 TBS 中部的压力传感器，用于探测床层悬浮液中某一特定水平的压力，将 4 ~ 20mA 的电流信号输入到控制系统的 PLC 或就地控制箱，由控制器将其转换为紊流床层的密度，并控制执行机构。

E 排料阀及阀座

排料阀置于 TBS 槽体底部的阀座内，当紊流床层密度增加超出设定值，需要开启阀门排料时，执行机构便推动排料阀推杆向下运动，使锥形阀离开阀座排出粗重的物料。

F 紊流板（扰动板）

紊流板（扰动板）又称流体分布器，是实现颗粒流态化的关键部件，其作用是使上升水流均匀地分布于整个槽体床层底部。每块紊流板上分布着一定数量的孔，孔径为 5mm，水按一定的压力由底部给入，经过紊流板进入干扰床工作室，形成稳定的上升水流。

G 控制器

紊流床层的密度是由浸入到紊流槽内的传感器监测的。为使紊流床层的密度保持稳定，控制器将来自床层密度计的实际值与设定值进行比较，通过 PID 闭环控制确定输出值，即阀门开度，通过控制底流物料的排出量，达到控制床层密度的目的。如果实际密度高，执行器就会使排料阀打开，排出床层中多余的物料。相反，控制系统将阻止床层中物料的排放。

7.3.6.3 TBS 干扰床的工作原理

入料经入料井向下散开，与上升水流相遇，使矿物颗粒在工作室内做干扰沉降运动。由于颗粒的密度不同，其干扰沉降速度存在差异，从而为分选提供了依据，其分选过程主要取决于各种颗粒相对于水的沉降速度。沉降速度大于上升水流流速的颗粒进入底流，而沉降速度小于上升水流流速的颗粒进入溢流，沉降速度等于上升水流的颗粒则处于悬浮状态，从而在干扰床的下部形成由悬浮颗粒组成的流化床层，该床层中颗粒高度富集，成为自生介质层。与在纯水中的情况不同，颗粒在下降过程中相互干扰，并经历一个密度梯度，限制了物料进入底流。当系统达到稳定状态时，入料中密度低于干扰床层平均密度的颗粒将浮起，进入溢流，而密度比干扰床层平均密度大的颗粒就穿透床层进入底流，并通过设备底部的排料口排出。

7.3.6.4 TBS干扰床的基本特征

A 特点

（1）粒度在 $3 \sim 0.1mm$ 范围内的入料能达到很好的分选效果，可取代螺旋分选机和煤泥重介质旋流器。

（2）有效分选密度可在 $1.4 \sim 1.9 g/cm^3$ 之间任意调节，Ep 值为 $0.06 \sim 0.15$。

（3）全自动控制，无需人员操作，没有动力消耗，无需重介质和化学药剂，生产成本低。

（4）对入料煤质变化适应性强。

（5）设计紧凑，占用空间小，无需复杂的入料分配系统。

B 基本特征

TBS干扰床的基本特征见表7-1。

表7-1 TBS的基本特征

型 号	TBS-1800	TBS-2100	TBS-2400	TBS-3000	TBS-3600
标称直径/m	1.8	2.1	2.4	3.0	3.60
处理能力/t·h^{-1}	45	60	80	125	180
箱体直径/mm	1800	2100	2400	3000	3600
箱体容积/m^3	5.1	7.0	10.0	15.6	27.5
设备高度/mm	3337	3384	4162	4162	4985
最大外径/mm	2310	2610	3093	3616	4574
底流口数量/个	1	1	3	3	3
执行器类型	气动	气动	气动	气动	气动
入料粒度/mm	1~0.25	1~0.25	1~0.25	1~0.25	1~0.25
入料浓度/%	45~50	45~50	45~50	45~50	45~50
床层密度/g·cm^{-3}	1.35~1.90	1.35~1.90	1.35~1.90	1.35~1.90	1.35~1.90
设备净重/t	1.50	1.74	3.49	4.40	7.25

7.3.6.5 TBS干扰床的工艺系统

A 干扰床分选机入料系统

干扰床分选机的入料粒度范围大致在 $3 \sim 0.15mm$，一般情况下为 $1 \sim 0.25mm$。为保证入料粒度，工艺设计时选择分级旋流器组分级物料，分级旋流器组的底流进入干扰床分选机。

　　B　干扰床分选机的给水系统

　　干扰床分选机的上升水流量和流速影响着分选密度、产品质量和处理能力。根据国外资料介绍和国内的生产实践，干扰床分选机上升水的入口压力应在 70 ~ 100kPa，在实际水泵选型时考虑的流量和扬程应比理论计算大一些。为保证水泵的压力流量达到设定值，应在水泵的控制系统中加装变频器，并将变频器纳入 PLC 控制系统，使干扰床分选机实现自动控制并始终保持恒定的供水量和水流流速。

　　C　排除供水管路的虹吸现象

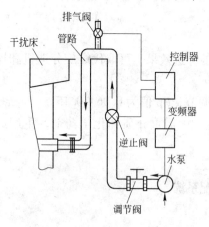

图 7-14　干扰床防虹吸系统

　　如图 7-14 所示水泵停机后，逆止阀关闭，同时排气阀开启，干扰床槽体内的矿浆与管路煤泥水处于同一大气压，管路内的虹吸现象即可被排除，紊流筛孔堵塞和上升水分配室煤泥淤积的机会显著减少。

　　影响干扰床分选机分选效果的工艺因素较多，主要有以下几项：

　　（1）入料粒度。干扰床分选机分选粗煤泥的最佳分选粒度应在 1 ~ 0.25mm，即粒度比为 4∶1。粒级太宽，容易使高密度细粒级物料进入溢流而污染精矿，也会使低密度粗粒级物料错配到底流中而损失精矿。

　　（2）入料浓度。当入料管深度、水流流量一定时，入料浓度对干扰床分选机分选效果的影响见表 7-2。

表 7-2　入料浓度对干扰床分选机分选效果的影响

入料浓度/g·cm^{-3}	产品灰分/%	数量效率/%	不完善度 I	可能偏差 E_p
200	12.18	83.58	0.192	0.084
300	12.06	82.24	0.262	0.081
400	11.97	81.91	0.186	0.077
500	12.31	82.40	0.241	0.087

　　从表 7-2 可以看出，入料浓度在 400g/cm^3 时，产品灰分、I 值、E_p 值最低，说明入料浓度过高和过低都不能取得满意的分选效果。

　　（3）流量与流速。从干扰床分选机分选机理可以看出，水流速度是影响物料分选效果最重要的因素。

　　水流速度直接决定分选密度，进而影响精矿的数量效率。一般来说，水流量高，精矿灰分高，数量效率高，I 值、E_p 值就低。上升水流速与上升水流量成正比，与干扰床截面面积成反比，在截面积一定的情况下，水量、水压都要达到干扰床的技术要求。

7.3.7　粗煤泥分选方法

　　粗煤泥回收或分选是选煤厂不可缺少的一个环节，不同的选煤厂选取的粗煤泥回收工艺有所不同,典型的粗煤泥回收方法有以下7种。

7.3.7.1 沉降过滤离心机回收粗煤泥

沉降过滤离心机在国内选煤厂的应用始于20世纪80年代,设备有引进和国产两种。引进的主要有美国BIRD公司生产的SB型、美国DMI公司的产品及德国KHD公司的SVS型。国产设备有WLG型和引进技术生产的TCL型两种。目前,选煤厂使用较多的设备是TCL型。

7.3.7.2 高频筛回收粗煤泥

据生产经验,高频筛回收原生粗煤泥时具有一定的分选作用。同一粒度级的物料,筛上物料的灰分明显低于筛下物料的灰分,说明物料在低振幅、高频率的分级和回收过程中所形成的过滤层对物料有按密度分选的作用,密度大的物料下沉,并透过筛面进入筛下水。

7.3.7.3 弧形筛、离心机回收粗煤泥

煤泥离心机在国内选煤厂的应用始于20世纪90年代后期。目前,选煤厂使用煤泥离心机回收粗煤泥中较多的是采用引进的Ludowici(卢德维琪)公司的FC系列和TEMA公司的H系列煤泥离心机,国产的为LLL系列。

利用这种方法回收粗煤泥的厂矿比较多,前几年建设的大型选煤厂多采用该工艺回收粗精煤。该流程采用浓缩分级旋流器与弧形筛配套使用,目的是保证煤泥离心机的入料浓度和流速,否则,进入离心机的物料浓度过稀或流速过快,均会造成产品水分过高或系统跑水现象的发生。

从使用情况得知,所回收的粗精煤存在细泥污染现象,灰分偏高。原因在于旋流器的有效分选下限为0.25mm左右,最低只能达0.15mm,对细泥不能实现有效分选,使得进入粗精煤系统的细泥黏附在粗精煤表面而污染粗精煤。

7.3.7.4 煤泥重介质旋流器精选粗煤泥

中国采用煤泥重介质工艺的目的是:对于不脱泥重介质分选工艺,解决大直径重介质旋流器分选下限高,无法对煤泥进行有效分选的问题;解决煤泥分流问题,有效地回收粗煤泥,使精煤灰分更容易控制;对于有浮选系统的选煤厂,减轻浮选压力,降低洗水浓度。

但是,煤泥重介质仍存在一些问题:

(1)只有部分煤泥随主旋流器精煤的合格介质分流进入煤泥重介质旋流器分选,其余煤泥仍随着未分流的合格介质在系统中循环并产生过粉碎,增加了介质黏度,损失了部分精煤。

(2)煤泥重介质旋流器组的有效分选下限虽然已达0.045mm,但尚缺乏有效的精煤产品脱泥设备来清除其中的高灰细泥,以保证精煤泥的质量和降低后续浮选作业的入料量。

(3)为了实现主选设备尽可能低的分选粒度下限所必须满足的入料压力,造成重介质旋流器以及管道磨损严重,使用寿命短,系统工艺水平正常发挥受影响等问题。

（4）选后微细介质的净化回收设备及流程仍待改进、研究。

（5）主选大直径旋流器与煤泥重介质旋流器之间的配合存在问题，部分煤泥被重复分选。

7.3.7.5 螺旋分选机精选粗煤泥

螺旋分选机在国内也有一定程度的运用。王坡选煤厂为年处理能力150万吨的矿井选煤厂，0.5~0.15mm粗煤泥由螺旋分选机分选。

螺旋分选机的优点是无运动部件，维修工作量小，运行费用低，占地面积小，易于布置，用双头甚至三头螺旋可提高单台设备的处理能力。缺点是分选精度低；分选密度高，有效分选密度在 $1.6g/cm^3$ 以上，低于该值会影响分选效果；产品质量易波动。

7.3.7.6 TBS精选粗煤泥

TBS精选粗煤泥是目前流行的一种回收方法，在张双楼选煤厂、济二煤矿选煤厂、盘南公司选煤厂以及梁北煤矿选煤厂均有应用，且分选效果普遍令人满意。

7.3.7.7 RC逆流分选机

RC是由澳大利亚卢德维琪Ludowici MPE有限公司和澳洲Newcastle大学联合开发的一种粗煤泥分选设备，目前塔山选煤厂、柳湾选煤厂等均已采用。其分选原理及入料粒级与TBS相同。

随着科技的进步，更多更好的设备及分选方法将会出现。高频筛、沉降过滤离心机、煤泥离心机对煤泥精选降灰的效果并不令人满意，而RC的外形结构较TBS复杂，体积庞大，冲洗、检修不方便，这也导致它没有得到广泛运用。目前，TBS这种有发展潜力的设备，使用越来越广。

7.4 气固流态化选煤

7.4.1 概述

气固两相流态化技术首次实现大规模工业应用是20世纪20年代初，此后美国的F. Thomas和H. F. Yancey（1926）就尝试用流化床（固相为细砂）来分选块煤。20世纪60年代，G. F. Enson，H. N. Asthana等（1966，1969）设计的流化床分选机及系统类似于湿法重介质分选机及系统，对块煤能进行有效分选，而对细粒煤则无法进行有效分选，原因是流化床中加重质颗粒的返混导致细粒煤与加重质颗粒的循环混合，阻碍了细粒煤按流化床密度分选。

进入20世纪70年代，流化床干法选煤引起了人们的广泛兴趣，P. N. Rowe，A. W. Nienow等（1976）进行了流化床分选的基础和实验研究。E. Douglas和T. Walsh（1971）设计了流化床选煤实验装置。70年代末80年代初，前苏联在卡拉干达城的巴尔霍敏柯煤机厂制造出了CBC-25型和CBC-100型试验样机。在此期间，加拿大的J. M. Beeckmans，R. J. Germain等（1977，1982）作了很多基础性研究和分选试验，研制了链动逆流流化床半工业性选煤装置，美国的M. Weintraub等也进行了流化床选煤研究，试图解决美国西部因缺水而无法对煤炭进行湿法分选的难题。

20世纪80年代中后期，D. Gidaspon等（1986）用静电流化床对粉煤进行试选，结果表明其脱硫率较高。E. K. Levy等（1987）也试图用流化床对微粉煤进行分选，实验装置为内径 ϕ152mm、高70~80mm的圆筒流化床，以磁铁矿粉为加重质，入料与加重质的质量比为1:9~3:7，入料的粒度小于0.55mm，取得了较好的分选效果，其脱硫率高于传统的湿法分选技术。

加拿大的X. Dong等（1990）在链动逆流流化床选煤装置的基础上，又提出了气动逆流流化床试验装置。流化床固体介质为NaCl，用以分选活性炭（$\rho = 1.0\text{g/cm}^3$，$\bar{d} = 1.6\text{mm}$）和磁铁矿粉（$\rho = 4.6\text{g/cm}^3$，$\bar{d} = 0.4\text{mm}$），分选效果较好。

陈清如等（1994）自1984年起开始了空气重介质流化床干法选煤的研究与开发工作，通过大量的基础理论研究，1985年设计了 ϕ100mm圆筒流化床和200mm×150mm矩形断面流化床选煤装置，并进行了重介质气固系统的散式流化、流化床选煤工艺特性、加重质的制备等的研究。1989年底建成了处理量为5~10t/h的空气重介质流化床干法选煤中间试验厂。此后进行了空气重介质流化床选煤过程中的动态分析、流化床密度在线测量、分选过程中流化床密度的动态稳定性等的研究。在此期间，对用 γ 射线测量流化床密度、用两种加重质形成低密度流化床、加重质中非磁性介质的净化回收、深床层大块煤排矸、双密度三产品空气重介质流化床分选等的研究也取得了进展，并建成了处理量为50t/h的空气重介质流化床选煤系统与设备工业性试验厂。

7.4.2 分选设备

我国研制的空气重介质流化床干法分选机是物料完成干法入选、分离的主要设备。该设备的分选粒级为6~50mm。其结构示意图如图7-15所示。该分选机主要由空气室、气体分布器、分选室、刮板输送装置以及床层分选介质与被选物料的分离装置等部分组成。物料在分选机中的分选过程是：将筛分后的块状物料与加重质分别加入分选机中，来自风包的有压气体经底部空气室均匀通过气体分布器使加重质发生流化作用，在一定的工艺条件下形成具有一定密度的比较稳定的气固两相流化床。物料在此流化床中按密度分层，小于床层密度的物料上浮，成为浮物，大于床层密度的物料下沉，成为沉物。分层后的物料分别由机内的刮板输送装置逆向输送，上层排煤，下层排矸。浮物（如精煤）从右端排料口排出，沉物（如矸石）从左端排料口排出。分选机下部各风室与供风系统连接，设有风压与各室风量调节及指示装置。分选机上部与引风除尘系统相连，设计引风量大于供风量，以造成分选机内部呈负压状态，可有效地防止粉尘外逸。

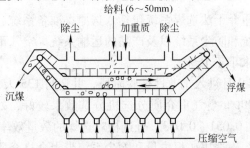

图7-15 空气重介质流化床干法分选机示意图

空气重介质流化床干法分选机可有效地分选外在水分小于5%的6~50（80）mm粒级煤，分选精度高，可能偏差在0.05~0.07范围内。

10t/h、25t/h、50t/h空气重介质流化床干法分选机的主要参数见表7-3。

表7-3　空气重介质流化床干法分选机主要参数

项　目		单位	型号特征		
处理量		t/h	10	25	50
分选物料	粒度	mm	6~50	6~50	6~50
	外在水分	%	<5	<5	<5
分选密度		g/cm³	1.3~2.0	1.3~2.0	1.3~2.0
有效分选床层	长度	mm	5500	5000	5000
	宽度	mm	500	1000	2000
	高度	mm	360	360	360
电动机	型号		YCT220-4A	YCT220-4A	YCT250-4B
	功率	kW	5.5	11	22
	转速	r/min	1250~125	1250~125	1320~132
减速机	型号		WD210-33-Ⅲ	WD210-33-Ⅲ	NBZD280-56-Ⅱ
	变速比		33	33	64.09
外形尺寸（长×宽×高）		mm×mm×mm	7890×600×2030	7890×1200×2030	8253×2544×2707
总　重		kg	6558	11200	15850

7.4.3　应用效果

1992年6月，在黑龙江省七台河市建成了国内外第一座工业应用的空气重介质流化床干法选煤厂——七台河桃山选煤厂。入选原煤为低硫、低磷、中等灰分、中等矸含量和中等硬度的煤，入选原煤中粗粒比细粒的灰分含量高，入选原煤属难选或极难选煤。

七台河桃山空气重介干法选煤厂的年处理能力为32万吨，分选密度为1.45g/cm³，其生产工艺流程见图7-16，煤矿来煤经干法筛分，将小于6mm粒级的粉煤和50~6mm粒级原煤经过空气重介质分选机分选得到的精煤混合，混合煤的灰分或发热量达到用户要求后，作为产品销售。

七台河市桃山空气重介干法选煤系统包括入选原煤准备系统、分选系统、加重质的脱介和回收系统、供风系统和防尘系统以及产品的运输系统。空气重介质流化床干法分选机对入选原煤外在水分要求小于15%。

该选煤厂于1992年9月进入工业性试验阶段，共运行135天，累计运行时间675h。

工业性试验表明：50t/h空气重介质分选机分选效果较好，处理能力在40~50t/h时的可能偏差Ep值一般在0.051~0.053，分选极难选煤的数量效率约90%。磁珠加重质损耗量由分选产品带走量、磁选尾矿损失量和除尘系统带走合格介质量3部分组成。精煤与尾煤带走磁性物为吨煤0.345kg，旋风除尘器底流中合格磁性物损失为吨煤0.10kg。两级除尘效率为 97.7%，外排空气中粉尘含量为 23.1mg/m³，符合国家标准。空气重介质分选机对外部是负压，无粉尘污染。

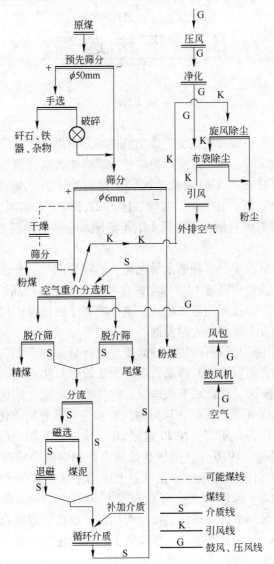

图 7-16 空气重介质流化床选煤工艺系统原则流程

8 干法选煤

8.1 干法选煤概述

我国虽然是当今世界上最大的煤炭生产和消耗国，但煤炭的洁净加工与综合利用程度相对较低，原因是多方面的，其中水资源短缺是造成煤炭入选比例低的主要原因之一。

中国煤炭资源主要分布在干旱缺水地区，已探明的 1 万亿吨煤炭保有储量中，晋、陕、蒙 3 省区占 60.3%，新、甘、宁、青等省区占 22.3%，东部四大缺煤区的 19 个省区只占 17.4%。占全国煤炭保有储量 2/3 以上的干旱缺水地区的煤炭难以采用耗水量大的湿法分选方法。

其次，中国相当数量的年轻煤种遇水易泥化，不宜采用湿法分选。

第三，湿法分选产品外水高达 12% 以上，在冬季严寒地区产品被冻结，贮运困难，导致部分选煤厂被迫停产，而且采用湿法跳汰、重介质和浮游选煤，耗水量大，投资及生产费用高，限制了部分地方小煤矿企业的发展。

干法选煤主要是利用煤与矸石的物理性质差异进行分选的，如密度、粒度、形状、光泽度、导磁性、导电性、辐射性、摩擦系数等。干法选煤方法有风选、拣选、摩擦选、磁选、电选、X 光选、微波选、复合式干法选煤、空气重介质流化床选煤等。其中，在工业生产上应用的有风力选煤（风力摇床、风力跳汰）和空气重介质流化床选煤。

风力选煤是以空气作为介质，早在 20 世纪 20 年代即已开始应用，1905 年塞顿（Sutton）等人设计了风力摇床，1916 年，美国达拉斯市萨顿钢铁公司首先将风力选煤机投入应用。原苏联于 1931 年引进风力选煤，是世界上应用干法选煤生产规模最大、经验最丰富的国家之一，拥有风力干选厂 35 座，年处理能力 6000 多万吨。风力选煤具有适合于缺水地区的煤炭分选、无煤泥水处理系统、操作费用低、投资省等优点，但由于存在入料粒度窄、分选密度下限高、选煤效率低、工作风量大、粉尘污染严重等不可克服的缺点，其应用范围越来越小。

由于传统风选法效率差且逐渐被淘汰，我国引进、吸收俄罗斯 СП – 12 技术并结合我国具体情况研制开发了风力摇床干法选煤。其干选机代表型号为 FX – 6、FX – 12。

复合式干法选煤是在风力摇床干法选煤的基础上，借鉴无风干式摇床技术开发的我国独有的干法选煤技术。其干选机的代表型号为 FGX – 1、FGX – 3、FGX – 6 和 FGX – 12。全国 25 个省、市、自治区的 400 个煤矿企业建有复合式干法选煤厂（车间），复合式干法选煤在我国选煤方法中所占的比例增加到了 16%，已成为一种较重要的动力煤选煤技术，复合式干法选煤设备已出口到美国、菲律宾等国。

干法选煤在降灰降水、提高煤质、增加商品煤品种规格、防止冻车、减少因水分和灰分超标而在外运销售中的损失、提高经济效益等方面具有十分显著的效果。同时，干法选煤厂建设投资少，建厂周期短，用水量小，可以省去复杂的煤泥水处理环节。采用干法分选，对节约煤炭能源和环境保护都是十分有益的。

本章主要介绍风力摇床和复合式干法选煤，关于空气重介质流化床干法选煤技术参见第 7 章。

8.2 风力摇床干法选煤

8.2.1 风力摇床干法机结构

风力摇床干法选煤设备最典型的是 FX 型干选机，如图 8-1 所示，它主要由分选床、机架、供风系统、振动机构、集尘装置等部分组成。分选床包括床架、橡胶床面和格板；机架包括支承架、纵向横向调坡装置和摇杆；振动机构包括电动机、减速机和无级调速装置；供风系统包括风管、手动风门和空气室等；集尘装置包括吸尘罩、分流器等。

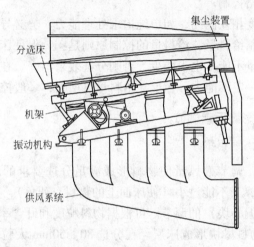

图 8-1 FX 型干选机结构示意图

8.2.2 风力摇床干法机工作原理

FX 型干选机床面上由若干条格板组成平行凹槽（见图 8-2），床面纵向由排料端向入料端往上倾斜，横向向排料端倾斜。原煤从干选机入料端进入凹槽，在摇动力和底部上升气流作用下，细粒物料和空气形成分选介质，产生一定的浮力效应，使低密度煤浮向表层。由于床面有较大的横向坡度，表面煤在重力作用下，经过平行格槽多次分选，逐渐移至排料边排出。沉入槽底的矸石从床面末端排出。床面上均匀分布有若干孔，使床层充分松散，

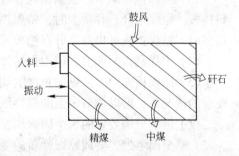

图 8-2 FX 型干选机分选原理示意图

物料在每一循环运动周期都将受到一次分选作用。经过多次分选后可以得到灰分由低到高的多种产品。

风力干法选煤是以空气为分选介质，在气流和机械振动复合作用下，使原煤按密度和粒度分离的选煤方法。通过调节风力干选机的三维角度，使不同矸含率的煤获得较好的分选效果。

FX 型干选机技术指标见表 8-1。

表 8-1　FX 型分选机技术指标表

分选面积/m²	入料粒度/mm	入料外水/%	处理能力/t·m⁻²	分选效率/%	不完善度 I	冲程/mm
3、6、9、12	75 ~ 0	<9	9 ~ 12	95	<0.11	20

8.2.3　风力摇床干选机适用范围

风力摇床干选机的适用范围如下:

(1) 分选易选煤、极易选煤。

(2) 入料粒度范围不宜太宽。

(3) 处理能力要严格控制。

处理能力和分选精度相互制约,如单纯追求处理能力,势必导致分选精度降低;要保证分选精度,就必须控制给料量。给料量的控制原则是:为保证床层的松散和分层,就要使物料布满床面;给料量不能多也不能少,否则分选效果不好。在原煤中矸石含量多或水分大的情况下,给料量一定不能大;相反,给料量可增大,一般控制在 9 ~ 12 t/m²。

8.2.4　风力摇床干选机影响因素调节

具体如下:

(1) 鼓风量的调节。调节鼓风量使物料形成满足分选要求的床层,鼓风既不能过大(使床面物料产生沸腾),又不能过小(使床面上的物料有死角),要灵活掌握。

(2) 频率与冲程(偏心块)的调节。可根据物料粒度和矸含率多少灵活调节频率与冲程(调节偏心块),使物料尽快形成床层。在分选 80 ~ 50mm 大粒物料,冲程一定的情况下,频率的变化将影响分选效果。大粒物料分选时不宜采用高频率。分选大粒物料时,频率高,处理能力相对就大,分选效果不好;频率低,处理能力相对就小,分选效果好。

(3) 排料挡板调节。根据精煤和矸石的质量要求,应及时调节精煤排料挡板和矸石排料挡板。原煤中矸石含量少时,精煤挡板可降低,矸石挡板可提高;相反,原煤中矸石含量多时,精煤挡板可提高,矸石挡板可降低。

(4) 中煤翻板的调节。应根据精煤和矸石的质量要求,灵活调节中煤翻板。

(5) 床面横向角度、纵向角度的调节。在排料挡板和中煤翻板调节不能满足精煤分选要求的情况下,可以调节床面的横、纵向角度。

以上影响分选效果的 5 个因素相互联系、相互影响,在调试和生产中不能只考虑其中一二,要全面考虑,要随原煤性质的变化探索更好的分选条件,以取得最好的分选效果。

8.3　复合式干法选煤

8.3.1　复合式干法选煤概述

复合式干法选煤技术是我国独创的,适合我国国情的新型选煤方法。这种选煤方法既能全面符合保护水资源、节能、环境保护、资源综合利用及发展洁净煤技术等国家各项方针政策,又能适应我国各种类型动力煤炭企业的需求。

发展复合式干法选煤具有重要意义。

（1）我国煤炭资源丰富，但占全国总量80%的煤炭资源蕴藏在干旱缺水的西部地区。水资源缺乏已成为西部煤炭开发和加工利用的制约因素。复合式干法选煤技术为我国能源基地战略西移提供了一条煤炭加工利用的新的技术途径。

（2）复合式干法选煤作为动力煤排矸、降硫的有效实用技术。其独有的特点适合我国煤炭企业的需求，并且为提高我国动力煤入选比例提供了一条切实可行的途径。

（3）复合式干法选煤解决了部分困扰动力煤洗选加工的难题。如解决了煤泥水处理、煤泥销售、经济效益不高等问题，是一种经济实用的动力煤分选加工技术。

（4）复合式干法选煤厂投资仅为同规模洗选厂投资的1/5～1/10，解决了煤矿企业资金不足的问题。易被我国大、中、小各型煤矿企业接受。

（5）复合式干法选煤技术解决了不适于洗选的易泥化煤（如褐煤等）的分选加工问题。已有不少煤矿采用复合式干法选煤，代替了原有的跳汰选煤。

（6）复合式干法选煤得到的产品水分低，解决了因动力煤洗选加工使产品水分增加而降低商品煤发热量的问题。还可解决冬季严寒地区洗选产品冻结的问题。

（7）复合式干法选煤技术在现有选煤厂不断拓宽应用范围。可使现有选煤厂预先排出矸石及煤粉，降低选煤厂加工费用和煤泥水处理量；可对已有分选粒度下限（25mm或13mm）的动力煤选煤厂起到补充、配套作用，将未经分选的末煤进行分选加工；可对现有煤矿中的煤矸石进行回收利用；可对现有选煤厂废弃洗矸进行加工利用。

8.3.1.1　复合式干法选煤的适用范围

（1）适于我国干旱缺水产煤地区的煤炭分选加工，要求原煤外在水分小于9%，入选原煤粒度小于80mm。

（2）适于用作动力煤的各煤种原煤排除矸石，降低商品煤灰分，提高发热量。

（3）适于褐煤等易泥化煤、易选煤的分选。

（4）适于高硫煤脱除粒状、块状黄铁硫，降低商品煤硫分。

（5）适于煤炭集运站、燃煤发电厂、煤气厂等企业作为保证用煤质量的可靠手段。

（6）适于劣质煤、煤矸石等低热值煤的回收。

（7）适于对分选下限为25mm、13mm的动力煤选煤厂，作末煤分选配套、补充手段。

（8）适于配煤生产线及选煤厂作预排矸的首要环节，降低成本，提高经济效益。

（9）适于冶金矿渣中回收金属及有用物质。

（10）适于城市生活垃圾分类综合处理。

8.3.1.2　复合式干法选煤的特点

（1）不用水，生产成本低。每吨原煤平均加工费2元，而跳汰选煤每吨加工费6～8元，干选是水选的1/3～1/4。对于干旱缺水地区及冬季严寒地区，干法选煤有特殊意义。

（2）投资少，选煤工艺简单，不需要建厂房。全套FGX-6型复合式干法选煤系统，生产能力60t/h，投资仅50多万元，而同规模30万吨/年选煤厂投资500多万元。干选投资是水选投资的1/10～1/5。

（3）劳动生产率高。用人少，干选系统需操作人员2～3人，劳动生产率高达80～

250 吨/工。越是大型干选设备，劳动生产率越高。

（4）商品煤回收率高。不产生煤泥，排除矸石后商品煤全部回收，包括除尘系统收集的煤尘也全部回收。

（5）选后商品煤水分低。干选不增加水分，风力对煤炭表面水分还有一定脱水作用。可减少商品煤中水分对发热量的影响。

（6）可分选出多种灰分不同的产品。有利于干法选煤经营者满足商品煤用户不同的质量要求，取得最大的经济效益。

（7）适应性强。对以褐煤、烟煤、无烟煤等各煤种作为动力煤分选加工排除矸石，均有较好的分选效果。

（8）设备运转平稳、维修量少、操作简单、除尘效果好。干选机没有复杂易损的传动部件。振动电机保证无故障运行 1 万小时。采用一段并列除尘工艺和负压操作，保证大气环境和工作环境不受粉尘污染，排出的部分气体含尘量小于 $50mg/m^3$，大大低于国家废气排放标准 $150mg/m^3$ 的要求。

（9）占地面积小。一套 FGX – 12 型干选系统（相当于 60 万吨/年选煤厂）占地不到 $300m^2$。

（10）建设周期短、投产快。

8.3.2 复合式干法选煤设备

复合式干法分选机是我国在吸取美国研制的无风干式摇床和俄罗斯风选机优点的基础上研制出来的。

复合式干法分选机的分选机理是使物料在作螺旋翻转运动的条件下，利用振动和风力作用使床层松散，在不同区段既有重力（位能）分层作用，也有自生介质分选作用，又有利用颗粒相互作用产生的浮力效应，使离析作用和风力作用有效配合从而达到综合分选的目的。同时，在不同区段各分选作用各有侧重。

FGX 型干选机是一种复合式干法选煤设备，它由机架、吊挂装置、分选床、振动装置、供风系统和集尘装置等组成。分选床由带风孔的床面、背板、格条和排料挡板组成；机架包括支承架、纵向横向调坡装置、减振弹簧等；振动机构包括振动电机等；供风系统包括风管、手动风门和空气室等；集尘装置包括吸尘罩等。其结构见图 8-3。

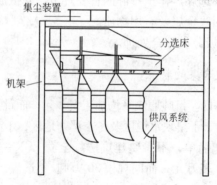

图 8-3　FGX 型干选机结构示意图

FGX 型干选机的分选过程为：物料从一端给入分选床后，在风力的作用下，床面形成一个气、固两相混合介质层，促使床面物料在介质层中松散和按密度分层，分层后的物料在振动力的作用下，进一步松散离析分层，振动力和风力形成空气涡流，高密度颗粒相互挤压产生浮力效应，使物料在螺旋运动中不断翻转剥离，从而达到多次分选。经过分选后，上层轻物料在重力的作用下，沿床面下滑，而床面宽度逐渐减缩，通过调节挡板后，上层煤排出；底层物料受惯性振动力作用向背板运动，矸石、黄铁矿沿格条集中到矸石端排出。物料在螺旋运动中的分选情况见图 8-4。

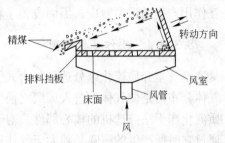

图 8-4 物料在螺旋运动中的分选情况

FGX 型分选机技术指标见表 8-2。

表 8-2 FGX 型分选机技术指标

项目	分选面积 /m²	入料粒度 /mm	入料外在水分/%	处理能力 /t·h⁻¹	分选效率 /%	系统总功率/kW	E_p 值	I 值
FGX – 6	6	0~80 混煤	< 9	50~60	>90	143.27	0.20	≤0.10
FGX – 9	9	0~80 混煤	< 9	75~90	>90	230	0.20	≤0.10
FGX – 12	12	0~80 混煤	< 9	90~120	>90	287.5	0.20	≤0.10

8.3.3 与流化床干法分选机的比较

复合式干法分选机与空气重介质流化床干法分选机的不同点如下：

8.3.3.1 分选原理不同

空气重介质流化床干法分选技术以空气和加重质形成的具有类似流体性质和一定密度的流化床层为分选介质。依据阿基米德原理，入选物料在流化床层内按密度分层，精煤上浮，矸石下沉。而后轻、重物料经分离、脱介获得精煤和尾煤两种产品。复合式干法分选技术采用自生介质与空气组成的气固两相混合介质作为分选介质，借助机械振动使分选物料做螺旋翻转运动，即靠近床面底层的物料向背板方向运动，而床层表面的物料向排料板方向下滑。形成多次分选，充分利用床层密度逐渐提高，颗粒相互作用产生的浮力效应而进行分选。

8.3.3.2 入料粒级不同

空气重介质流化床的适宜入料粒级为 50~6mm 级的粗粒煤，可能偏差 E_p 值为 0.05~0.07，分选效率大于 95%。试验研究表明：复合式干法分选适用于易选、中等可选和矸石含量较高的煤炭分选，复合式干选的入料粒级较宽，分选物料粒度范围可达到 80~0mm。

8.3.3.3 所用介质不同

目前，空气重介质流化床干法分选采用满足一定密度和粒度要求的加重质，如磁铁矿粉、钒钛磁铁矿粉和磁珠等。而复合式干法分选中充当自生介质的是入料中的 6~0mm 的细粒物料。这些细粒物料和空气组成了气固悬浮体，有效地利用了这种床层密度和颗粒相互作用产生的浮力效应，因而改善了粗粒级物料的分选效果。

8.3.3.4 操作参数不同

空气重介质流化床分选和复合式干法分选对参数有着不同的要求。(1) 风量和风压。气体分布器是使气体在进入床层之前均匀分布，调整或控制其流速的装置，它是空气重介质流化床干法分选机的核心部件。对于分选用流化床，其复合式气体分布器应满足使气体通过它时所产生的压降必须大于气体通过床层所产生的压降这一临界值。风量则主要由要求的风速来决定。复合式干法分选机中，风力一方面加强床层粒群的松散，有利于分层；另一方面与细粒煤组成气固两相混合介质，加强分选。所需风量不需要使物料悬浮，为传统风选的 1/3，使除尘规模大大减小。(2) 激振器的频率。复合式干法分选中引入了振动。振动改善了床层物料的流动性，有利于改善分选效果，提高分选效率。试验研究表明，在复合式干法分选中，振动频率对分选效果有显著影响。

8.3.3.5 工艺流程不同

空气重介质流化床干法选煤为了降低选煤过程中的介耗，在分选过程中涉及加重质的回收问题，与复合式干法选煤流程相比较复杂。产品的回收方式也有所不同。在空气重介质流化床分选机分选中，上下刮板分别将在床层中上浮的精煤和下沉的矸石刮向精煤端和排矸端，然后通过脱介筛分别得到精煤和矸石产品。而在复合式干法分选中，由于振动力和连续进入分选床的物料压力的作用，不断翻转的物料形成近似螺旋运动，并向矸石端移动。因床面宽度逐渐减缩，上层密度相对较低的煤不断被排出，最后排出密度大的矸石。因此，由入料端到矸石端依次排出的是精煤、中煤、矸石 3 种产品。这样可以根据具体用途，截取产品。

8.3.4 常见问题的分析与处理

8.3.4.1 风量不足的主要原因

具体如下：

(1) 由于主选机床面漏下的煤粒清理不及时，风室内的煤粒与风机叶轮长期摩擦，使叶轮磨损严重，造成主风机风量不足。

(2) 旋风除尘器吸风筒"挂蜡"现象严重，使吸风筒严重堵塞，引起风量不足。

(3) 床面风孔堵塞，引起风量不足，直接影响风选效果，堵塞物主要有塑料袋碎片、煤泥、与风孔直径相同的煤粒等。

(4) 个别情况下，由于检修等原因，可能出现风机转向与要求方向相反，大量煤粒通过床面风孔进入风室。

8.3.4.2 精煤段含矸过多的主要原因

具体如下：

（1）精煤段排料挡板过低，精煤段下料速度过快，床面物料分层不好，来不及分选，煤、矸同时落出主选机床面。

（2）精煤段床面橡胶板磨损严重，或床面三角铁导轨隔条过低，磨损严重。

（3）床面横向倾角或给料量过大，来不及形成分选层而直接排出。

（4）振动电机激振力过大，但这种情况经一次调整后会非常稳定，正常情况下还应多考虑风量，其次是挡板、翻板等原因。

（5）入选原煤煤质较好，矸石与中煤间或精煤与中煤间的排料槽翻板，向中煤段倾角过大，使返回的中煤过多，煤量大，来不及形成分选层分选。

8.3.4.3　矸石段含煤超标的主要原因

具体如下：

（1）精煤段及中煤段挡板过高，或床面在精煤及中煤段，橡胶板磨损严重。

（2）床面纵向倾角过大，使床面上物料来不及分层直接排出。

（3）排料槽翻板调节不好，偏向矸石段，含矸石多的中煤没有再次分选。

（4）吊挂主选机床体的四根钢丝绳，有"三条腿"现象，引起床面振动不规则。此种现象极易损坏主选机床体，造成床体断裂或开焊，因此吊挂主选机的四根钢丝绳要经常检查，保证四根钢丝绳受力均匀。

（5）煤中含水量超过规定，干选机分层不好，床面物料不稳，引起跑煤。入料水分必须在9%以下。

8.3.4.4　给料口冒煤的主要原因

具体如下：

（1）煤中水分突然超标，精煤段煤层突然增高，床面上床层厚度加大，床体过重，减振弹簧压死，设备易损坏。主选机给料口冒煤由大到小，当湿煤过后会自动恢复。

（2）进风调节阀门未开或开启不够，也会造成迅速冒煤。

（3）一侧振动电机工作不正常，引起干选机无法工作，或冒或原煤直接从精煤段落下现象。

（4）给料机煤量必须均匀，如果给料跟不上，会造成床层不稳定。或是由于关掉主选机后，没有及时关闭风阀，造成床面紊乱。

（5）吊挂钢丝绳受力不均匀，造成床体振动不规则。

8.3.4.5　煤种改变，煤质提高不够

这种故障是煤矿蒙受经济损失最大的，也是煤矿技术人员最难掌握的，要求技术人员勤进现场，日常观察煤的变化轨迹及分层情况。

（1）主选机床面横向倾角、纵向倾角重新调整，分两次调整，第一次看效果，第二次看最佳。

（2）重新配置风量，主要是调整精煤、中煤段的风门翻板，精煤段风门翻板尽量全部打开。

（3）重新调整振动电机的振幅。

8.3.4.6 煤尘较大的主要原因

具体如下：

（1）旋风除尘器堵塞，输送煤尘的螺旋输送机被卡。

（2）袋式除尘器清灰不好，滤袋糊满，灰斗堵塞。

（3）密封圈漏风面积大，不能形成负压。

（4）原煤及产品落煤点密封不好，造成二次扬尘。

8.3.4.7 如何防止事故的发生

一般来说，干选机的倾角和激振力很少会引起故障，复合式干选机的吊挂弹簧也还不会出现故障，影响煤质的主要原因仍然是技术人员操作水平、实践经验及职业素质等问题，因此必须按规定的操作顺序进行操作。一名合格、素质好、责任心强的司机，会随时观察干选机的运行情况，包括"听、摸、看"，特别是在一个煤矿同时干选几种煤层的原煤时，司机应会自主调节床面纵、横向倾角，排料挡板高度，风量，给料量等影响因素。其次，司机交接班也非常重要，每班交接班时，司机必须把主选机床面清理干净，包括床面"挂蜡"，床面风孔堵塞，风室内杂物的清理及旋风除尘器吸风筒的畅通，做好交接班记录，有问题及时向上级汇报。另外，作为一名专业技术人员，还应多深入现场，查看主选机床面情况，每天关注煤质化验单，随时同机修人员检查干选机各类机械运行情况，该注油的注油，该检修的检修，只有这样才能使煤矿获得最大的经济效益。

9 | 重力选煤工艺效果评定

9.1 分配曲线

分配曲线是评定物料在分选设备中按密度分选或者按粒度分级效果的一种方法。这种方法由荷兰工程师特鲁姆普（K. F. Tromp）于 1937 年首先提出。分配曲线又称为特鲁姆普曲线、误差曲线、级别回收率曲线等。

利用分配曲线还可以预测实际的分选效果以及产物的实际产率、灰分、密度或粒度组成。由于分配曲线在选矿生产、设计及科学研究工作中应用广泛，因此，对分配曲线和分配曲线数学模型的研究受到了各国的普遍重视。

9.1.1 分配曲线的概念

原料在分选设备中每次分选出两种产物，按密度分选的选矿设备将原料分成重产物和轻产物；按粒度分级的设备则将原料分成粗粒级和细粒级两种产物。三产品设备实际上是对其中某一产品进行二次分选的过程。原料煤在选煤设备中分选成精煤（轻产物）和矸石（重产物），理想的分选结果是：所有密度大于分选密度的高密度产物全部分配到重产物中去，所有小于分选密度的低密度物料全部分配到轻产物中去。但实际上这是不可能的。由于物料本身物理性质的差别和设备的识别能力存在着各种误差，其结果总是高密度产物只能是大部分进入重产物，低密度产物总会有一小部分混入到重产物中去。同样，低密度产物也只能是大部分进入轻产物，高密度产物也必然会有一少部分误入到轻产物中去。特鲁姆普称其为"迷路的精煤"和"迷路的矸石"。

矿粒在产物中按密度的分配规律用分配率来表示，把原料中某个密度级在分选过程中进入重产物中的数量占原料中该密度级原有数量的百分数称为该密度级在重产物中的分配率，用（ε_1）表示。这个密度级进入轻产物中的数量占原料中该密度级原有数量的百分数，称为该密度级在轻产物中的分配率，用（ε_2）表示。由于每次分选出两种产物，因此

$$\varepsilon_1 + \varepsilon_2 = 100\% \tag{9-1}$$

9.1.2 分配曲线的计算

计算分配率的基础资料为各产物的实际产率及它们的密度组成。现举例说明分配率的计算方法。

（1）将原煤进行浮沉试验，分析其密度组成，得到表 9-1 的第（3）栏。

（2）在某一分选密度下将原煤分成轻产物（精煤）和重产物（矸石），并得出每种产物的产率 γ_G（第（5）栏的合计）和 γ_j（第（7）栏的合计）。

（3）分别将精煤和矸石进行浮沉试验，得到各密度级占本级的产率，即表 9-1 的第

（4）、（6）栏。

（4）将占本级的产率换算为占入料的产率，计算方法为：

$$(5) = (4) \times \frac{\gamma_G}{100} \tag{9-2}$$

$$(7) = (6) \times \frac{\gamma_j}{100} \tag{9-3}$$

（5）计算原煤的密度组成。将精煤和矸石中各密度级占入料的百分数两两相加，即将第（5）栏的数据与第（7）栏的同密度级数据相加得到第（8）栏的数据。

（6）计算分配率。计算分配率时以计算原煤为准。原料在分选过程中可能发生解离和泥化，取样分析也会有误差，因此不采用初始原煤数据，而采用由选后产品综合得出的计算原煤数据。

根据分配率定义，按下式计算各密度级的重产品分配率（ε_1）及轻产品分配率（ε_2）。

$$\varepsilon_1 = \frac{(5)}{(8)} \times 100\% \tag{9-4}$$

$$\varepsilon_2 = \frac{(7)}{(8)} \times 100\% \quad 或 \quad \varepsilon_2 = 100 - \varepsilon_1 \tag{9-5}$$

表 9-1　分配率计算表

密度级别 /g·cm^{-3}	平均密度 /g·cm^{-3}	入料密度组成 /%	重产物密度组成		轻产物密度组成		计算原煤密度组成 /%	分配率 ε_1/%	分配率 ε_2/%
			占本级 /%	占入料 /%	占本级 /%	占入料 /%			
(1)	(2)	(3)	(4)	(5)	(6)	(7)	(8)	(9)	(10)
-1.30	1.27	0.32	0.00	0.00	0.20	0.16	0.16	0.00	100.00
1.30~1.40	1.35	67.47	9.41	1.80	85.30	68.95	70.75	2.55	97.45
1.40~1.50	1.45	12.06	11.49	2.20	11.18	9.04	11.24	19.60	80.40
1.50~1.60	1.55	4.49	13.27	2.54	2.32	1.88	4.42	57.47	42.53
1.60~1.70	1.65	2.36	10.93	2.10	0.58	0.47	2.57	81.72	18.28
1.70~1.80	1.75	2.59	9.61	1.84	0.22	0.18	2.02	91.09	8.91
+1.80	2.20	10.71	45.29	8.68	0.20	0.16	8.84	98.19	1.81
合计		100.00	100.00	19.17	100.00	80.83	100.00		

9.1.3　分配曲线的绘制

分配曲线是根据表9-1第（9）栏分配率 ε_1 和第（2）栏平均密度值在直角坐标图上绘制的。如图9-1所示，横坐标为平均密度，纵坐标为分配率。平均密度近似取各密度级的中点。对于 $-1.3g/cm^3$ 和 $+1.8g/cm^3$ 密度级的平均密度最好是实测，或者从选煤厂的密度—灰分曲线查得。在缺乏资料时，$-1.3g/cm^3$ 密度级的平均密度可近似地在 1.25～1.27g/cm^3 中选择，而 $+1.8g/cm^3$ 密度级的平均密度，可在 2.2～2.5g/cm^3 中选择。因为原煤性质不同，其值差异也大。取表中第（2）栏平均密度与相应分配率的数据打点，分别连接各点得光滑曲线，即为分配曲线。该曲线表明，矿粒密度越高，进入重产物的机会越多。对于低密度物也类似。

图 9-1 为重产物的分配曲线，该曲线表示密度越高，进入重产物中的机会越多，ε_1 也越大，因此重产物分配曲线为一条单调上升的曲线。

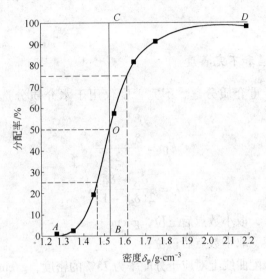

图 9-1　分配曲线

分配率 50% 处的密度为该物料的实际分选密度，也称分配密度，用 δ_p 表示。它的统计意义在于，密度为 δ_p 的物料进入轻产物和重产物中的可能性（概率）各为 50%。

在完全按密度分选的理想条件下，所有密度大于和小于 δ_p 的物料应分别 100% 地进入重产物和轻产物中。这时分配曲线将是一条折线 ABOCD。而实际生产中是不可能达到如此完美的程度，任何分选均有错配物产生，均存在分选误差，这与邻近分选密度物的含量有关。实际的分配曲线将偏离这条折线，偏离的程度愈大，曲线上升得愈平缓，表明分选效果愈差。曲线形状愈陡，表明分选效果愈好。于是，可以通过分配曲线的形状来大致判别分选效果的好坏。

为使分配曲线更真实地反映分选效果，最好多做几个密度级的实验，特别是邻近实际分选密度的密度级。一般应使分配曲线在分选密度的两侧都能有 2～3 个点，使曲线的走向比较明晰，得出的指标也比较准确。

对于出三产品的跳汰选煤而言，应该分别绘制矸石段和中煤段的分配曲线。在矸石段，重产物是矸石，轻产物是中煤加精煤的中间产物。在中煤段，重产物是中煤，轻产物是精煤。有时根据需要也可以把矸石和中煤合在一起看成重产物，而将精煤看作轻产物，这样绘出的分配曲线可以称为整机的分配曲线。

值得注意的是，可选性曲线上的分选密度与分配曲线的分选密度是不同的。前者为理论分选密度，而后者是选煤过程的实际分选密度。

9.2　重选工艺效果的评定

由于重选设备分选效果的好坏对整个选煤厂的技术经济指标影响很大，历来为选矿工作者所关注。为了便于使用和国际交往，全国煤炭标准化技术委员会选煤分会参照国际标准化组织 ISO923 的标准，制定了《煤用重选设备工艺性能评定方法》的标准，目前的最新标准是 GB/T 15715－2005，对于煤炭的重介质、水介质和气体介质的各种重选设备工艺性能的评定，采用可能偏差或不完善度、数量效率和错配物总量 3 种指标。

9.2.1　评价指标

9.2.1.1　可能偏差和不完善度

可能偏差一般用于重介质分选，不完善度仅用于水介质分选。它们的计算公式分别为：

$$Ep = \frac{\delta_{75} - \delta_{25}}{2} \tag{9-6}$$

$$I = \frac{\delta_{75} - \delta_{25}}{2(\delta_{50} - 1)} \tag{9-7}$$

式中　Ep——可能偏差，取小数点后三位，g/cm^3；

　　　I——不完善度，取小数点后三位；

　　　δ_{75}——重产品分配曲线上对应于分配率为 75% 的密度，g/cm^3；

　　　δ_{25}——重产品分配曲线上对应于分配率为 25% 的密度，g/cm^3；

　　　δ_{50}——重产品分配曲线上对应于分配率为 50% 的密度，也称为实际分选密度，g/cm^3。

9.2.1.2　数量效率

数量效率指标是一种相对效率。它是指灰分相同时，精煤实际产率和理论产率的比值。它是生产、技术管理中的一个重要指标。其计算公式为：

$$\eta = \frac{\gamma_p}{\gamma_t} \times 100\% \tag{9-8}$$

式中　η——数量效率，%；

　　　γ_p——实际精煤产率，%；

　　　γ_t——理论精煤产率，%，其值从计算入料的可选性曲线上获得。

数量效率指标的试验与计算工作量均较大，不能及时指导生产。数量效率反映了分选设备的分选精度。分选精度越高，实际精煤产率越接近理论精煤产率，数量效率也就越高。但是数量效率还受煤可选性的影响，可选性越差，邻近密度物含量越高，对精煤的污染也就越严重。因此，不同可选性的煤种数量效率的可比性较差。用数量效率只能对同一煤种的分选效果进行比较。

9.2.1.3　总错配物含量

物料分选或分级时，混入各产品中非规定成分的物料称为错配物。总错配物含量等于各产品中不该混入的物料百分数之和，按下式计算：

$$M_0 = M_1 + M_h \tag{9-9}$$

式中 M_0——总错配物含量（占入料），%；

      M_1——密度小于分选密度的物料在重产品中的错配量（占入料），%；

      M_h——密度大于分选密度的物料在轻产品中的错配量（占入料），%。

一般情况下，计算总错配物含量的分选密度采用分配密度（δ_p）或等误密度（δ_e）。等误密度指在两重选产品中，错配物相等时的密度。

总错配物含量能较为明确地表达出物料分选的结果及设备的潜力，试验与计算的工作量也较少。在日常检查中可用占产品的百分数来表达（即污染指标或快速浮沉指标），分选密度采用接近理论分选密度的数值，密度级差取 $0.05g/cm^3$。

理论分选密度即相应于分选过程中获得的实际灰分的产品，从可选性曲线的密度曲线上查得的相应密度。若理论分选密度用符号"δ_t"表示，则有：

$$\delta_e = \delta_t - 0.05 \tag{9-10}$$

在原煤可选性变化不大的情况下，只要注意分选密度的一致性，就可以把日常检查、月综合检查、年度检查等结果联系对比加以分析，具有可比性。故用此指标指导生产比数量效率方便。

9.2.2 应用实例

原煤通过某分选设备后得到轻产物（精煤）和重产物（矸石）两种产品，分别对原煤、精煤和矸石做浮沉试验，结果列入表 9-1 的第（3）、（4）、（6）栏。

按照前述的分配率计算方法和绘制方法，得到表 9-1 的其余栏和图 9-1。

由图 9-1 查得 $\delta_{25} = 1.47g/cm^3$、$\delta_{50} = 1.53g/cm^3$、$\delta_{75} = 1.62g/cm^3$，因此，$\delta_p = 1.53g/cm^3$。

（1）可能偏差：

$$E = \frac{\delta_{75} - \delta_{25}}{2} = \frac{1.62 - 1.47}{2} = 0.075g/cm^3$$

（2）不完善度：

$$I = \frac{\delta_{75} - \delta_{25}}{2(\delta_{50} - 1)} = \frac{1.62 - 1.47}{2(1.53 - 1)} = 0.142$$

（3）总错配物含量：

1）计算各密度级的错配物数量，见表 9-2。

2）绘制错配物曲线。

根据表 9-2 中的第（2）、（5）栏和第（2）、（6）栏数据绘制错配物曲线：污染曲线和损失曲线，见图 9-2。从图 9-2 可以查出错配物指标为：

分选密度 $\delta_p = 1.53g/cm^3$ 时，轻产品的错配量 $M_h = 2.5\%$，重产品中的错配量 $M_1 = 7.2\%$；总错配物含量 $M_0 = M_h + M_1 = 9.7\%$。

等误密度 $\delta_e = 1.47g/cm^3$ 时，轻产品的错配量 $M_h = 5.8\%$，重产品中的错配量 $M_1 = 5.8\%$；总错配物含量 $M_0 = M_h + M_1 = 11.6\%$。

表 9-2 错配物数量计算表

密度级别 /g·cm⁻³	密度 /g·cm⁻³	数量，占入料		错配物数量		
		精煤/%	矸石/%	精煤中的沉物/%	矸石中的浮物/%	合计/%
		表9-1 (7)	表9-1 (5)	↑Σ (3)	↓Σ (4)	(5) + (6)
(1)	(2)	(3)	(4)	(5)	(6)	(7)
− 1.30		0.16	0.00	80.84	0	80.84
1.30 ~ 1.40	1.3	68.95	1.80	80.68	1.8	82.48
1.40 ~ 1.50	1.4	9.04	2.20	11.73	4	15.73
1.50 ~ 1.60	1.5	1.88	2.54	2.69	6.54	9.23
1.60 ~ 1.70	1.6	0.47	2.10	0.81	8.64	9.45
1.70 ~ 1.80	1.7	0.18	1.84	0.34	10.48	10.82
+ 1.80	1.8	0.16	8.68	0.16	19.16	19.32

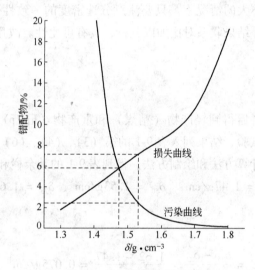

图 9-2 分配曲线绘制实例

参 考 文 献

[1] 谢广元. 选矿学 [M]. 徐州：中国矿业大学出版社，2001：105～107，149～154，182，185～186，202～203，237，239，243，249.

[2] 李贤国，等. 跳汰选煤技术 [M]. 徐州：中国矿业大学出版社，2006：22～26，34～36，57～72，85～88.

[3] 欧泽深，张文军. 重介质选煤技术 [M]. 徐州：中国矿业大学出版社，2006：1～5，9～12，183，269，274～275，281～282，286～287.

[4] 陈甘棠，王樟茂. 流态化技术的理论和应用 [M]. 北京：中国石化出版社，1996.

[5] 吴占松，马润田，汪展文. 流态化技术基础及应用 [M]. 北京：化学工业出版社，2006：1～2.

[6] 金涌，祝京旭，汪展文，等. 流态化工程原理 [M]. 北京：清华大学出版社，2001：1～2，17～18，20～21，24.

[7] 骆振福，赵跃民. 流态化分选理论 [M]. 徐州：中国矿业大学出版社，2002：36～41.

[8] 张鸿起，刘顺，王振生. 重力选矿 [M]. 北京：煤炭工业出版社，1987.3～4，7，10～12，38～46.

[9] 杨康，娄德安，李小乐. SKT 跳汰选煤技术发展现状与展望 [J]. 煤炭科学技术，2008，36（5）：1～4.

[10] 梁金钢，赵环帅，何建新. 国内外选煤技术与装备现状及发展趋势 [J]. 选煤技术，2008，（1）：60～64.

[11] 郭淑芬，赵国浩，段金鑫. 基于选煤技术的国内外煤炭洗选业发展对比研究 [J]. 煤炭经济研究，2010，30（1）：11～13.

[12] 杨林青，胡方坤. 我国选煤技术的现状及发展 [J]. 煤炭技术，2010，29（5）：109～112.

[13] 武乐鹏，杨立忠. 我国重介质选煤技术的发展综述 [J]. 山西煤炭，2010，30（4）：74～75.

[14] 吴式瑜，叶大武，马剑. 中国选煤的发展 [J]. 煤炭加工与综合利用，2006，（5）：9～12.

[15] 赵树彦. 中国选煤的发展和三产品重介质旋流器选煤技术 [J]. 洁净煤技术，2008，14（3）：12～14.

[16] 吴式瑜. 中国选煤发展三十年 [J]. 煤炭加工与综合利用，2009，（1）：1～4.

[17] 黄亚飞. 浅槽刮板重介质分选机的应用分析. 2010 年全国选煤学术交流会论文集，2010：77～80.

[18] 曹延峰. TSS 煤泥分选机分选原理、结构及应用实例 [J]. 矿冶工程，2010，30（5）：59～61.

[19] 卢瑜，王迪业. XGR 系列干扰床分选机的研制与应用 [J]. 选煤技术，2009，（3）：22～25.

[20] 杨正轲，贺青. 干扰床煤泥分选机在南屯煤矿选煤厂的应用 [J]. 设备管理与维修，2009，（2）：18～21.

[21] 张亚荣. 关于重介粗煤泥分选设备的分析及探讨 [J]. 煤，2007，16（11）：54～55.

[22] 郭建斌，张春林. 煤泥分选机的综合评述 [J]. 煤炭加工与综合利用，2010，（6）：9～13.

[23] 卫中宽. TBS 引领选煤工艺的跨越式发展 [J]. 煤，2007，16（12）：23～25.

[24] 陈宣辰，谢广元，徐宏祥. 粗煤泥精选工艺及其设备比较 [J]. 洁净煤技术，2009，15（3）：27～31.

[25] 刘魁景. 粗煤泥液固流态化分选技术的现状及分析 [J]. 中国煤炭，2008，34（9）：83～85.

[26] 李海涛. 浅析 CSS 粗煤泥分选机 [J]. 河北煤炭，2010，（2）：37～38.

[27] 谢国龙，俞和胜，杨颐. 浅析粗煤泥分选设备的工作机理及其应用 [J]. 矿山机械，2008，36（7）：80～84.

[28] 李延锋. 液固流化床粗煤泥分选机理与应用研究 [D]. 徐州：中国矿业大学，2008.

[29] 于尔铁. 动力煤洗选的发展与工艺选择 [J]. 中国煤炭，2006，32（1）：50～53.

[30] 于尔铁. 动筛跳汰机在我国的应用现状与展望 [J]. 煤质技术, 2006, (4): 1～6.

[31] 高丰. 粗煤泥分选方法探讨 [J]. 选煤技术, 2006, (3): 40～43.

[32] 王建军, 焦红光, 谌伦建. 细粒煤液固流化床分选技术的发展与应用 [J]. 煤炭技术, 2007, (4): 81～83.

[33] 王方东, 魏光耀. 螺旋分选机在选煤厂中的应用 [J]. 煤炭加工与综合利用, 2006, (2): 15～17.

[34] 张鸿波, 边炳鑫, 赵寒雪. 螺旋分选机结构参数对分选效果的影响 [J]. 煤矿机械, 2002, (8): 24～25.

[35] 孙永新. 螺旋分选机在王坡选煤厂的应用 [J]. 煤炭加工与综合利用, 2007, (3): 37～39.

[36] 沈丽娟. 螺旋分选机结构参数对选煤的影响 [J]. 煤炭学报, 1996, 21 (1): 73～78.

[37] 陈子彤, 刘文礼, 赵宏霞, 等. 干扰床分选机工作原理及分选理论基础研究 [J]. 煤炭工程, 2006, (4): 64～66.

[38] 刘文礼, 陈子彤, 位革老, 等. 干扰床分选机分选粗煤泥的规律研究 [J]. 选煤技术, 2007, (4): 11～14.

[39] 陈子彤, 刘文礼, 赵宏霞, 等. 干扰床分选机分选粗煤泥的试验研究 [J]. 煤炭工程, 2006, (5): 69～70.

[40] 赵宏霞, 杜高仕, 李敏, 等. 干扰床分选技术的研究 [J]. 煤炭加工与综合利用, 2005, (2): 16～18.

[41] 舒豪, 曹瑞峰, 董彩虹. 跳汰机排料自动化与跳汰机的发展方向探索 [J]. 煤炭工程, 2007, (2): 102～104.

[42] 艾庆华. X 系列筛下空气室跳汰机新技术 [J]. 中州煤炭, 2007, (6): 22～24.

[43] 杨小平, 涂必训, 张增臣, 等. 跳汰机控制系统的设计 [J]. 煤炭工程, 2001, (7): 24～26.

[44] 杨小平, 李贤国. 跳汰机排料的单片机控制系统 [J]. 淮南矿业学院学报, 1996, 16 (1): 20～25.

[45] 杨小平, 冯绍灌, 叶庆春, 等. 程序控制复振周期跳汰的研究 [J]. 煤炭学报, 2000, 25 (z1): 169～173.

[46] 刘宏. 动筛跳汰机的应用与发展 [J]. 中国煤炭, 2003, 29 (12): 46～48.

[47] 赵谋. 动筛跳汰机及其应用 [J]. 煤炭工程, 2006, (2): 13～15.

[48] 阎钦运, 符福存, 边秀锦. 动筛跳汰机及其应用推广前景 [J]. 煤炭加工与综合利用, 2004, (2): 27～29.

[49] 卢瑜. 动筛跳汰机应用前景探讨 [J]. 山西焦煤科技, 2008, (12): 67～68.

[50] 刘国杰. 动筛跳汰机在选煤厂的应用 [J]. 选煤技术, 2008, (3): 45～46.

[51] 曹树祥, 郭杰民, 邢成国. 机械动筛跳汰机的研究与应用 [J]. 煤炭加工与综合利用, 2003, (1): 13～15.

[52] 杜建军, 张志刚, 王建奎. 动筛跳汰机技术创新的探索与实践 [J]. 煤炭加工与综合利用, 2008, (2): 16～18.

[53] 熊弄云. 动筛跳汰机在我国的发展与应用 [J]. 山西焦煤科技, 2005, (8): 32～34.

[54] 庞树栋, 李梦昆. 动筛跳汰排矸代替其它排矸方式的设计实践 [J]. 选煤技术, 2002, (5): 36～37.

[55] 陶有俊. 动筛跳汰选矸工艺的应用前景 [J]. 选煤技术, 2003, (1): 9～10.

[56] 焦红光, 惠兵, 窦阿涛, 等. 关于毛煤井下动筛排矸工艺的探讨 [J]. 选煤技术, 2009, (4): 61～63.

[57] 单勇, 陶全, 杨丽. 机械动筛跳汰机自动排矸技术改造 [J]. 煤质技术, 2007, (6): 70～71.

[58] 龙寅. 矿井地面机械化排矸方式的选择和体会 [J]. 煤炭工程, 2008, (12): 16~17.

[59] 刘庆伟. 浅谈动筛跳汰机的原理与使用 [J]. 科技情报开发与经济, 2005, 15 (24): 257~258.

[60] 于尔铁. 我国动筛跳汰机的开发与应用 [J]. 煤炭加工与综合利用, 1997, (2): 1~4.

[61] 陈建中, 齐连锁, 董振华, 等. TD16/3.2 动筛跳汰机的研制与应用 [J]. 选煤技术, 1997, (5) 3~6.

[62] 罗文, 肖洪波. TDY20/4 型液压动筛跳汰机的应用与改进 [J]. 矿山机械, 2008, 36 (5): 105~106.

[63] 单连涛, 娄德安. TD 系列动筛跳汰机的特点与发展 [J]. 煤炭加工与综合利用, 2003, (1): 17~18.

[64] 曹树祥. 用于块煤排矸的机械动筛跳汰机 [J]. 煤炭加工与综合利用, 1996, (5): 16~17.

[65] 曹树祥. GDT14/2.5 型机械动筛跳汰机的研究与应用 [J]. 东北煤炭技术, 1996, (2): 27~29.

[66] 陈清如, 杨玉芬. 干法选煤的现状和发展 [J]. 中国煤炭, 1997, 23 (4): 19~23.

[67] 杨玉芬, 陈增强, 杨毅. 空气重介流化床与风力摇床选煤技术的对比分析 [J]. 煤炭加工与综合利用, 1995, (1): 24~26.

[68] 杨云松, 卢连永, 沈丽娟, 等. FGX-1 型复合式干法分选机 [J]. 选煤技术, 1994, (2): 3~7.

[69] 米万隆, 鄢长有. FGX-3 型复合式干法选煤机的应用研究 [J]. 选煤技术, 2002, (3): 18~21.

[70] 沈丽娟. FGX 系列复合式干选机选煤的研究 [J]. 选煤技术, 2001, (6): 1~7.

[71] 李宗杰. FX-12 型风选机及其应用 [J]. 煤矿机械, 1999, (2): 27~29.

[72] 纵丽英. FX 型和 FGX 型干法分选机在我国的应用 [J]. 科技情报开发与经济, 2005, 15 (14): 121~123.

[73] 沈丽娟, 陈建中. 复合式干法分选机中床层物料的运动分析 [J]. 中国矿业大学学报, 2005, 34 (4): 447~451.

[74] 卢连永, 杨云松, 徐永生, 等. 复合式干法选煤与传统风力选煤的对比 [J]. 煤炭加工与综合利用, 1999, (2): 3~6.

[75] 刘国杰, 江雪梅. 干法选煤厂的设计 [J]. 选煤技术, 2007, (3): 65~67.

[76] 刘晓东. 干选机排料自动控制的研究 [J]. 选煤技术, 2003, (2): 56~58.

[77] 吴万昌, 赵跃民, 左伟, 等. 两种主要干式选煤法的比较分析 [J]. 煤炭工程, 2009, (6): 24~26.

[78] 张万里. 露天矿杂煤干式分选可行性分析 [J]. 矿业工程, 2008, 6 (1): 34~35.

[79] 李泽普. 关于风力选煤几个问题的思考 [J]. 选煤技术, 2006, (2): 42~43.

[80] 刘向东, 徐延枫. 螺旋分选机分选工艺在中国的实践与应用 [J]. 煤炭加工与综合利用, 2010, (1): 4~6.

[81] 韩振江. 气缸的使用与维护 [J]. 煤矿机械, 2010, 31 (5): 197~198.

[82] 周勤举, 王行模, 冉隆振. 螺旋分选机研究 [J]. 昆明工学院学报, 1994, 19 (3): 21~28.

[83] 严峰, 谢锡纯. 螺旋滚筒分选机选煤的方法和原理 [J]. 煤炭加工与综合利用, 1994, (4): 23~26.

[84] 刘佩霞, 张维正, 刘梦林. 螺旋滚筒选煤机的研制及应用 [J]. 煤矿机械, 1998, (5): 39~40.

[85] 陈小国, 王羽玲, 谢翠平. 螺旋滚筒选煤机分选机理浅析 [J]. 中国煤炭, 2004, 30 (1): 44~45.

[86] 谢锡纯, 严峰. 自生介质分选过程的研究和实践 [J]. 煤炭科学技术, 1994, 22 (8): 12~15.

[87] 蒋志伟. 自生介质螺旋滚筒选煤 [J]. 选煤技术, 2000, (1): 34~36.

[88] 杨国枢. 自生介质螺旋滚筒选煤厂设计经验谈 [J]. 山西煤炭管理干部学院学报, 2003, (1): 50~52.

[89] 廉凯. 浅谈重介浅槽选煤工艺及应注意问题 [J]. 煤, 2008, (4): 31~32.

[90] 段明海. 浅析模块重介浅槽选煤系统的应用 [J]. 露天采矿技术, 2006, (4)：32～33.

[91] 王正书, 彭攘, 李雪勤. 重介分选槽的使用及存在问题 [J]. 露天采煤技术, 2000, (3)：33～35.

[92] 梁占荣. 重介质浅槽分选机链条的国产化改造浅谈 [J]. 科技资讯, 2006, (25)：33～34.

[93] 郭建平. W22F54 型彼得斯刮板分选机技术改造 [J]. 选煤技术, 2009, (5)：48～50.

[94] 李世林. 重介浅槽洗选生产中的注意事项 [J]. 煤质技术, 2005, (5)：13～15.

[95] 朴金哲, 封增国, 李宏. 斜槽分选机在大陆矿选煤厂的应用 [J]. 选煤技术, 2002, (4)：19～20.

[96] 许留印, 孙普选, 徐斌, 等. 斜槽入选高灰块煤工艺技术的研究 [J]. 煤炭科学技术, 2008, 31 (8)：58～60.

[97] 中国国家标准化管理委员会. GB/T 478—2008 煤炭浮沉试验方法 [S]. 北京：中国标准出版社, 2008.

[98] 中国国家标准化管理委员会. GB/T 477—2008 煤炭筛分试验方法 [S]. 北京：中国标准出版社, 2008.

[99] 中国国家标准化管理委员. GB/T 6949—2010 煤的视相对密度测定方法 [S]. 北京：中国标准出版社, 2011.

[100] 中国国家标准化管理委员会. GB/T 217—2008 煤的真相对密度测定方法 [S]. 北京：中国标准出版社, 2008.

[101] 中国国家标准化管理委员会. GB/T 15715—2005 煤用重选设备工艺性能评定方法 [S]. 北京：中国标准出版社, 2005.

[102] 全国煤炭标准化技术委员会. MT/T 808—1999 选煤厂技术检查 [S]. 北京：煤炭工业出版社, 1999.

[103] 中国国家标准化管理委员会, GB/T 16417—1996 煤炭可选性评定方法 [S]. 北京：中国标准出版社, 1996.

[104] 中华人民共和国建设部. GB 50359—2005 煤炭洗选工程设计规范 [S]. 北京：中国计划出版社, 2005.

冶金工业出版社部分图书推荐

书　名	作　者	定价(元)
矿用药剂	张泾生	249.00
现代选矿技术手册（第2册）浮选与化学选矿	张泾生	96.00
现代选矿技术手册（第7册）选矿厂设计	黄　丹	65.00
矿物加工技术（第7版）	B. A. 威尔斯 T. J. 纳皮尔·马恩　著 印万忠　等译	65.00
探矿选矿中各元素分析测定	龙学祥	28.00
新编矿业工程概论	唐敏康	59.00
化学选矿技术	沈　旭　彭芬兰	29.00
钼矿选矿（第2版）	马　晶　张文钲　李枢本	28.00
铁矿选矿新技术与新设备	印万忠　丁亚卓	36.00
矿物加工实验方法	于福家　印万忠　刘　杰　赵礼兵	33.00
——碎矿与磨矿技术问答　（选矿技术培训教材）	肖庆飞	29.00
矿产经济学	刘保顺　李克庆　袁怀雨	25.00
选矿厂辅助设备与设施	周晓四　陈　斌	28.00
全国选矿学术会议论文集 ——复杂难处理矿石选矿技术	孙传尧　敖　宁　刘耀青	90.00
尾矿的综合利用与尾矿库的管理	印万忠　李丽匣	28.00
生物技术在矿物加工中的应用	魏德洲　朱一民　李晓安	22.00
煤化学产品工艺学（第2版）	肖瑞华	45.00
煤化学	邓基芹　于晓荣　武永爱	25.00
泡沫浮选	龚明光	30.00
选矿试验研究与产业化	朱俊士	138.00
重力选矿技术	周晓四	40.00
选矿原理与工艺	于春梅　闻红军	28.00

双峰检